全国高等职业教育畜牧业类"十三五"规划教材

猪 病 防 制

杜宗沛　郭广富　主编

中国林业出版社

内 容 简 介

本教材共分4章：第1章选编了43种危害较大或常见的猪传染病；第2章选编了21种危害较大或常见的猪寄生虫病；第3章选编了30种常见的猪普通病；第4章为实训指导部分，精心编选了24个常用的、可操作性强的、有针对性的技能实训指导。

本教材内容简明扼要，文字精练易懂，突出实践性、实用性，以培养懂理论、会实践、适应社会的畜牧兽医专业实际需要的高等技术应用型专门人才为目的。增加了代表国内外猪病发展的新知识、新技术和新方法，力求做到教材内容的科学性和先进性。

本教材是畜牧兽医专业学生的必修教材，同时也可满足基层畜牧兽医及相关从业者的职业需求，是基层畜牧兽医技术人员的必备参考书。

图书在版编目（CIP）数据

猪病防制/杜宗沛，郭广富主编．—北京：中国林业出版社，2018.2
全国高等职业教育畜牧业类"十三五"规划教材
ISBN 978-7-5038-9436-7

Ⅰ.①猪… Ⅱ.①杜… ②郭… Ⅲ.①猪病-防治-高等职业教育-教材 Ⅳ.①S858.28

中国版本图书馆CIP数据核字（2018）第030699号

国家林业局生态文明教材及林业高校教材建设项目

中国林业出版社·教育出版分社

策划、责任编辑：高红岩
电话：(010)83143554　　　　　　传真：(010)83143516

出版发行	中国林业出版社（100009　北京市西城区德内大街刘海胡同7号） E-mail:jiaocaipublic@163.com　电话：(010)83143500 http://lycb.forestry.gov.cn
经　销	新华书店
印　刷	三河市祥达印刷包装有限公司
版　次	2018年3月第1版
印　次	2018年3月第1次印刷
开　本	787mm×1092mm　1/16
印　张	14
字　数	355千字
定　价	30.00元

未经许可，不得以任何方式复制或抄袭本书之部分或全部内容。
版权所有　侵权必究

《猪病防制》编写人员

主　　编　杜宗沛　郭广富
副主编　　董亚青　徐婷婷
编　　者　（按姓氏笔画排序）
　　　　　王海燕（江苏农牧科技职业学院）
　　　　　刘玉华（江苏农牧科技职业学院）
　　　　　刘　红（黑龙江农业职业技术学院）
　　　　　孙　冰（江苏农牧科技职业学院）
　　　　　孙　谦（泰州市动物疫病预防控制中心）
　　　　　许志广（泰兴市畜牧兽医中心）
　　　　　吴　植（江苏农牧科技职业学院）
　　　　　张晋川（江苏农牧科技职业学院）
　　　　　杜宗沛（江苏农牧科技职业学院）
　　　　　杨玉平（黑龙江生物科技职业学院）
　　　　　陈长春（江苏农牧科技职业学院）
　　　　　金　文（江苏农牧科技职业学院）
　　　　　金彩莲（江苏农牧科技职业学院）
　　　　　相　群（吉林大学）
　　　　　徐小琴（江苏农牧科技职业学院）
　　　　　徐婷婷（江苏农牧科技职业学院）
　　　　　郭广富（江苏农牧科技职业学院）
　　　　　郭方超（江苏农牧科技职业学院）
　　　　　顾伟伟（勃林格殷格翰动物保健泰州公司）
　　　　　高月秀（江苏农牧科技职业学院）
　　　　　董亚青（江苏农牧科技职业学院）
　　　　　谭　鞠（江苏农牧科技职业学院）
　　　　　戴丽红（江苏农牧科技职业学院）
主　　审　尤明珍　魏冬霞

前言
Preface

本教材是根据《国务院关于大力发展职业教育的决定》精神，以及高等职业教育的培养目标，即"培养适应生产、建设、管理、服务第一线，德、智、体、美全面发展的高等技术应用型专门人才"的指导下编写的。

我们充分考虑到，高等职业教育学生就业的方向是生产一线的岗位，在编写过程中，严格遵循高等职业教育的教学规律，打破传统学科分类体系下所产生的课程与实际脱节的弊端，正确处理理论与实践、教学与实训的关系，突出能力与素质的培养，充分体现应用性、实践性的原则，立足于当前畜牧业岗位的需要，着眼于未来发展的趋势，充实新知识、新技术、新方法，深入浅出，便于学生记忆与联系实际，以期真正达到理论与实践有机结合的目的。本教材既可作为高等职业院校的教材，又可作为从事动物防疫一线工作人员的学习参考书。

本教材编写分工是：王海燕、刘玉华、刘红、孙冰、孙谦、许志广负责第1章的编写；郭广富、杨玉平、陈长春、金文、相群、郭方超负责第2章的编写；吴植、张晋川、顾伟伟、董亚青、杜宗沛负责第3章的编写；金彩莲、徐小琴、徐婷婷、高月秀、谭鞠、戴丽红负责第4章的编写；杜宗沛负责全书统稿。

本教材由尤明珍、魏冬霞教授主审，在此深表谢意。

由于作者水平所限，教材中难免有不足之处，恳请广大读者指正。

编　者
2017年12月

目录
Contents

前言
第1章 猪的传染病 1

多种动物共患传染病

1.1 炭疽 1
1.2 巴氏杆菌病 3
1.3 沙门氏菌病 6
1.4 大肠杆菌病 8
1.5 葡萄球菌病 10
1.6 口蹄疫 13
1.7 布鲁氏菌病 15
1.8 钩端螺旋体病 17
1.9 结核病 19
1.10 李氏杆菌病 21
1.11 坏死杆菌病 23
1.12 放线菌病 25
1.13 流感 26
1.14 衣原体病 27
1.15 附红细胞体病 30
1.16 肉毒梭菌中毒症 32
1.17 轮状病毒感染 33
1.18 流行性乙型脑炎 35

病毒病

1.19 非洲猪瘟 36

1.20	猪痘病	38
1.21	伪狂犬病	39
1.22	猪瘟	42
1.23	猪水疱病	45
1.24	猪圆环病毒感染	47
1.25	猪流行性腹泻	50
1.26	猪脑心肌炎	51
1.27	猪捷申病毒病	52
1.28	猪繁殖与呼吸综合征	53
1.29	猪传染性胃肠炎	55
1.30	猪细小病毒感染	57
1.31	猪戊型肝炎	58
1.32	猪博卡病毒病	60
1.33	猪巨细胞病毒感染	61
1.34	猪细环病毒感染	63
1.35	猪血凝性脑脊髓炎	64

细菌病

1.36	猪增生性肠炎	66
1.37	猪丹毒	68
1.38	猪痢疾	71
1.39	猪链球菌病	73
1.40	猪支原体肺炎	75
1.41	猪传染性萎缩性鼻炎	78
1.42	猪梭菌性肠炎	79
1.43	猪传染性胸膜肺炎	81

第2章 猪的寄生虫病 84

2.1	动物吸虫病概述	84
2.2	姜片吸虫病	86
2.3	棘口吸虫病	88
2.4	动物绦虫病概述	89

- 2.5 猪囊尾蚴病 …… 92
- 2.6 棘球蚴病 …… 93
- 2.7 动物线虫病概述 …… 95
- 2.8 旋毛虫病 …… 98
- 2.9 猪蛔虫病 …… 99
- 2.10 猪食道口线虫病 …… 101
- 2.11 后圆线虫病 …… 102
- 2.12 猪鞭虫病 …… 103
- 2.13 动物棘头虫病概述 …… 104
- 2.14 猪大棘头虫病 …… 105
- 2.15 动物昆虫病概述 …… 106
- 2.16 猪疥螨病 …… 107
- 2.17 动物原虫概述 …… 109
- 2.18 猪球虫病 …… 110
- 2.19 猪弓形虫病 …… 112
- 2.20 猪隐孢子虫病 …… 114
- 2.21 猪结肠小袋虫病 …… 116

第3章 猪的普通病 …… 118

- 3.1 口炎 …… 118
- 3.2 肠胃炎 …… 119
- 3.3 感冒 …… 120
- 3.4 支气管炎 …… 121
- 3.5 肺炎 …… 122
- 3.6 贫血 …… 124
- 3.7 脑膜脑炎 …… 126
- 3.8 中暑 …… 128
- 3.9 肾炎 …… 129
- 3.10 膀胱炎 …… 130
- 3.11 猪尿石症 …… 132
- 3.12 仔猪白肌病 …… 133

3.13 猪维生素 A 缺乏症 ………………………………………… 135
3.14 猪维生素 B 缺乏症 ………………………………………… 136
3.15 佝偻病 …………………………………………………… 137
3.16 骨软症 …………………………………………………… 138
3.17 亚硝酸盐中毒 …………………………………………… 139
3.18 食盐中毒 ………………………………………………… 142
3.19 菜籽饼粕中毒 …………………………………………… 145
3.20 氟中毒 …………………………………………………… 148
3.21 砷中毒 …………………………………………………… 150
3.22 有机磷农药中毒 ………………………………………… 152
3.23 黄曲霉毒素中毒 ………………………………………… 156
3.24 风湿病 …………………………………………………… 158
3.25 猪阉割术 ………………………………………………… 160
3.26 疝 ………………………………………………………… 162
3.27 猪胎衣不下 ……………………………………………… 165
3.28 猪子宫脱 ………………………………………………… 165
3.29 猪生产瘫痪 ……………………………………………… 167
3.30 湿疹 ……………………………………………………… 168

第4章 技能实训 ……………………………………………… 169

技能实训1 动物生物制品的使用和预防接种 ……………… 169
技能实训2 病料的采取、包装和送检 ……………………… 172
技能实训3 巴氏杆菌的实验室诊断 ………………………… 174
技能实训4 布鲁氏菌病的检疫 ……………………………… 175
技能实训5 猪丹毒的实验室诊断 …………………………… 177
技能实训6 猪瘟的诊断 ……………………………………… 178
技能实训7 动物疫情调查方案的制订 ……………………… 180
技能实训8 消毒药的配制和消毒方法 ……………………… 181
技能实训9 染疫动物尸体无害化处理方法 ………………… 189
技能实训10 仔猪大肠杆菌病的诊断方法 ………………… 191
技能实训11 口蹄疫扑灭措施的实施 ……………………… 194

技能实训 12	猪气喘病的诊断与治疗	197
技能实训 13	黄曲霉毒素中毒的实验室诊断	200
技能实训 14	亚硝酸盐中毒实验室诊断	201
技能实训 15	食盐中毒实验室诊断	201
技能实训 16	有机磷中毒实验室诊断	201
技能实训 17	寄生虫病流行病学调查与临诊检查	202
技能实训 18	吸虫及其中间宿主形态的观察	202
技能实训 19	绦虫及其中间宿主形态观察	203
技能实训 20	线虫的解剖及形态观察	204
技能实训 21	蠕虫病的粪便检查法	205
技能实训 22	蠕虫卵的形态观察	207
技能实训 23	螨病的实验室诊断	208
技能实训 24	球虫病的实验室诊断	209

参考文献 ………………………………………………………… 211

第1章 猪的传染病

多种动物共患传染病

1.1 炭疽

炭疽(Anthrax)是由炭疽杆菌引起的一种人畜共患的急性、热性、败血性传染病。其特征是高热、可视黏膜发绀、天然孔出血、尸僵不全、血液凝固不良呈煤焦油样。具有重要的公共卫生意义。

1.1.1 病原

炭疽杆菌属芽孢杆菌科芽孢杆菌属。有保护性抗原、荚膜抗原和菌体抗原。其毒素已知有3种成分,即水肿因子、保护性抗原和致死因子。本菌为革兰阳性大杆菌,大小$(1.0\sim1.5)\mu m\times(3\sim5)\mu m$,菌体两端平直,呈竹节状,无鞭毛;在病料中多散在或呈2~3个短链排列,有荚膜。在培养基中可形成长链,一般不形成荚膜;在病畜体内和未解剖的尸体中不形成芽孢,动物体内的炭疽杆菌只有暴露于空气后才能形成芽孢。

炭疽杆菌为兼性需氧菌,对营养要求不高,在普通琼脂平板上生长,形成灰白色不透明、扁平、边缘不整、表面粗糙的菌落,低倍镜观察边缘呈弯曲的卷发状。在普通肉汤中生长,上层液体清亮,底部有白色絮状沉淀。

炭疽杆菌菌体对理化因素的抵抗力不强,常规消毒方法即可将其灭活,在未解剖的尸体中,细菌可随腐败而迅速崩解死亡。但芽孢对外界环境有较强的抵抗力,在干燥状态下可存活60年,120℃高压蒸汽灭菌10min、150℃干热60min才能灭活。现场消毒常用20%漂白粉、0.1%升汞、0.5%过氧乙酸。

1.1.2 流行病学

传染源 患病动物是主要的传染源,病原菌大量存在于病畜的各组织器官,并通过其分泌物、排泄物,特别是濒死动物天然孔流出的血液,污染饲料、饮水、牧场、土壤、用具等，如不及时消毒处理或处理不彻底，能形成芽孢，成为长久疫源地。

传播途径 本病主要通过采食污染的饲料、饲草和饮水经消化道感染，也可经呼吸道和吸血昆虫叮咬感染。此外，从疫区输入病畜产品，也常引起本病暴发。

易感动物 自然条件下，草食兽最易感，以绵羊、山羊、马、牛易感性最强；骆驼、水牛及野生草食兽次之；猪的感受性较低；犬、猫、狐狸等肉食动物少见，家禽几乎不感染。实验动物中以豚鼠、小鼠、家兔较易感；人对炭疽普遍易感，但主要发生于那些与动物及其产品接触机会较多的人员。

流行特征 本病常呈地方性流行，发病率的高低与炭疽芽孢的污染程度有关。动物炭疽的流行与当地气候有明显的相关性，干旱或多雨、洪水涝积、吸血昆虫多都是炭疽暴发的原因。此外，从疫区输入病畜产品（如骨粉、皮革、羊毛等）也常引起本病暴发。

1.1.3 临诊症状

本病潜伏期一般为1～5d，最长的可达14d。按临诊表现的不同，可分为以下4种类型：

最急性型 外表完全健康的猪突然倒地，全身战栗，摇摆，昏迷，磨牙，呼吸极度困难，可视黏膜发绀，天然孔流出带泡沫的暗色血液，常在数分钟内死亡。有的在放牧中突然死亡。

急性型 病猪体温升高至42℃，兴奋不安，吼叫或冲撞人畜、物体，以后精神沉郁，食欲减少或停止，呼吸困难；初便秘，后腹泻，粪中带血，尿呈暗红色，有时混有血液；妊娠母猪可发生流产，一般在1～2d死亡。

亚急性型 症状与急性型相似，但病情较轻。除急性热性病征外，常在颈部、咽部、胸部、腹下、肩胛或乳房等部皮肤，以及直肠、口腔黏膜等处发生炭疽痈。初期硬固有热痛，以后热痛消失，可发生坏死，有时可形成溃疡，病程可长达1周。

慢性型 多不表现临诊症状，或仅表现食欲减退和长时间伏卧，在屠宰才发现颌下淋巴结、肠系膜及肺有病变。有的发生咽型炭疽，咽喉部和附近淋巴结明显肿胀，导致猪吞咽、呼吸困难，黏膜发绀，最终窒息死亡。肠型炭疽常伴有便秘或腹泻等消化道失常的症状。

1.1.4 病理变化

炭疽或疑似炭疽的病例禁止剖检，因炭疽杆菌暴露于空气中易形成芽孢污染环境。

死于炭疽的尸体尸僵不全，尸体易腐败，天然孔流带泡沫的黑红色血液，黏膜发绀，血液凝固不良，黏稠如煤焦油样；全身多发性出血，皮下、肌间、浆膜下结缔组织水肿；脾脏肿大3～5倍。局部炭疽死亡的猪，在咽部、肠系膜以及其他淋巴结肿大、出血、坏死，临近组织呈出血性胶样浸润。还可见扁桃体出血、肿胀、坏死，并有黄色痂皮覆盖。

1.1.5 诊断

本病的经过和表现多样，最急性型病例往往缺乏临诊症状，对疑似病死猪又禁止解剖，因此确诊要依靠微生物学和血清学诊断。

病料采集 可采取病猪末梢静脉血或切下一块耳朵，病料必须装入密封的容器中。

细菌学诊断 取末梢血液或其他病料制成涂片后，用瑞氏或碱性美蓝染色，发现有大量单在、成对或2～4个菌体相连的竹节状，有荚膜的粗大杆菌即可确诊。

血清学诊断 Ascoli氏反应是诊断炭疽简便而快速的方法，其优点是培养失效时，仍可用于诊断，适用于腐败病料及动物皮张、风干、腌浸过肉品的检验。将标准阳性血清放入炭沉管中，再放入肝、脾、血液等制成的抗原于1～5min内、生皮病料抗原于15min内，两液接触面出现清晰的白色沉淀环，即为阳性。

1.1.6 防制

预防措施 在疫区或常发地区每年对易感动物进行预防注射是预防本病的主要措施，常用的疫苗有Ⅱ号炭疽芽孢苗和无毒炭疽芽孢苗。Ⅱ号炭疽芽孢苗，牛、马、驴、骡、羊和猪，注射后24d可产生坚强的免疫力，免疫期1年。无毒炭疽芽孢苗，接种14d后产生免疫力，免疫期为1年。此苗山羊反应强烈，禁用于山羊。

扑灭措施 发生炭疽时，应立即上报疫情，划定疫点、疫区，采取隔离封锁等措施，禁止病畜的流动，禁止疫区内牲畜交易和输出畜产品及草料，禁止食用病畜乳、肉，病畜要隔离治疗；对发病畜群要逐一测温，凡体温升高的可疑患畜用青霉素和抗炭疽血清同时注射。对发病羊群可全群预防性给药，受威胁区及假定健康动物做紧急预防注射，逐日观察至2周。

尸体天然孔及切开处，用浸泡过消毒液的棉花或纱布堵塞，连同粪便、垫草一起焚烧。病死畜躺过的地面应除去表土15～20cm，并与20%漂白粉混合后深埋。畜舍、用具及污染场地应彻底消毒。

1.1.7 公共卫生

人感染炭疽有3种类型：皮肤炭疽、肺炭疽和肠炭疽。皮肤炭疽，主要是畜牧兽医工作人员和屠宰场职工因接触病畜畜产品而引起，经皮肤伤口感染，并伴有头痛、发热、关节痛、呕吐、乏力等症状。肺炭疽，多为猪骨、鬃毛、皮革等工厂工人吸进带有炭疽芽孢的尘土而引起，病情急骤、早期恶寒、发热、咳嗽、咯血、呼吸困难、可视黏膜发绀等。肠炭疽，常因吃进病畜肉类所致，发病急、发热、呕吐、腹泻、血样便、腹痛、腹胀等腹膜炎症状。以上三型均可继发败血症及脑膜炎。

人炭疽的预防应着重于与家畜及其产品频繁接触的人员，炭疽疫区的人群、畜牧兽医人员，应在每年的4～5月前接种"人用皮上划痕炭疽减毒活菌苗"，连续3年。发生疫情时，病人应住院隔离治疗，与病人或病死畜接触者要进行医学观察，皮肤有损伤的用青霉素预防，局部用2%碘酊消毒。人不要接触、宰杀和食用病死或不明原因死亡的动物。

1.2 巴氏杆菌病

巴氏杆菌病(Pasteurellosis)又称出血性败血病，是由多杀性巴氏杆菌引起畜禽的一种传染病的总称。动物急性病例以败血症和炎症出血为主要特征；慢性病例的病变只限于局部器官。人的病例少见，多为伤口感染。

1.2.1 病原

多杀性巴氏杆菌，是一种卵圆形的短小杆菌，大小(0.25~0.4)μm×(0.5~2.5)μm，革兰染色阴性，病料组织或血液涂片用瑞氏或美蓝染色时，可见典型的两极着色，即菌体两端着色深，中间着色浅，所以又称两极杆菌。无鞭毛，不形成芽孢，新分离的强毒菌株有荚膜，人工培养后及弱毒菌株，荚膜不明显或消失。

巴氏杆菌为需氧或兼性厌氧菌，对营养要求较高，在普通培养基上生长贫瘠，在加有血液或血清的培养基中生长良好，在血琼脂上37℃培养18~24h，可长成灰白色、光滑湿润、隆起、边缘整齐的露珠状小菌落，不溶血。在血清肉汤中培养，开始轻度混浊，4~6d后液体变清朗，管底有黏稠沉淀，摇震后不分散，表面形成菌环。

本菌存在于病畜全身各组织、体液、分泌物和排泄物中，只有少数慢性病例仅存在于肺脏的小病灶中，健康家畜的上呼吸道也可能带菌。

巴氏杆菌对各种理化因素的抵抗力不强。在无菌蒸馏水和生理盐水中很快死亡；在阳光中暴晒10min，或60℃ 10min可灭活；在厩肥中可存活1个月，尸体中可存活1~3个月；在干燥的空气中2~3d即可死亡。3%石碳酸、3%福尔马林、10%石灰乳、2%来苏儿、0.5%~1%烧碱等5min即可杀死本菌。

1.2.2 流行病学

传染源 病猪和带菌猪是本病的主要传染源，病猪通过分泌物、排泄物排出病菌。有时猪在发病前已经带菌，当饲养管理不良、寒冷、闷热、气候剧变、潮湿、拥挤、圈舍通风不良、阴雨连绵、突然改变饲料、长途运输等诱因，使家畜抵抗力降低时，发生内源性传染。

传播途径 本病主要通过消化道和呼吸道，也可通过吸血昆虫和损伤的皮肤、黏膜感染。

易感动物 多杀性巴氏杆菌对多种动物和人都易感。

流行特征 本病的发生一般无明显的季节性，但以冷热交替、气候剧变、闷热潮湿、多雨时发病较多。本病多呈散发或地方性流行。

1.2.3 临诊症状

猪巴氏杆菌病 又称猪肺疫，潜伏期1~5d，分为最急性、急性和慢性3型。

最急性型 俗称"锁喉风"，多见于流行初期，常无明显症状而突然死亡；病程稍长的，可见体温升高至41~42℃，食欲废绝、卧地不起；呼吸困难，咽喉部肿胀，有热痛、红肿坚硬，严重的可延至耳根，向后可达胸前；病猪呼吸高度困难，呈犬坐姿势；口鼻流出泡沫样液体，可视黏膜发绀；腹侧、耳根和四肢内侧皮肤出现红斑，有时有出血斑点，最后窒息死亡，病程1~2d。病死率100%。

急性型 较常见，主要表现为纤维素性胸膜肺炎。除具有败血症症状外，体温升高至40~41℃，病初发生痉挛性干咳，呼吸困难，鼻流黏稠的液体，有时混有血液，后变为湿咳，咳时有痛感。胸部触诊或叩诊有剧烈疼痛；听诊有啰音和摩擦音。病势发展后，呼吸更困难，呈犬坐姿势，可视黏膜呈蓝紫色；一般先便秘后腹泻。病的后期心脏衰弱，心跳加快，多因窒息死亡。病程5～8d，不死的转为慢性。

慢性型 多见于流行后期，主要表现为慢性肺炎和慢性胃炎症状。有持续性咳嗽和呼吸困难，鼻流少量黏脓性分泌物。有时皮肤出现湿疹，关节肿胀；常发生腹泻，进行性营养不良，极度消瘦；如不及时治疗，可因衰弱死亡。病程约2周，病死率60%～70%。

1.2.4 病理变化

最急性型 病例以咽喉部及其周围组织的出血性浆液浸润为特征。主要为全身浆膜、黏膜及皮下组织有大量出血点，切开颈部皮肤时，可见大量胶冻样淡黄或灰青色纤维素性浆液。水肿可从颈部蔓延至前肢。全身淋巴结出血，切面呈红色；肺急性水肿。

急性型 主要为胸膜炎、肺炎的变化。特征性的病变是纤维素性肺炎。肺有不同程度的病变区，周围常伴有水肿和气肿；胸膜常有纤维素性附着物，严重的胸膜与肺发生粘连，胸腔及心包积液，有含纤维蛋白凝块的混浊液体。病程稍长的，气管、支气管内含有大量泡沫状黏液。

慢性型 病例以慢性肺炎变化为主。肺有较大的肝变区，并有大块坏死灶和化脓灶，外有结缔组织包囊，内含干酪样物质，有时形成空洞，与支气管相通；心包与胸腔积液，胸膜增厚，常与肺发生粘连。

1.2.5 诊断

根据流行病学，临诊症状和病理变化可以做出初步诊断。确诊要做细菌学诊断。

病料采集 败血症病例可取心、肝、脾或体腔渗出液；其他病例可取病变部位渗出液、脓液。镜检：采取血液、局部水肿液、呼吸道分泌物、胸腔渗出液、肝、脾、肿胀的淋巴结或其他病变组织涂片或触片，用瑞氏或美蓝染色镜检，见多量两极着色的卵圆形小杆菌，可确诊。

分离培养 将病料接种于血琼脂、麦康凯琼脂和三糖铁琼脂培养基，37℃培养24h，观察培养结果。麦康凯琼脂上不生长，在血琼脂上生长良好，菌落不溶血，三糖铁上可生长，使底部变黄。必要时可进一步做生化鉴定。

动物接种 取病料研磨，用生理盐水作成1:10悬液，或用24h肉汤纯培养物0.2mL接种于小鼠、家兔或鸽等，接种后在1～2d发病，呈败血症死亡，再取其病料涂片镜检或培养即可确诊。

1.2.6 防制

预防措施 本病的发生与各种应激因素有关，因此平时应加强饲养管理，增强机体的抵抗力；注意通风换气和防暑防寒，避免过度拥挤，减少或消除降低机体抵抗力的各种致病诱因。并定期对猪舍及运动场消毒，杀灭环境中可能存在的病原体。新引进的种猪要隔离观察1个月以上，证明无病才可混群饲养。在经常发生本病的地区，每年定期用猪肺疫疫苗进行预防接种。

扑灭措施 发生本病时，应立即隔离病猪，并对污染的圈舍、用具和场地进行彻底消毒。尸体进行无害化处理。

在严格隔离的条件下对病猪进行治疗，常用的药物有链霉素、庆大霉素、恩诺沙星、诺氟沙星、喹乙醇、星诺明、土霉素、卡纳霉素、强力霉素、磺胺类等多种抗菌药物。周围的假定健康动物应进行紧急预防接种或药物预防，但应注意，用弱毒菌苗紧急预防接种时被接种动物于接种前后至少1周内不可使用抗菌药物。

1.3 沙门氏菌病

沙门氏菌病(Salmonellosis)又名副伤寒，是由沙门氏菌属细菌引起的各种动物疾病的总称。临诊上多表现为败血症和肠炎，也可使妊娠母畜发生流产。沙门氏菌属中的许多类型对人、家畜、家禽以及其他动物均有致病性。各种年龄的畜禽都可感染，但幼畜较成年畜禽易感。本病对家畜的繁殖和幼畜带来严重威胁。许多血清型沙门氏菌可使人感染，发生食物中毒和败血症等症状。

1.3.1 病原

沙门氏菌属细菌包括肠道沙门氏菌(又称猪霍乱沙门氏菌)和邦戈沙门氏菌两个种，是革兰阴性，两端钝圆，中等大小球杆菌，有鞭毛，能运动。

沙门氏菌属根据不同的O(菌体)抗原、Vi(荚膜)抗原、H(鞭毛)抗原，可分为许多血清型。迄今，沙门氏菌有A～Z和O51～O67共42个O群，58种O抗原，63种H抗原。由于该菌血清型众多，免疫可考虑用自家苗进行。利用该菌在伊红美兰培养基上产生蓝色菌落，在麦康凯培养基上产生灰白色菌落，在煌绿琼脂培养基上产生粉红色菌落和在亚硫酸铋琼脂培养基上产生黑色菌落的特点，进行分离提纯、灭活。

沙门氏菌对外界有较强的抵抗力，在干燥的环境中能存活4个月以上，在粪便和土壤中能存活10个月，在食盐腌肉和熏肉中能存活75d以上。但对消毒药敏感，3%来苏儿、1%石碳酸、2%氢氧化钠、0.5%过氧乙酸都可很快将其杀灭。

1.3.2 流行病学

传染源 病猪和带菌猪是本病的主要传染源，它们可由粪便、尿、乳汁，以及流产的胎儿、胎衣和羊水排出病菌，污染水源和饲料。

传播途径 本病主要经消化道感染，生殖道或用病公猪的人工授精也可感染发病。人感染本病，一般是由于与感染的动物及其动物性食品直接或间接接触造成的，人类带菌也可成为传染源。

易感动物 各种年龄的畜禽均可感染，但幼龄畜禽较成年畜禽易感。本病常发生于6月龄以下的仔猪，以1～4月龄的幼猪多发。另有病原菌存在于健康猪体内，不表现症状，当饲养管理不当、寒冷潮湿、气候突变、断奶过早等，使猪只抵抗力降低时，病原菌大量繁殖，致病力增强而引起内源性感染发病。

流行特征 本病一年四季都可发生，但以冬春气候寒冷多变及多雨潮湿季节多发。

猪沙门氏菌病又称仔猪副伤寒，是由多种沙门氏菌引起的仔猪传染病，主要侵害1～4月龄仔猪。临诊上以急性败血症或慢性纤维素性坏死性肠炎，顽固性腹泻为特征，有时发生肺炎。常引起断奶仔猪大批发病，如并发其他感染或不及时治疗，病死率较高，可造成较大的经济损失。

1.3.3 临诊症状

潜伏期2至数周不等，临诊可分为急性、亚急性和慢性型3型。

急性型 多见于断奶前后的仔猪，病猪体温突然升高到41～42℃，精神沉郁，食欲废绝。后期腹泻和呼吸困难，病的后期在耳根、胸前、腹下及后躯的皮肤呈紫红色，发病率低，病死率高，病程2～4d。

亚急性和慢性型 此型较常见，多发于3月龄左右的猪。病猪体温升高到40.5～41.5℃，精神沉郁，食欲减退，眼有黏性和脓性分泌物；初便秘，后腹泻，粪便恶臭，呈暗紫红色，并混有血液、坏死组织或纤维素絮片。病猪很快消瘦，步态不稳。在病的中后期病猪皮肤发绀、淤血或出血，有时皮肤出现湿疹，并有干涸的痂样物覆盖，揭开见浅表溃疡。病程2～3周或更长，最后极度消瘦，衰弱而死。病死率25%～50%。

1.3.4 病理变化

急性型 主要是败血症变化，耳及腹部皮肤有紫斑；脾脏肿大呈橡皮样，暗紫色；淋巴结肿大、充血、出血；肝实质可见糠麸状、细小的灰黄色坏死小点；全身黏膜、浆膜有不同程度的出血。

亚急性和慢性型 特征性病变为坏死性肠炎。盲肠、结肠肠壁增厚，表面覆盖着一层弥漫性灰黄色或淡绿色麸皮样纤维素物质，剥离后见肠壁有糜烂或坏死。少数病例滤泡周围黏膜坏死、稍突出于表面，有纤维蛋白积聚，形成隐约可见的轮环状。肝、脾及肠系膜淋巴结肿大，常见有针尖大至粟粒大的灰白色坏死灶。

1.3.5 诊断

急性病例诊断较困难，慢性病例根据临诊症状和病理变化，结合流行病学可做出初步诊断。确诊要进行细菌学检查。可采取病猪的肝、脾、心血和骨髓等病料送检。

1.3.6 防制

预防措施 在本病常发地区，仔猪断奶后接种仔猪副伤寒弱毒冻干苗，最好用自家苗，可有效地控制本病的发生。用20%氢氧化铝生理盐水稀释，肌肉注射1mL，免疫期9个月。口服时按瓶签说明，服前可用冷开水稀释成每头份5～10mL，拌入饲料中饲喂，或将每头份疫苗稀释成1～10mL给猪灌服。

扑灭措施 发病猪应及时隔离，被污染的猪圈应彻底消毒，病猪隔离治疗，通过药敏试验选择合适的抗生素治疗，可选用庆大霉素、硫酸黏杆菌素、丁胺卡那霉素、喹诺酮类、乙酰甲喹、硫酸新霉素及某些磺胺类药物。病死猪必须进行无害化处理，以免发生食物中毒。

1.3.7 公共卫生

许多血清型沙门氏菌可感染人，发生食物中毒和败血症等症状。在食品卫生检疫中，属于不允许检出菌。人沙门氏菌病的临床症状可分为胃肠炎型、败血型、局部感染化脓型，以胃肠炎型（即食物中毒）为常见。

为防止本病从动物传染给人，患病动物应严格执行无害化处理，加强屠宰检验。与病禽及其产品接触的人员，应做好卫生消毒工作。

1.4 大肠杆菌病

大肠杆菌病（Colibacillosis）是由病原性大肠杆菌引起的多种动物不同疾病的总称。多发于幼畜、幼禽，以严重腹泻、败血症和毒血症为特征。随着集约化畜禽养殖业的发展，致病性大肠杆菌对畜牧业造成的损失日益严重。

1.4.1 病原

大肠埃希氏菌，属埃希菌属，是一种革兰阴性、中等大小的杆菌，大小（0.4～0.7）$\mu m \times (2～3) \mu m$，有鞭毛，能运动。在普通培养基上就能生长，在血清或血液琼脂培养基上生长良好，在鲜血琼脂培养基上，能形成β溶血；在麦康凯培养基上形成紫红色菌落；在伊红美兰培养基上形成黑色菌落。根据菌体抗原、表面抗原及鞭毛抗原不同，构成不同的血清型，已知大肠杆菌有菌体（O）抗原171种，表面（K）抗原103种，鞭毛（H）抗原60种。病原性大肠杆菌的许多血清型可引起各种家畜和家禽发病，一般使仔猪发病的往往带有K88，而使犊牛和羔羊发病的多带K99。由于大肠杆菌的血清型太多，所以，预防大肠杆菌最好用自家苗免疫。大肠杆菌对外界的抵抗力很弱，一般消毒药都可将其杀死。

1.4.2 流行病学

传染源 病猪和带菌猪是本病的主要传染源，通过粪便排出病菌，污染水源、饲料以及母猪的乳头和皮肤。当仔猪吮乳、舐舔或饮食时经消化道感染。

传播途径 主要是消化道。也可经子宫内或脐带感染；人主要通过手或污染的水源、食品及用具等经消化道感染。

易感动物 幼龄畜禽对本病最易感。猪从出生至断乳期均可发病，仔猪黄痢常发生于出生1周以内，以1～3日龄多发；仔猪白痢多发于生后10～30日龄的猪，以10～20日龄多发；猪水肿病主要见于断乳仔猪。

流行特征 本病四季都可发生。仔猪发生黄痢时，常波及一窝仔猪的90%以上，病死率很高，有时达100%；发生白痢时，一窝仔猪发病率可达30%～80%；发生水肿病时，多呈地方流行性，发病率10%～35%，发病的常为生长快的健壮仔猪。

1.4.3 临诊症状

仔猪黄痢 主要发生于生后1～3日龄的仔猪。潜伏期短，出生后12h内就可发病，长的也只有1～3d，一窝仔猪出生时体况正常，经一段时间，突然有1～2头表现全身衰竭，迅速死亡，以后其他仔猪相继发病，排出黄色浆状稀粪，内含凝乳块，很快消瘦、昏迷死亡。

仔猪白痢 主要发生于生后10～30日龄的仔猪。病猪突然发生腹泻，排出乳白色或灰白色的浆状、糊状稀粪，腥臭黏腻。病程2～3d，长的1周左右。如不加干预，很快死亡。

仔猪水肿病 是仔猪的一种肠毒血症，其特征是胃壁和某些部位发生水肿。发病率不高，但病死率很高。主要发生于断乳仔猪，体况健壮、生长快的仔猪最为常见，病猪突然发病，精神沉郁，食欲减少或口吐白沫。心跳加快，呼吸初快而浅，后变得慢而深。常便秘，但发病前2～3d常有轻度腹泻。病猪卧于一隅，肌肉震颤、抽搐、四肢划动呈游泳状。触诊表现敏感。行走时四肢无力，共济失调，步态摇摆，盲目前进或做圆圈运动。

水肿是本病的特征症状，常见于眼部、眼睑、齿龈，有时波及颈部和腹部的皮下。病程短的仅数小时，一般为1～2d，也有长达7d以上的。病死率约90%。

1.4.4 病理变化

仔猪黄痢 剖检尸体脱水严重，皮下常有水肿，肠道膨胀，内有大量黄色液体状内容物和气体，小肠黏膜充血、出血，以十二指肠最严重，肠系膜淋巴结充血、出血。

仔猪白痢 剖检尸体苍白、消瘦，主要病变在胃和小肠前部，胃内有少量凝乳块，胃黏膜充血、出血，肠系膜淋巴结轻度肿胀。

仔猪水肿病 剖检病变主要为水肿。胃壁水肿，常见于大弯部和贲门部，也可波及胃底及食道部黏膜和肌层之间有一层胶冻样水肿，严重的厚达2～3cm，范围约数厘米。胃底有弥漫性出血。胆囊和喉头也常有水肿。大肠系膜的水肿也很常见，有的病例直肠周围也有水肿。

1.4.5 诊断

根据流行病学、临诊症状和病理变化可做出初步诊断，确诊要进行细菌学检查。取败血型的血液、内脏组织，肠毒血症的小肠前部黏膜，肠型发炎的肠黏膜，对分离出的大肠杆菌进行镜检、生化反应、血清学和毒力因子鉴定。

1.4.6 防制

治疗 一旦发病，应对同群仔猪全部进行治疗。对存在黄痢的猪场，仔猪出生后12h内可进行预防性投药，注射敏感的抗生素可有效减少发病和死亡。目前较敏感的药物有氟喹诺酮类药物、氟苯尼考、利高霉素等，仔猪发病时应全窝给药，内服或肌肉注射盐酸土霉素等。仔猪在吃奶前投服某些微生态制剂（如促菌生、调菌生等），也可起到一定的预防作用。在服用微生态制剂期间，禁止服用抗生素。对仔猪白痢和仔猪水肿病，还可用硫酸新霉素、强力霉素、环丙沙星、头孢噻呋、磺胺类药物进行治疗。

大肠杆菌对多种抗菌药物易产生耐药性，在治疗前最好先做药敏试验，选择高度敏感的药物治疗。

预防措施 加强饲养管理和卫生消毒，改善母猪的饲养质量，保持环境卫生，保持产房温度。母猪临产前，对产房或产仔圈舍彻底清扫、冲洗、消毒，可用各种消毒剂交替使用，垫上干净垫草。待产母猪乳头、乳房和胸腹部应清洗，然后用0.1%高锰酸钾或新洁尔灭消毒。哺乳时，先挤掉几滴奶，再给仔猪吸乳，初生仔猪宜尽早吸食初乳，以增强抵抗力。在常发病区和猪场，应给产前一个月的妊娠母猪注射疫苗，以通过母乳使仔猪获得保护。

1.4.7 公共卫生

人发病大多急骤，主要症状是腹泻，常为水样稀便，每天数次至10次，伴有恶心、呕吐、腹痛、里急后重、胃寒发热、咳嗽、咽痛和周身乏力等表现。一般成人症状较轻，多数仅有腹泻，数日可愈。少数病情严重者，可呈霍乱样腹泻而导致虚脱或表现为菌痢型肠炎。由O157：H7引起的病例，呈急性发病，突发性腹痛，先排水样稀便，后转为血性粪便、呕吐、低烧或不发烧。小儿能导致溶血性尿毒综合征，血小板减少，有紫癜，造成肾脏损害，难以恢复。婴幼儿和年老体弱者多发，并可引起死亡。

1.5　葡萄球菌病

猪葡萄球菌感染（Staphylococcosis）主要是由金黄色葡萄球菌和猪葡萄球菌引起猪的细菌性疾病。金黄色葡萄球菌感染可造成猪的急性、亚急性或慢性乳腺炎，坏死性葡萄球菌皮炎及乳房的脓疱病；猪葡萄球菌主要引起猪的渗出性皮炎，又称仔猪油皮病，是最常见的葡萄球菌感染。此外，感染猪还可能出现败血性多发性关节炎。

1.5.1 病原

该病的病原为金黄色葡萄球菌和猪葡萄球菌。该菌革兰染色阳性，呈圆形或卵圆形，无鞭毛、芽孢。具有溶血性。直径在$0.5\sim1.5\mu m$之间，常呈不规则成堆排列，形似葡萄串状。在普通培养基及血液琼脂平板上生长。金黄色葡萄球菌在血平板上可产生透明溶血环，且菌落较大，菌落呈圆形、凸起、表面光滑湿润、边缘整齐不透明，血浆凝固酶阳性，分解甘露醇产酸。猪葡萄球菌不能产生溶血环，也不分解甘露醇，而且大多数菌株的凝固酶试验为阴性。葡萄球菌可产生多种毒力因子，包括α-毒素、肠毒素、皮肤坏死毒素、休克综合征毒素、凝固酶、耐热核酸酶等，具有致病作用。

葡萄球菌对环境的抵抗力较强，在干燥的脓汁或血液中可存活2~3个月，环境温度越低存活时间越长。加热80℃条件下30min才能杀灭，但煮沸可迅速使其死亡。葡萄球菌对消毒剂的抵抗力不强，一般的消毒剂均可杀灭。葡萄球菌对龙胆紫、磺胺类、青霉素、金霉素、土霉素、红霉素、庆大霉素、新霉素等抗生素较敏感，但易产生耐药性。

1.5.2 流行病学

葡萄球菌在自然界分布很广，存在于空气、水、尘土和多种物体以及人、畜皮肤和黏膜上，在卫生不良的地方更多。通过多种途径都可感染发病，如经损伤的皮肤黏膜、仔猪脐带的伤口、交配等进入体内感染；饲养条件差，潮湿、通风、光照不足，可由飞沫、尘埃经呼吸道感染；仔猪吸吮病母猪的乳汁也可感染发病。人和多种动物都有易感性，无免疫力猪群常由于引入带菌猪而发病。猪葡萄球菌感染一般呈散发，但猪的渗出性皮炎可呈现流行性，从临诊发病观察到的情况来看，同批猪在相邻猪栏或同窝猪中，有些发病而有些不发病，这说明免疫力在个体和群体发病过程中都有重要意义，其中主要取决于母猪是否有免疫力。哺乳仔猪为发病的主要猪群，以出生5～10d的仔猪为多见，但最早可见于出生后2d的仔猪。近些年，在断奶后的仔猪也常有发生，偶尔还见发生于授乳母猪的乳房及下腹壁等处，但病灶多为局限性，而不发生全身性皮肤感染。保育舍仔猪发病率可高达15%，感染仔猪死亡率可达70%。发病猪体重大多在3～20kg之间。成年猪可见一些由葡萄球菌引起的慢性型感染。从许多健康猪的皮肤、口腔、上呼吸道、阴茎包皮、阴道和肠道中分离到金黄色葡萄球菌。

1.5.3 临诊症状

该病多见于哺乳期仔猪，初生仔猪10日龄即可发病，是5～6周龄的仔猪常发的一种接触性皮肤疾病，通常在感染后4～6d发病。病初在眼睛周围、耳郭、面颊及鼻背部皮肤，以及肛门周围和下腹部等无被毛处皮肤出现红斑，继之成为3～4mm大小的微黄色水泡并迅速破裂，渗出清朗的浆液或黏液，常与皮屑、皮脂和污物混合，干燥后形成棕褐、黑褐色坚硬厚痂皮，并呈横纹龟裂，具有臭味，触之黏手如接触油脂样感觉，故俗称"猪油皮病"。强行剥除痂皮，露出红色多汁的创面，创面多附着带血的浆液或脓性分泌物。皮肤病变发展迅速，从发现一小片皮肤病变后，在24～48h内可蔓延至全身。触摸患猪皮肤温度增高，被毛粗乱，渗出物直接粘连，继而可出现溃疡，蹄球部的角质脱落。发病猪食欲不振和脱水，严重者体重迅速减轻，并会在24h死亡，大多数在发病10d后陆续死亡。耐过猪皮肤细胞逐渐修复，经30～40d后厚痂皮脱落。该病也可引起较大日龄仔猪、育成猪或母猪乳房发病，但病变较轻，多无全身症状，并可逐渐康复。

如果仔猪通过母源抗体获得了一定程度的免疫，就会表现为慢性经过，患部表现为直径5～10mm的病斑，与健康皮肤之间有明显边界，不扩散。面部皮肤的葡萄球菌感染可造成面部坏死，往往由于仔猪相互争食、攻击出现损伤而感染，特别是在母猪奶水不足的情况下多见。

1.5.4 病理变化

病死猪尸体消瘦，严重脱水，全身皮肤上覆盖着一层坚硬的黑棕色厚痂皮，厚痂皮有横向龟裂，直达皮肤。剥除痂皮时往往会连同猪毛一起拔出，露出带有浆液或脓性分泌物的暗红色创面。尸体眼睑水肿、睫毛常被渗出物黏着，皮下有不同程度的黄色胶样浸润，腹股沟等处浅表淋巴结常有水肿充血，内脏未见相关病变。发生继发感染时病变复杂化。

仔猪发生败血症时，看不到眼观病变。严重病例呈现脱水、消瘦、皮肤变厚有时水肿，浅表淋巴结肿胀水肿。头、耳、躯干与腿的皮肤及毛上积有渗出物。去除渗出物后，下面的皮肤呈红色。组织学检查可见角质层上积有蛋白质样物、角蛋白、炎性细胞及球菌。真皮的毛细血管扩张，有的表皮下层坏死。内脏的显著病变为输尿管及肾脏肿大，肾脏中的尿液呈黏液样，内含细胞物质及碎屑。由于上皮变性、水肿及炎性细胞浸润而使输尿管及肾盂扩张，肾功能丧失及毒素积聚与高死亡率直接相关。在慢性感染病例中，可发生骨髓炎的骨头中出现脓肿，脓肿的骨头可发生病理性骨折，尤其在脊椎处。猪的腹腔、心包腔和子宫腔可能积脓，特别是那些脐部感染的青年猪。此外，还可见严重的局灶性渗出性皮炎，严重急性病例可见到淋巴结肿大和化脓。死于脓毒败血症的还可看到在心、肝、脾、肺、肾等器官常有粟粒至豆粒甚至更大的化脓灶。个别猪还可见心包炎、腹膜炎甚至胸腹腔积脓。

1.5.5 诊断

根据流行病学、临诊症状和病变可做出本病的初步诊断。但最后确诊或是为了选择最敏感的药物，还需要进行实验室检查。确诊可采取化脓灶的脓汁或败血症病历的血液、肝、脾等涂片，革兰染色后镜检，依据细菌的形态、排列和染色特性可做出诊断，必要时进行细菌分离培养。对无污染的病料（如血液等）可接种于血琼脂平板，有溶血性；对已污染的病料应同时接种于7.5%氯化钠甘露醇琼脂平板，置37℃温箱，48h后，置室温下48h，挑取金黄色、溶血或甘露醇阳性菌落，革兰染色镜检。对猪葡萄球菌有鉴定意义的主要生化反应为DNA酶褐透明脂酸酶试验阳性，能产生接触酶，产生血浆凝固酶，不发酵甘露醇、山梨醇褐麦芽糖，可发酵水杨甘褐海藻糖，七叶苷分解试验阴性。还可采取血清学诊断技术或分子生物学诊断技术的方法进行本病的确诊。

1.5.6 治疗

对葡萄球菌感染的猪应及早治疗，可收到较好的效果，严重感染的猪只治疗效果不好。对已发生严重肾脏损害的病猪治疗常难以奏效，最好淘汰。全身性治疗可减低皮肤病变的程度，使之仅发生浅层病变，并促进愈合过程。猪葡萄球菌易对抗生素产生耐药性，采取抗生素或局部抗感染药并用的方法，可以加速康复和防止感染扩散。一般而言，治疗必须持续5d以上。

最好应依据药敏试验结果，选择长效抗生素进行治疗。目前对猪葡萄球菌进行治疗可选用头孢类药物（如头孢噻呋，头孢氨苄）、恩诺沙星、磺胺嘧啶-甲氧苄啶，氨苄西林钠、青霉素、红霉素，也可选用氨苄青霉素或壮观霉素-林可霉素合用，但对青霉素的敏感性正在逐年降低。发病部位的局部用药也有疗效，可用氯己定与矿物油混合向仔猪皮肤喷洒，或将患病仔猪浸入氯己定溶液中。治疗的同时，应给予患猪充足的饮水和电解多维。

①发现后立即将病猪隔离饲养，然后对病猪污染的圈舍及环境用2%氢氧化钠彻底消毒，3天/次。

②对患病仔猪用温的生理盐水全身冲洗，擦干后用红霉素软膏全身涂抹。每日1次。

③用青霉素和复合维生素B结合治疗。青霉素40万单位/头，复合维生素B注射液3mL/头（复合维生素B注射液规格 V_{B_1} 0.1g+V_{B_2} 10mg+V_{B_6} 10mg+烟酰胺0.15g+右旋泛酸钠5mg），每日2次。连用3～5d。

用以上方法治疗5d后病痊愈。

1.6 口蹄疫

口蹄疫(Foot and mouth disease)是由口蹄疫病毒引起的，偶蹄兽的一种急性、热性、高度接触性传染病，偶见于人和其他动物。临诊上以口腔黏膜、蹄部及乳房皮肤发生水疱和溃烂为特征，严重的蹄壳脱落、跛行、不能站立。本病有较强的传染性，一旦发病，传播速度很快，往往造成大流行，带来严重的经济损失。

1.6.1 病原

口蹄疫病毒，属微核糖核酸病毒科中的口蹄疫病毒属。病毒粒子直径为23~25nm，呈圆形或六角形，所含核酸为RNA，无囊膜。口蹄疫病毒具有多型性，现已知有7个血清型，即O、A、C、SAT1、SAT2、SAT3(南非1、2、3型)及亚洲Ⅰ型，65个亚型。各型的临诊表现相同，但各型之间抗原性不完全相同，不能交互免疫。

病毒在水疱皮、水疱液及淋巴液中含量最高。在发热期的血液中的病毒含量最高，体温降至正常后在奶、尿、口涎、泪、精液及粪便等也含有一定量的病毒。

病毒对外界环境的抵抗力较强，不怕干燥。在自然情况下，病毒在污染的饲草、饲料、皮毛及土壤中，可保持传染性达数周甚至数月之久；在-70~-30℃或冻干保存可存活数年；在50%甘油生理盐水中5℃时能存活1年以上。但高温和直射阳光(紫外线)对病毒有杀灭作用。病毒对碱、酸和一般消毒药敏感，2%氢氧化钠、3%福尔马林、0.3%过氧乙酸、1%强力消毒灵或5%次氯酸钠等，都是良好的消毒剂。水疱液中的病毒，在60℃经5~15min死亡，80~100℃很快死亡，鲜牛奶中的病毒在37℃可存活12h，酸牛奶中的病毒能迅速死亡。

1.6.2 流行病学

传染源 病畜是最主要的传染源。在症状出现之前，病畜体就开始排出大量病毒，发病期排毒量最多，在病的恢复期排毒量逐渐减少。病毒随分泌物和排泄物排出。水疱液、水疱皮、奶、尿、唾液及粪便含毒量最多，毒力也最强。

传播途径 本病以直接接触或间接接触的方式传播，主要通过消化道、呼吸道以及损伤的皮肤和黏膜感染。本病可呈跳跃式传播流行，多由于输入带毒产品和家畜所致。被污染的畜产品(皮、毛、骨、肉品、奶制品)、饲料、草场、饮水、水源、车辆、饲养用具等均可成为传播媒介。空气也是口蹄疫的重要传播媒介，病毒能随风传播到10~60km以外的地方，如大气稳定、气温低、湿度高、病毒毒力强，本病常可发生远距离气源性传播。

易感动物 口蹄疫病毒主要侵害偶蹄兽，家畜中以牛易感性最强(黄牛、奶牛、牦牛最易感，水牛次之)，其次是猪，再次为绵羊、山羊和骆驼。仔猪和犊牛不但易感，而且死亡率也高。野生偶蹄兽(如黄羊、鹿、麝和野猪)也可感染发病。人类偶能感染，多发生于与患畜密切接触的或实验室工作人员。

流行特征 本病一年四季均可发生，以冬、春多发，其流行具有明显的季节规律，多在秋季开始，冬季加剧，春季减缓，夏季平息。常呈地方性流行或大流行。但在大群饲养的猪舍，本病的发生无明显的季节性。

1.6.3 临诊症状

猪的潜伏期1~2d，病猪以蹄部水疱为主要特征，病初体温升高至40~41℃，精神沉郁，食欲减少或废绝。口黏膜（包括舌、唇、齿龈、咽、腭）形成小水疱或糜烂。蹄冠、蹄叉、蹄踵等部出现局部发红、微热、敏感等症状，不久逐渐形成米粒大、蚕豆大的水疱，水疱破溃后表面出血，形成糜烂，如无细菌感染，一周左右痊愈。如有继发感染，严重的可引起蹄壳脱落，患肢不能着地，常卧地不起。病猪鼻镜、乳房也常见到烂斑，尤其是哺乳母猪，乳头上的皮肤病灶较为常见，但也发于鼻面上。还可常见跛行，有时流产，乳房炎及慢性蹄变形。吃奶仔猪的口蹄疫，通常呈急性胃肠炎和心肌炎而突然死亡。病死率可达60%~80%，病程稍长者，也可见到口腔（齿龈、唇、舌等）及鼻面上有水疱和糜烂。

1.6.4 病理变化

猪口蹄疫除口腔和蹄部的水疱和烂斑外，在咽喉、气管、支气管有时可见圆形烂斑和溃疡，胃和肠黏膜可见出血性炎症。特征性的病变是心脏的病变，心包膜有弥散性及点状出血，心肌松软，切面有灰白色或淡黄色斑点或条纹，似老虎皮上的斑纹，称为"虎斑心"。

1.6.5 诊断

根据流行特点和典型临诊症状可做出初步诊断，确诊要进行实验室检查。发病时必须迅速采取水疱皮和水疱液送检，以确诊和鉴定病毒毒型。可采取舌面、蹄部的水疱皮或水疱液，数量10g左右，水疱皮置入盛有50%甘油生理盐水的消毒瓶中，水疱液用消毒过的注射器抽取，装入消毒试管或小瓶中，迅速送往实验室进行诊断。

1.6.6 防制

预防措施 坚持"预防为主"的方针，采取以免疫预防为主的综合防控措施，控制疫情的发生。免疫预防是控制本病的主要措施，要选择与流行毒株相同血清型的口蹄疫疫苗对易感动物进行预防接种。带毒活畜及其产品的流动是口蹄疫暴发和流行的重要原因之一，因此，要依法进行产地检疫和屠宰检疫；依法做好流通领域运输活畜及其产品的检疫、监督和管理，防止口蹄疫传入；进入流通领域的偶蹄动物必须具备运输检疫合格证明和免疫注射证明。

扑灭措施 严格按《中华人民共和国动物防疫法》及有关规定，采取紧急、强制、综合性的扑灭措施。一旦有口蹄疫疫情发生，应迅速上报疫情，划定疫点、疫区，按"早、快、严、小"的原则，严格封锁。病畜及同群畜隔离并无血扑杀，同时对病猪舍及污染的场所和用具进行彻底消毒，猪舍、场地和用具等，用2%~5%氢氧化钠、10%石灰乳、0.2%~0.5%过氧乙酸或1%强力消毒剂喷洒消毒。皮张用环氧乙烷、甲醛气体消毒，粪便堆积发酵或用5%氨水消毒。在封锁期间，禁止易感动物及其产品流出疫区，禁止非疫区的动物进入疫区，并根据扑灭动物疫病的需要，对出入封锁区的人员、运输工具及有关物品采取消毒和其他限制性措施。对疫区周围的受威胁区的易感动物用同型疫苗进行紧急预防接种，在最后一头病畜扑杀后14d，未出现新的病例，经彻底大消毒后可解除封锁。

1.6.7 公共卫生

预防人的口蹄疫，主要依靠个人自身防护，如不吃生奶、接触病畜后立即洗手消毒，防止病畜的分泌物和排泄物落入口鼻和眼结膜，污染的衣物及时做消毒处理等。非工作人员不与病畜接触，以防感染和散毒。

1.7 布鲁氏菌病

布鲁氏菌病(Brucellosis)是由布鲁氏菌引起的人畜共患的慢性传染病。临诊上以母畜流产、不孕为特征；公畜出现睾丸炎；人也可感染，表现为长期发热、多汗、关节痛等症状。家畜中牛、羊、猪多发。本病严重危害人和动物的健康。

1.7.1 病原

布鲁氏菌，为布氏杆菌属，是革兰阴性的细小球杆菌，大小$(0.5\sim0.7)\mu m\times(0.6\sim7.5)\mu m$，两端圆形。经柯氏染色呈红色。

布鲁氏菌对外界环境有较强的抵抗力，在患病动物的分泌物、排泄物以及病死动物的脏器中能存活4个月左右；在食品中能存活2个月；在干燥的土壤中能存活2个月以上；在毛、皮上可存活3~4个月之久；在冷暗处、胎儿体内可存活6个月左右。但对热和消毒剂敏感，60℃ 30min，80~95℃ 5min，直射日光0.5~4h能灭活。2%石碳酸、2%来苏儿、2%氢氧化钠、0.1%升汞、2%福尔马林或5%石灰乳都能在短时间内将其灭活。

1.7.2 流行病学

传染源 病畜和带菌者是主要传染源，病畜可从乳汁、粪便和尿液中排出病原菌，污染草场、畜舍、饮水、饲料；病畜在流产或分娩时将大量布鲁氏菌随着胎儿、羊水和胎衣排出，成为最危险的传染源，流产后的阴道分泌物及乳汁中，含有大量病原菌，公牛精液中也有病原菌。

传播途径 本病可通过多种途径传播，消化道是主要的传播途径，易感动物采食了病畜流产时的排泄物或污染的饲料、饮水，通过消化道感染。易感动物直接接触病畜流产物、排泄物、阴道分泌物等带菌污染物，可经皮肤或眼结膜感染。

易感动物 在自然条件下，布鲁氏菌的易感动物范围很广，主要是羊、牛、猪，还有牦牛、野牛、水牛、鹿、骆驼、野猪等，性成熟的母畜比公畜易感，特别是头胎妊娠母牛、羊对本病易感性最强。

流行特征本病一年四季都有发生，但有明显的季节性。冬季少发。

1.7.3 临诊症状

猪潜伏期一般在2周至6个月。最明显的临诊症状是流产，可发生在妊娠的任何时期。并出现暂时或永久性不育，睾丸炎和附睾炎、睾丸肿大疼痛、关节肿大、跛行、后肢麻痹、脊髓炎，偶尔发生子宫内膜炎，后肢或其他部位出现溃疡。

1.7.4 病理变化

胎衣呈黄色胶样浸润，有些部位覆有纤维蛋白絮片和脓液，有的增厚，有出血点；子宫部分或全部贫血呈灰黄色，或覆有灰色或黄绿色纤维蛋白絮片，子宫黏膜表面可见大量粟粒性结节。胎儿胃中有淡黄色或白色黏液絮状物，胃肠和膀胱的浆膜下，可见有点状或线状出血。淋巴结、脾脏和肝脏有程度不同的肿胀，有的有炎性坏死灶。脐带常呈浆液性浸润，肥厚。公猪生殖器官精囊内可见出血点和坏死灶，睾丸和附睾可见炎性坏死灶和化脓灶。关节炎、关节肿大。

1.7.5 诊断

布鲁氏菌病的诊断主要依据流行病学、临诊症状和实验室检查。发现可疑患病动物时，应首先观察有无布鲁氏菌病的特征，如流产、胎衣滞留、关节炎或睾丸炎，了解传染源与患病动物接触史，然后通过实验室检验进行确诊。

病料采集 取流产胎儿、胎盘、阴道分泌物。

镜检 通常取病料直接涂片，做革兰和柯氏染色镜检。若发现革兰阴性、鉴别染色为红色的球状杆菌或短小杆菌，即可做出初步诊断。

免疫学诊断 常用的免疫学诊断方法有虎红平板凝集试验、试管凝集试验、间接酶联免疫吸附试验和布鲁氏菌皮肤变态反应等。

布鲁氏菌病实验室诊断，除流产材料的细菌学检查外，还可做血清虎红平板凝集试验，也有用变态反应的。无论哪种动物，如果是进出口检疫或司法鉴定，一律用试管凝集试验。

1.7.6 防制

预防措施 布鲁氏菌病的传播机会较多，必须采取综合性的防控措施，早期发现病畜，彻底消灭传染源和传播途径，防止疫情扩散。在本病疫区应采取有效措施控制其流行。对易感动物群，每2~3个月进行一次检疫，检出的阳性动物及时清除淘汰，2次疑似定为阳性，直至全群获得2次阴性结果为止。如果动物群中经过多次检疫并将患病动物淘汰后，仍有阳性动物不断出现，可应用疫苗进行预防注射。疫苗接种是控制本病的有效措施，我国主要使用猪布鲁氏菌2号弱毒活苗和马耳他布鲁氏菌5号弱毒活苗。

扑灭措施 发现疑似疫情，应及时对疑似患病动物隔离。确诊后对患病动物全部扑杀；对病畜的同群家畜实施隔离；对患病动物及其流产胎儿、胎衣、排泄物、乳、乳制品等进行无害化处理。开展流行病学调查和疫源追踪；对同群动物进行检测。对患病动物污染的场所、用具、物品严格消毒。养殖场的金属设备、设施可用火焰、熏蒸消毒；污染的圈舍、场地、车辆等，可用2%氢氧化钠消毒；污染的饲料、垫草等，可采取深埋发酵处理或焚烧；粪便消毒采取堆积密封发酵方式。皮毛消毒用环氧乙烷、福尔马林熏蒸等。

1.7.7 公共卫生

人可感染布鲁氏菌病，患病的牛、羊、猪、犬是主要传染源，传播途径是食入、吸入或皮肤的黏膜和伤口，动物流产和分娩时易受到感染。

人类布鲁氏菌病的流行特点是患病与职业有密切关系。凡与病畜及其产品接触多的畜牧兽医人员、屠宰工人、皮毛工等，其感染和发病明显高于其他职业。因此，本病的预防首先要注意职业性感染，注意自我防护，可每年用M104冻干疫苗免疫。在动物养殖场的饲养员、人工授精人员、屠宰场、畜产品加工厂的工作人员以及兽医、实验室工作人员等，必须严格遵守防护制度和卫生消毒措施，严格产房、场地、用具、污染物的消毒卫生。特别在仔畜大批生产季节，更要注意。

羊种布氏杆菌M5菌苗，对人有较强的侵袭力和致病性，易引起暴发流行，疫情重，且大多出现典型临床症状；牛种布鲁氏菌疫区，人感染率高而发病率低，呈散在发病；猪种布鲁氏菌疫区，人发病情况介于羊种和牛种布鲁氏菌之间。

1.8　钩端螺旋体病

钩端螺旋体病(Leptospirosis)，简称钩体病，是由致病性钩端螺旋体引起的，一种人畜共患自然疫源性传染病。在家畜中以猪、牛、犬的带菌和发病率较高。急性病例以发热、黄疸、贫血、血红蛋白尿、出血性素质、流产、皮肤和黏膜坏死以及马的周期性眼炎等为特征。

1.8.1　病原

钩端螺旋体，为螺旋体目细螺旋体科细螺旋体属。大小$(0.1\sim0.2)\mu m \times (6\sim20)\mu m$。在暗视野和相差显微镜下，呈细长的丝状，圆柱形，螺纹细密而规则，菌体两端弯曲成钩状，通常呈"C"或"S"形弯曲。运动活泼并沿其长轴旋转。革兰阴性，但不易着色，常用姬姆萨染色和镀银法染色，后者效果较好。

根据抗原结构成分，已知有19个血清群，180个血清型。我国至今分离出来的致病性钩端螺旋体共有18个血清群，70个血清型。

钩端螺旋体在一般的水田、池塘、沼泽里及淤泥中可以生存数月或更长，这在本病的传播上有重要意义。但对消毒药、加热敏感，一般常用消毒药均可将其杀死。

1.8.2　流行病学

传染源　发病和带菌动物是主要的传染源，猪、马、牛、羊带菌期半年左右，犬的带菌期2年左右。病原体随着这些动物的尿、乳和唾液等排出体外污染环境。鼠类感染后，可终生带菌，大多数呈健康带菌者，是重要的储存宿主和传染源。

传播途径　各种带菌动物经尿、乳、唾液、流产物和精液等多种途径排出体外，特别是尿中排菌量最大，时间长。动物、人与外界环境中污染的水源接触，是本病的主要感染方式。

易感动物　钩端螺旋体病是自然疫源性疾病，动物宿主非常广泛，家畜中猪、牛、水牛、犬、羊、马、骆驼、鹿、兔、猫，家禽中鸭、鹅、鸡、鸽以及其他野禽均可感染和带菌。其中以猪、水牛、牛和鸭的感染率较高。

流行特征 本病的流行有明显的季节性，本病一年四季都可发生，但以 7~10 月为流行的高峰期，其他月份仅为个别散发。

1.8.3 临诊症状

潜伏期为 2~20d。

猪表现为急性黄疸型，多发生于大猪和中猪，呈散发性，偶也见暴发。病猪体温升高，精神沉郁，食欲减少，皮肤干燥，1~2d 内全身皮肤和黏膜泛黄，尿呈浓茶样或血尿。几天内，有时数小时内，突然惊厥而死，病死率较高。亚急性和慢性型，多发生于断奶前后至 30kg 以下的小猪，呈地方流行性或暴发，常引起严重的损失。病初有不同程度的体温升高，眼结膜潮红，精神沉郁，食欲减退；几天后，眼结膜有的潮红水肿、有的泛黄，有的在上下颌、头部、颈部，甚至全身水肿，指压凹陷，俗称"大头瘟"；尿液变黄、茶尿、血红蛋白尿甚至血尿，有腥臭味。有时粪干硬，有时腹泻。病猪逐渐消瘦，无力。病程十几天至一个多月。病死率 50%~90%。妊娠母猪感染钩端螺旋体可发生流产，流产率 20%~70%，母猪在流产前后有时兼有其他症状，甚至流产后发生急性死亡。流产的胎儿有死胎、木乃伊，也有衰弱的弱仔，常于产后不久死亡。

1.8.4 病理变化

钩端螺旋体在家畜所引起的病变基本是一致的。急性病例，眼观病变主要是黄疸、出血、血红蛋白尿及肾不同程度的损害。慢性或轻型病例，以肾的变化为主。

皮肤、皮下组织、浆膜和黏膜有程度不同的黄疸，胸腔和心包有黄色积液；心内膜、肠系膜、肠、膀胱黏膜等出血；肝肿大呈棕黄色、胆囊肿大、淤血，慢性病例肾有散在的灰白色病灶（间质性肾炎）。水肿型病例在下颌、头颈、背、胃壁等部位出现水肿。

1.8.5 诊断

发病初期采血液，中后期采尿液、脊髓液或血清，死后采新鲜的肾、肝、脑、脾等病料及时送检。符合以下一项即可确诊：

①暗视野显微镜或染色直接镜检菌体阳性：血液、尿、脑脊液置暗视野显微镜下观察，可见螺旋状快速旋转或伸屈运动的细长菌体；经镀银染色呈黑色，复红亚甲蓝染色呈紫红色，姬姆萨染色呈淡红色的螺旋状菌体。

②在发病早期，血清中可检出特异性抗体，并能维持较长时间。

③可用炭凝集试验、间接血凝试验等检测特异性抗体的存在情况，可做出诊断。

1.8.6 防制

预防措施 钩端螺旋体病感染者可长期带菌并排菌，预防应改造疫源地，控制和消灭污染源。灭鼠和预防接种是控制钩端螺旋体病暴发流行、减少发病的关键。

扑灭措施 任何单位和个人发现疑似本病的动物，都应及时向当地动物防疫监督机构报告。

发现疑似本病的疫情时，应进行流行病学调查、临诊症状检查，并采样送检。确诊后采取以下措施处理：本病呈暴发流行时，应划定疫区，实施封锁；对污染的圈舍、场地、用具等进行彻底消毒；对病畜隔离治疗，对同群畜立即进行强制免疫或用药物预防，并隔离观察20d；必要时对同群畜进行扑杀处理；对病死畜及其排泄物、可能被污染的饲料、饮水等按有关规定进行无害化处理；对可能被污染的物品、交通工具、用具、畜舍进行严格彻底的消毒；对疫区和受威胁区内所有易感动物进行紧急免疫接种或用药物预防；无害化处理对所有病死畜、被扑杀的动物及可能被污染的产品（包括猪肉、内脏、骨、血、皮、毛等）按有关规定进行无害化处理；在最后一头病畜隔离治疗20d后，进行一次彻底的终末消毒，可解除封锁；参与疫情处理的有关人员，应穿防护服、胶鞋、戴口罩和手套，做好自身防护。

治疗 链霉素、强力霉素、庆大霉素、四环素和土霉素等抗生素有一定疗效。在猪群中发现感染，应全群治疗，饲料加入土霉素连喂7d，可以解除带菌状态和消除一些轻型症状。妊娠母猪产前1个月连续饲喂上述土霉素饲料5d，可以防止流产。

1.8.7 公共卫生

钩端螺旋体病是重要的人畜共患病和自然疫源性传染病。

本病的潜伏期为2~28d，一般10d左右。主要表现为畏寒、发热，头痛、肌肉酸痛，以腓肠肌疼痛并有压痛为特征，全身无力，腿软明显，眼结膜充血，淋巴结肿大等。发病者除以上基本体征外，按临床表现可分为流感伤寒型、肺出血型、黄疸出血型和脑膜炎型。

人钩端螺旋体病的治疗，应按病的表现确定治疗方案，一般是以抗生素为主，配合对症、支持疗法，首选药物为链霉素，其次为庆大霉素。预防本病，平时应做好灭鼠工作，保护水源不受污染；注意环境卫生，经常消毒和处理污水；发病率较高的地区要用多价疫苗进行预防接种。

1.9 结核病

结核病（Tuberculosis）是由结核分枝杆菌引起的一种人畜共患的慢性传染病。本病的特征是病程缓慢、渐进性消瘦、咳嗽，在体内多种组织器官中形成结核性肉芽肿（结核结节）、干酪样坏死和钙化的结节性病灶。

1.9.1 病原

病原主要是分枝杆菌属的3个种，即结核分枝杆菌、牛分枝杆菌和禽分枝杆菌。本属菌为平直或微弯的杆菌，大小为$(0.2~0.6)\mu m \times (1~10)\mu m$，有时分枝、呈丝状，无荚膜、芽孢和鞭毛，革兰染色阳性，能抵抗3%盐酸酒精的脱色，所以称为抗酸菌。常用齐-尼二氏抗酸染色法，本属菌染成红色，非抗酸菌染成蓝色。

结核杆菌在自然环境中对干燥和湿冷的抵抗力较强。干痰中存活10个月，病变组织和尘埃中能存活2~7个月或更长。在粪便、土壤中可存活6~7个月，水中可存活5个月，奶中90d，冷藏奶油中能存活10个月。但结核菌对热敏感，60℃经30min死亡，在直射日光下经数小时死亡。对消毒剂5%石碳酸、4%氢氧化钠和3%的福尔马林敏感，在70%乙醇、10%漂白粉溶液中很快死亡。本菌对链霉素、异烟肼、对氨基水杨酸和环丝氨酸敏感，可用于治疗。磺胺类药、青霉素及其他广谱抗生素对结核菌无效。

1.9.2 流行病学

传染源 结核病畜（禽）是本病的传染源，特别是开放型患者是主要的传染源。其痰液、粪尿、乳汁和生殖道分泌物中都可带菌，污染空气、饲料、饮水及环境而散布传染。

传播途径 本病主要经呼吸道和消化道感染。病原菌随咳嗽、喷嚏排出体外，污染空气，健康人畜吸入后可感染；污染饲料后通过消化道感染是一个重要的途径，仔猪的感染主要是吸吮带菌奶或喂病牛奶而引起；种猪多因与病猪和病人直接接触而感染。

易感动物 本病可侵害人和多种动物，有50多种哺乳动物、25种禽类可感染发病。易感性因动物种类和个体不同而异，家畜中牛特别是奶牛最易感，其次为黄牛、牦牛和水牛；猪和家禽易感性也较高；羊极少见。人和牛可互相传染，也能传染其他家畜。

流行特征 多呈散发性，无明显的季节性和地区性。各种年龄的动物都可感染发病。饲养管理不当、营养不良、猪舍拥挤、通风不良、潮湿、卫生条件差、缺乏运动等是造成本病扩散的重要因素。

1.9.3 临诊症状

猪发生结核病，潜伏期一般为16~45d，长的数月甚至数年，通常取慢性经过。猪对禽分枝杆菌、牛分枝杆菌、结核分枝杆菌都有易感性，猪对禽型菌的易感性比较其他哺乳动物为高。养猪场里养鸡或者养鸡场里养猪，都可能增加猪感染禽结核的机会。猪感染结核主要经消化道感染，常在扁桃体和颌下淋巴结发生病灶。如肺部感染，常发生短而干的咳嗽，随着病情的发展咳嗽逐渐加重、频繁，并有黏液性鼻汁，呼吸次数增加，严重的发生气喘，胸部听诊可听到啰音和摩擦音。病猪日渐消瘦，贫血。当肠道有病灶则发生腹泻。

1.9.4 病理变化

结核病的病变特征，是在器官组织发生增生性或渗出性炎症，或两者混合存在。当机体抵抗力强时，机体对结核菌的反应以细胞增生为主，形成增生性结核结节。当机体抵抗力弱时，机体的反应以渗出性炎为主，即在组织中有纤维蛋白和淋巴细胞的弥漫性沉积，后发生干酪样坏死，化脓或钙化，这种变化主要见于肺和淋巴结。

猪的结核病，全身性结核不常见，在某些器官（如肝、肺、脾、肾等）出现一些小的病灶，切开可见有大小不一的结节状干酪样病灶，或有的病例发生广泛的结节性过程。经常在颌下、咽、肠系膜淋巴结及扁桃体等发生结核病灶。

1.9.5 诊断

当猪群中发生原因不明的进行性消瘦、咳嗽、肺部异常、顽固性腹泻、体表淋巴结慢性肿胀等症状时，可怀疑为本病。通过病理剖检的特异性结核病变不难做出诊断；结核菌素变态反应试验是结核病诊断的标准方法。结合流行病学、临诊症状、病理变化和微生物学等检查方法进行综合判断,可确诊。

病料采集 无菌采取病猪的病灶、痰、粪尿及其他分泌物。

细菌学诊断 对开放性结核病的诊断具有实际意义。采取病猪的病灶、痰、粪尿涂片,用抗酸染色法染色镜检;分离培养和动物接种试验。

1.9.6 防制

预防措施 采取以"检测、检疫、扑杀和消毒"相结合的综合性防制措施。即加强引进猪只的检疫,防止引进带菌动物;净化污染群,培养健康动物群;加强饲养管理和环境消毒,增强动物的抵抗力、消灭环境中存在的分枝杆菌。

①引进动物时,应进行严格的隔离检疫,隔离观察1个月,再进行1次检疫,确认为阴性时,才可混群饲养。

②每年对种猪群进行反复多次的检测,淘汰阳性种猪。建立健康种猪群。检出的阳性猪应及时淘汰处理,同群猪应定期进行检疫和临诊检查,必要时进行病原学检查,以发现可能被感染的病猪。

③每年定期进行2~4次的彻底环境消毒。发现阳性种猪时要及时进行1次临时性的大消毒。常用的消毒药为20%石灰乳或20%漂白粉。

1.9.7 公共卫生

结核病有重要的公共卫生意义。防制人结核病的主要措施是早期发现,严格隔离,彻底治疗。牛奶应煮沸后饮用;猪肉应煮熟后食用;婴儿注射卡介苗;与病人、病畜禽接触时应注意个人防护。治疗人结核病有多种有效药物,以异烟肼、链霉素和对氨基水杨酸钠等最为常用。

人感染动物结核病多由牛型结核杆菌所致,特别是饮用带菌的牛奶而患病,所以消毒牛奶是预防人患结核病的一项重要措施。同时,有些饭店为追求肉质的滑嫩口感,特意将没有炒熟的肉给顾客食用,这也是人患结核的一个重要途径。

1.10 李氏杆菌病

李氏杆菌病(Listeriosis)是由单核细胞增生性李氏杆菌引起的一种人畜共患的散发性传染病。家畜和人以脑膜脑炎、败血症和流产为特征;家禽和啮齿动物以坏死性肝炎、心肌炎和单核细胞增多症为特征。

1.10.1 病原

产单核细胞李氏杆菌在分类上属于李氏杆菌属,是一种革兰阳性的小杆菌,大小为 $(0.4\sim0.5)\mu m\times(0.5\sim2)\mu m$。在抹片中或单个分散或两个菌排成"V"形或互相并列。需氧兼性厌氧菌,在含有血清或血液的琼脂上才能生长良好,在血琼脂上生长能形成β溶血。

李氏杆菌对理化因素的抵抗力较强。在土壤、粪便、青贮饲料和干草内能长期存活。pH 5.0以下缺乏耐受性，pH 5.0~9.6能生长繁殖。对食盐耐受性强，在含10%食盐的培养基中能生长，在20%食盐溶液内能长期存活。对热的耐受性比大多数无芽孢杆菌强，常规巴氏消毒法不能杀灭它，65℃经30~40min才杀灭。一般消毒药都易使之灭活。

1.10.2　流行病学

传染源　发病和带菌动物是本病的传染源。由患病动物的粪、尿、乳汁、精液以及眼、鼻、生殖道的分泌液都曾分离到本菌。家畜因饲喂带菌鼠类污染的饲料，而引起本病的发生。

传播途径　本病自然感染可通过消化道、呼吸道、眼结膜以及皮肤伤口。饲料和水是主要的传播媒介。冬季缺乏青饲料，气候骤变，有寄生虫或沙门氏菌感染可诱发本病。

易感动物　自然发病在家畜以绵羊、猪、家兔较多，牛、山羊次之，马、犬、猫少见；在家禽中以鸡、火鸡、鹅多发，鸭较少发生。许多野兽、野禽、啮齿动物都有易感性，特别是鼠类的易感性最高，常为本菌的储存宿主。

流行特征　本病为散发性，偶尔可见地方流行性，一般只有少数发病，但病死率较高。各种年龄的动物都可感染发病，但幼龄动物比成年动物易感性高，发病较急；妊娠母畜感染后常发生流产。

1.10.3　临诊症状

自然感染的潜伏期约为2~3周。有的可能只有数天，也有长达两个月的。

病猪体温一般不升高，病初意识障碍，运动失常，做圆圈运动，无目的地行走，有的头颈后仰，前肢或后肢张开，呈典型的观星姿势；肌肉震颤、强硬，颈部和颊部尤为明显，有的表现阵发性痉挛，口吐白沫，侧卧地上，四肢乱爬，一般1~4d死亡，长的可达7~9d。较大的猪有的身体摇摆，共济失调，步态强拘；有的后肢麻痹，不能起立，拖地而行，病程可达1个月以上。仔猪多发生败血症，体温升高，精神高度沉郁，食欲减少或废绝，口渴；有的全身衰弱、僵硬、咳嗽、腹泻、皮疹、呼吸困难、耳部和腹部皮肤发绀，病程约1~3d，病死率高。妊娠母猪常发生流产。

1.10.4　病理变化

有神经症状的病畜，脑膜和脑可见有充血、炎症或水肿的变化，脑脊液增加，稍混浊，脑干变软，有小脓灶，血管周围有以单核细胞为主的细胞浸润；肝可见有小炎灶和小坏死灶。败血症的病猪，有败血症变化，肝脏有坏死。流产的母猪可见到子宫内膜充血以至广泛坏死，胎盘常见有出血和坏死。

1.10.5　诊断

病畜表现特殊神经症状、妊娠母畜流产、血液中单核细胞增多，可疑为本病。确诊要进行细菌学诊断或血清学试验，可用凝集试验和直接荧光抗体染色法。也可采取血、脑脊液、新生仔猪脐带残端及粪尿等，进行涂片镜检、分离培养和动物接种试验。

1.10.6 防制

平时须驱除鼠类和其他啮齿动物,驱除外寄生虫,不要从有病地区引种。发病时应实施隔离、消毒、治疗等防制措施。

本病的治疗以土霉素效果最好,青霉素、庆大霉素、磺胺和氨苄青霉素较好。广谱抗生素病初大量应用有效。有神经症状的可用氯丙嗪肌注。

1.10.7 公共卫生

人对李氏杆菌有易感性,感染后症状不一,以脑膜炎较为多见。血液中单核细胞增多,除神经症状外,还有肝坏死、小叶性肺炎等病变。从事与病畜禽有关的工作人员,在参与病畜饲养管理、尸体剖检或接触污染物时,应注意自我防护。平时应注意饮食卫生,防止食入被污染的乳、肉、蛋或蔬菜而感染。病畜的肉及其产品须经无害化处理后才可利用。

1.11 坏死杆菌病

坏死杆菌病(Necrobacillosis)是由坏死杆菌引起各种哺乳动物和禽类的一种慢性传染病。病的特征是在受损的皮肤和皮下组织、消化道黏膜发生组织坏死,有的在内脏形成转移性坏死灶。一般散发,有时呈地方流行性。

1.11.1 病原

坏死杆菌,为多形性的革兰阴性菌,呈球杆状或短杆状,在病变的组织或培养物中呈长丝状,长达 $100\mu m$。幼龄培养菌着色均匀,老龄培养物着色不均匀,似串珠状,本菌无荚膜、鞭毛和芽孢。

坏死杆菌为严格厌氧菌,常从病畜的肝、脾等内脏的病变部位采病料分离,若需从体表坏死处分离,则应从病、健组织交界处采取,将其接种于兔或小鼠的皮下,从死亡后的脏器采料分离。在血液琼脂平板上,呈 β 溶血,本菌可产生多种毒素,如杀白细胞素、溶血素,能致组织水肿,引起组织坏死。

本菌对理化因素抵抗力不强,常用消毒药均有效,但在污染的土壤中和有机质中能存活较长时间。

1.11.2 流行病学

传染源 发病和带菌动物是本病的传染源,患病动物的肢、蹄、皮肤、黏膜出现坏死性病变,病菌随渗出物或坏死组织污染周围环境。病畜粪便中约有半数以上能分离出本菌,沼泽、水塘、污泥、低洼地更适宜病菌的生存。

传播途径 本病主要经损伤的皮肤和黏膜(口腔)感染,新生畜有时经脐带感染。

易感动物 多种畜禽和野生动物均有易感性,家畜中以猪、绵羊、山羊、牛、马最易感,禽易感性较低。

流行特征 本病常发生于低洼潮湿地区，炎热、多雨季节多发，一般散发或呈地方流行性。

1.11.3 临诊症状

本病潜伏期一般1～3d，因受害部位不同而表现以下几种病型：

腐蹄病 病初跛行，蹄部肿胀或溃疡，流出恶臭的脓汁。病变如向深部扩散，可波及腱、韧带和关节、滑液囊；严重的可出现蹄壳脱落，重症病例有全身症状，如发热、食欲废绝，进而发生脓毒败血症死亡。

坏死性皮炎 多见于仔猪和架子猪，其他家畜也有发生。其特征为体表皮肤和皮下发生坏死和溃疡，多发生于体侧、头和四肢；初为突起的小丘疹，局部发痒，盖有干痂的结节，触之硬固、肿胀，进而痂下组织迅速坏死；有的病猪发生耳及尾的干性坏死，最后脱落。母猪还可发生乳头和乳房皮肤坏死，甚至乳腺坏死。

坏死性口炎 又称"白喉"，多见于仔猪。有时也见于仔兔和雏鸡。病初食欲减少，发热，流涎，有鼻汁，气喘；在舌、齿龈、上颚、颊、喉头等处黏膜上附有假膜，呈粗糙、污秽的灰褐色或灰白色，剥离假膜，可露出不规则的溃疡面，易出血；发生在咽喉的，有颌下水肿，呼吸困难，不能吞咽，病程4～5d，长的延至2～3周。

1.11.4 病理变化

坏死杆菌毒素使组织发生凝固性坏死。病变组织污染其他细菌（如化脓菌、腐败菌等），可出现湿性坏疽或气性坏疽。当畜体抵抗力弱或细菌毒力强时，则病原蔓延或转移，最后由于饥饿（白喉）、全身中毒、大面积内脏坏死和栓塞或继发性感染使病猪死亡。

死于"白喉"或坏死性皮炎的猪，在肠道及肺脏中也有坏死病变。有时，肺中病灶蔓延形成坏死性化脓性胸膜肺炎。

1.11.5 诊断

根据本病的发生部位是以肢蹄部和口腔黏膜坏死性炎症为主，以及坏死组织有特殊的臭味和腐败变化，再结合流行病学，可做出初步诊断。确诊需进行细菌学诊断。

在病变与健康组织交界处，取病料染色镜检，能发现病菌。以厌氧培养法培养，经48～72h后，本菌长出一种带蓝色的菌落，中央不透明，边缘有一光带，从中选出可疑菌落，获得纯培养后再做生化鉴定。

动物试验可用生理盐水或肉汤制取病料的悬液，兔耳外侧或小鼠尾根皮下接种0.5～1.0mL，2～3d后，接种动物逐渐消瘦，局部坏死，8～12d死亡，从死亡动物实质脏器易获得分离物。

1.11.6 防制

预防措施 采取综合性防制措施，避免皮肤和黏膜损伤。平时要保持圈舍环境及用具的清洁与干燥，使地床平整，及时清除粪尿和污水，防止动物互相啃咬。如有猪只发病，可用抗生素类药物进行治疗。

扑灭措施 猪群中一旦发生本病,应及时隔离治疗。畜舍的粪便及清除的坏死组织要严格消毒和销毁。在采用局部治疗的同时,要根据病型配合全身治疗,如肌肉或静脉注射磺胺类药物、链霉素、土霉素、螺旋霉素等,有控制本病发展和继发感染的双重功效。此外,还应配合强心、解毒、补液等对症疗法,以提高治愈率。

治疗 腐蹄病治疗,用清水洗净患部并清创,再用1%高锰酸钾、5%福尔马林或10%的硫酸铜冲洗消毒。然后在蹄底的孔内填塞硫酸铜、水杨酸粉、高锰酸钾或磺胺粉,创面可涂敷5%高锰酸钾、10%甲醛酒精液或龙胆紫。对软组织可用磺胺软膏、碘仿鱼石脂软膏等药物。

"白喉"病猪治疗应先除去伪膜,再用1%高锰酸钾冲洗,然后用碘甘油,每日2次至痊愈。

1.12 放线菌病

放线菌病(Swine actinomycosis)又称大颌病,是由各种放线菌引起动物和人的一种以局部肿胀为特征的慢性传染病。病的特征为头、颈、颌下和舌的放线菌肿。

1.12.1 病原

牛放线菌、伊氏放线菌和林氏放线菌。牛放线菌和伊氏放线菌是牛的骨骼和猪的乳房放线菌病的主要病原,伊氏放线菌是人放线菌病的主要病原,为革兰阳性,在动物组织中呈带有辐射状菌丝的颗粒性凝集物——菌芝,外观似硫黄颗粒,其大小如别针头,呈灰色、灰黄色或微棕色。涂片经革兰染色后镜检,中心菌体呈紫色,周围放射状菌丝呈红色,主要侵害骨骼和软组织。林氏放线菌是皮肤和柔软器官放线菌病的主要病原菌,是一种不运动、不形成芽孢和荚膜的呈多形态的革兰阴性杆菌。在动物组织中也形成菌芝,无显著的辐射状菌丝,以革兰法染色后,中心与周围均呈红色。

1.12.2 流行病学

本病呈散发性。牛、猪、羊、马、鹿等均可感染发病,人也可感染。动物中以牛最常被侵害,特别是2~5岁的牛。

放线菌病的病原存在于污染的土壤、饲料和水中,寄生于动物口腔和上呼吸道,当黏膜或皮肤受损时,便可感染。当给动物喂带刺的饲料,常使口腔黏膜损伤而感染发病。

1.12.3 临诊症状

猪的乳头基部发生硬块,逐渐蔓延到乳头,引起乳房畸形。整个背部的皮肤增厚,似覆盖一层盔甲。

1.12.4 病理变化

病理变化以增生性或渗出性-化脓性变化为主。口腔黏膜有时可见溃疡,或呈蘑菇状生成物,圆形,质地柔软呈褐黄色。病程长的病例,肿块有钙化的可能。

1.12.5 诊断

放线菌病的临诊症状和病理变化比较特殊，不易与其他传染病混淆，诊断不难。必要时可取脓汁，用水稀释，找出硫黄样颗粒，在水内洗净，置载玻片上加入一滴15%氢氧化钾溶液，覆以盖玻片用力挤压，显微镜检查即可定性。

1.12.6 防制

治疗 硬结可用外科手术切除，若有瘘管形成，要连同瘘管彻底切除，新创腔用碘酊纱布填塞，24～48h更换1次。伤口周围注射10%碘仿醚或2%鲁戈氏液，重症病例可静脉注射10%碘化钠，隔日1次。在用药过程中，如出现碘中毒现象(黏膜、皮肤发疹，流泪、脱毛、消瘦和食欲不振等)应暂停用药5～6d或减少剂量。

放线菌对青霉素、红霉素、林可霉素敏感，林氏放线菌对链霉素、磺胺类药比较敏感，可用抗菌药物进行治疗，但需应用大剂量，才可收到良好的疗效。

预防措施 应避免在低湿地放牧，防止皮肤、黏膜损伤，有伤口及时处理可预防本病的发生。饲喂前最好将饲料中的尖硬物去掉或软化，避免刺伤黏膜。

1.13 流 感

流行性感冒(Influenza)是猪的一种急性、热性、高度传染性的呼吸系统疾病。其特征为突发，咳嗽，呼吸困难，发热及迅速转归。

1.13.1 病原

猪流感病毒属于正黏病毒科，包括A、B、C、托高土病毒属4个属。猪流感由甲型流感病毒(A型流感病毒)引发，可以感染多种动物，包括许多禽类和哺乳动物。该病毒传染性很高，但通常不会引发死亡。秋冬季属高发期，可全年传播。该病毒可在猪群中造成流感暴发。通常情况下其他动物和人类很少感染猪流感病毒。

1.13.2 流行病学

各个年龄、性别和品种的猪对本病毒都有易感性。本病的流行有明显的季节性，天气多变的秋末、早春和寒冷的冬季易发生。本病传播迅速，常呈地方性流行或大流行。本病发病率高，死亡率低(5%左右)。病猪和带毒猪是猪流感的传染源，患病痊愈后猪带毒6～8周。

1.13.3 临诊症状

该病的发病率高，潜伏期为1～7d，病程1周左右。病猪发病初期突然发热，体温升高达40～41.5℃，精神不振，食欲减退或废绝，肌肉疼痛，不愿站立，常横卧在一起，呼吸困难，气喘，阵发性咳嗽，眼结膜充血，眼鼻流出黏液。呈腹式呼吸，有犬坐姿势，夜里可听到病猪哼喘声，个别病猪关节疼痛，尤其是膘情较好的猪发病较严重。

如果在发病期治疗不及时,则易并发支气管炎、肺炎和胸膜炎等,增加猪的病死率。

1.13.4 病理变化

猪流感的病理变化主要在呼吸器官。剖检可见鼻、咽、喉、气管和支气管的黏膜充血、肿胀,表面覆有黏稠的液体,小支气管和细支气管内充满泡沫样渗出液。胸腔、心包腔蓄积大量混有纤维素的浆液。肺脏的病变常发生于尖叶、心叶、叶间叶、膈叶的背部与基底部,与周围组织有明显的界线,颜色由红至紫、塌陷、坚实,韧度似皮革。脾脏肿大。颈部淋巴结、纵膈淋巴结、支气管淋巴结肿大、充血、多汁。

1.13.5 诊断

根据流行病史、发病情况、临诊症状和病理变化,可做出初步诊断。

猪流行性感冒特征为突然发病,迅速蔓延全群,主要症状为上呼吸道感染,一般多在冬春季节以及气候骤变时发生。暴发性地出现上呼吸道综合征,包括结膜炎、喷嚏和咳嗽以及低死亡率,可以将其怀疑猪流行性感冒。

1.13.6 防制

本病无有效疫苗和特效疗法,如果没有继发感染,一周内可康复。重要的是良好的护理及保持猪舍清洁、干燥、温暖、无贼风袭击。供给充足的清洁饮水,康复的头几天,饲料要限制供给。在发病中不得骚扰或移动病猪,以减少应激死亡。

猪群发病是由于气候变化,畜主饲养场圈舍简陋,饲养管理水平低下,导致猪群发生流行性感冒,本病应加强饲养管理,定期消毒,对患猪要早发现,为了避免人畜共患,饲养管理员和直接接触生猪的人宜做好有效防护措施,注意个人卫生;经常使用肥皂或清水洗手,避免接触患猪,平时应避免接触流感样症状(发热、咳嗽、流涕等)或肺炎等呼吸道病人;避免接触生猪或前往有猪的场所;避免前往人群拥挤的场所;咳嗽或打喷嚏时用纸巾捂住口鼻,然后将纸巾丢到垃圾桶。对死因不明的生猪一律焚烧深埋再做消毒处理。如人不慎感染了猪流感病毒,应立即向上级卫生主管部门报告,接触过患者的人群应做相应7日医学隔离观察。

预防措施

①铺垫和勤换干草,并定期用5%氢氧化钠对猪舍进行消毒。
②密切注意天气变化,一旦降温,及时取暖保温。
③防止猪只与感染动物的接触。人发生流感时,应避免与猪接触。

1.14 衣原体病

衣原体病(Chlamydiosis)是一种由衣原体引起的传染病,多种动物和禽类都可感染发病,人也有易感性。以流产、肺炎、肠炎、结膜炎、多发性关节炎、脑炎等多种临诊症状为特征。

1.14.1 病原

衣原体是衣原体科衣原体属的微生物。衣原体属目前认为有4个种,即沙眼衣原体、鹦鹉热衣原体、肺炎衣原体和反刍动物衣原体。

衣原体属的微生物细小,呈球状,有细胞壁。直径为0.2~1.0μm。在脊椎动物细胞的胞浆中可形成包涵体,直径可达12μm。易被嗜碱性染料着染,革兰染色阴性,用姬姆萨、马夏维洛、卡斯坦萘达等法染色着色良好。

衣原体对高温的抵抗力不强,而在低温下则可存活较长时间,如4℃可存活5d,0℃存活数周。0.1%福尔马林、0.5%石碳酸在24h内,70%酒精数分钟,3%氢氧化钠能将其迅速灭活。衣原体对四环素、红霉素、土霉素、氯霉素、螺旋霉素、强力霉素等抗生素敏感,对链毒素、杆菌肽等有抵抗力。对磺胺类药物,沙眼衣原体敏感,而鹦鹉热衣原体和反刍动物衣原体则有抵抗力。

1.14.2 流行病学

传染源 病畜(禽)和带菌者是本病的主要传染源。它可由粪便、尿、乳汁以及流产的胎儿、胎衣和羊水排出病原,污染水源和饲料。

传播途径 本病主要经消化道、呼吸道或眼结膜感染。另外,病畜与健康家畜交配或病畜的精液人工授精可感染。

易感动物 衣原体具有广泛的宿生,但家畜中以羊、牛、猪易感性强,禽类中以鹦鹉、鸽子较为易感。羔羊(1~8月龄)多表现为关节炎、结膜炎,犊牛(6月龄以前)、仔猪多表现为肺炎、肠炎,成年牛有脑炎症状,怀孕牛、羊、猪则多数发生流产。雏禽发病严重,常引起死亡。

流行特征 本病的发生没有明显的季节性,但犊牛肺炎、肠炎病例冬季多于夏季;羔羊关节炎和结膜炎常见于夏秋。本病的流行形式多种多样,妊娠牛、羊、猪流产常呈地方流行性;羔羊、仔猪发生结膜炎或关节炎时多呈流行性;而牛发生脑脊髓炎则为散发性。

1.14.3 临诊症状

流产型 又名地方流行性流产,主要于羊、牛和猪。猪无流产先兆,体温升高者少见,初产母猪的流产率为40%~90%;有的病群产活仔多,但因仔猪胎内感染迅速出现抑郁,体温升高1~2℃、寒战、发绀,有的发生恶性腹泻,多在3~5d死亡。公猪发生睾丸炎、附睾炎、阴茎炎、尿道炎。

肺、肠炎型 主要见于仔猪。潜伏期1~10d,表现腹泻,体温升高至40.6℃,鼻流浆黏性分泌物,流泪,以后出现咳嗽和支气管肺炎。常发生胸膜炎或心包炎。

关节炎型 主要发生于仔猪。病初体温上升至41~42℃,食欲废绝。肌肉运动僵硬,并有疼痛,一肢甚至四肢跛行。随着病情的发展,跛行加重,卧地不起。发病率一般达30%。

脑脊髓炎型 又称伯斯病。断奶仔猪表现精神沉郁,有稽留热,皮肤震颤,后肢轻瘫;

有的病猪高度兴奋，尖叫，突然倒地，四肢做游泳状，病死率可达20%~60%。

鹦鹉热 又称鸟疫，鸟类、禽类得此病。

1.14.4 病理变化

流产型 以胎盘炎症和胎儿病变为主。

肺炎型 呼吸道黏膜为卡他性炎症。肺的尖叶、心叶、整个或部分隔叶有紫红色至灰红色的实质病变灶。肺间质水肿、膨胀不全、支气管增厚，切面多汁呈红色，有黏稠分泌物流出。支气管上皮细胞和单核细胞中有包涵体。

肠炎型 呈急性卡他性胃肠炎。胃和小肠浆膜面无光泽，十二指肠和盲肠浆膜面有条纹状出血。真胃黏膜充血水肿，有小点状出血和小溃疡。小肠黏膜充血和点状出血，以回肠最明显。回盲瓣淤血或点状出血。肠系膜淋巴结肿大、出血。组织学检查见胃黏膜上皮细胞固有层中的巨噬细胞、浆细胞、成纤维细胞、中心乳糜管内皮细胞、嗜铬细胞及杯状细胞中存有包涵体。

关节炎型 病变多发生在关节、腱鞘及其附近组织。大的关节如枕骨关节，常有淡黄色液体增多而扩张。滑液膜水肿并有不同程度的点状出血，附有疏松或致密的纤维素性碎屑和斑块。

脑脊髓炎型 尸体消瘦、脱水、中枢神经系统充血、水肿，脑脊髓液增多，大脑、小脑和延脑有弥漫性炎症变化。有些慢性病例还伴有浆液性、纤维素性腹膜炎、胸膜炎或心包炎。在各脏器的浆膜面上有厚层纤维蛋白覆盖物。

鹦鹉热 病变以禽体消瘦和发生浆膜炎为主。

1.14.5 诊断

根据流行病学、临诊症状和病理变化仅能怀疑为本病，确诊要进行实验室诊断。取有严重全身症状病畜的血液和实质脏器；流产胎儿的器官、胎盘和子宫分泌物；关节炎病例的滑液；脑炎病例的大脑与脊髓；肺炎病例的肺、支气管淋巴结；肠炎病例的肠道黏膜、粪便等，做细菌学和血清血诊断。严重感染的病例，如绵羊地方性流产的胎盘子叶，其涂片用马夏维洛氏法或姬姆萨染色镜检，可确诊。

1.14.6 防制

预防措施 衣原体的宿主十分广泛。因此，防制本病应采取综合性的措施。在规模化养殖场，应建立密闭的饲养系统，杜绝其他动物携带病原体侵入；对外引进种猪要严格实施隔离检疫；建立疫情监测制度，对疑似病例要及时检验，清除传染源；在本病流行区，应制订疫苗免疫计划，定期进行预防接种。

治疗 发生本病时，可用抗生素进行治疗，四环素、多西环素、米诺环素、红霉素、琥乙红霉素、罗红霉素、阿奇霉素、氧氟沙星、左氧氟沙星及大观霉素、克林霉素、克拉霉素等治疗支原体感染，疗程为1周。也可将抗生素混于饲料中，连用1~2周。

1.15 附红细胞体病

附红细胞体病(Swine eperythrozoonosis)(简称附红体病)是由附红细胞体引起的人畜共患传染病，以贫血、黄疸和发热为特征。

1.15.1 病原

附红细胞体根据其生物学特点更接近于立克次体，而将其列入立克次体目无浆体科附红细胞体属。附红体是寄生于动物和人红细胞表面、血浆和骨髓中的微生物小体。目前已发现的附红体有14个种，主要有寄生于猪的猪附红体、小附红体；寄生于绵羊、山羊及鹿中的绵羊附红体；寄生于鼠的球状附红体；寄生于牛的温氏附红体；以及兔附红体、犬附红体、猫附红体和人附红体等。

附红体是一种多形态微生物，多数为环形、球形和卵圆形，少数呈顿号形和杆状，大小不一。寄生在人、牛、羊及啮齿类动物中的较小，直径为 $0.3\sim0.8\mu m$；在猪体中的较大，直径为 $0.8\sim1.5\mu m$。通常在红细胞表面或边缘，数量不等，数量多的可在红细胞边缘形成链状，也可游离于血浆中。加压情况下可通过 $0.1\sim0.45\mu m$ 滤膜，革兰染色阴性，姬姆萨染色呈紫红色，瑞氏染色为蓝色。鲜血滴片直接镜检可见呈不同形式的运动。

附红体对热、干燥及常用消毒药敏感，60℃水浴中1min即停止运动、100℃水浴中1min可灭活。对常用消毒药均敏感，70%酒精、0.5%石碳酸含氯消毒剂中5min内可杀死，0.1%甲醛、0.05%苯酚溶液、乙醚、氯仿可迅速灭活。但附红体对低温冷冻的抵抗力较强，4℃ 60d，-30℃可存活120d，-70℃可存活数年。

1.15.2 流行病学

传染源 在多种动物和人体内均可检出附红体，其在一些啮齿类、家畜、家禽、鸟类及人类体内寄生。这些宿主既是被感染者，又是传染源。

传播途径 附红体的传播途径有接触性传播、血源性传播、垂直传播及经媒介传播等。血源性传播可能由注射器、动物打号器、断尾术、去势术等造成。传播媒介已知有虻、刺蝇、蚊子、蜱、螨、虱等。

易感动物 附红体的易感宿主范围广，易感动物有猪、牛、羊、犬、猫、兔、马、驴、骡、骆驼、鸡、鼠等。感染率很高，但多不表现症状，当自身抵抗力下降或环境条件恶劣时，可引起发病或流行。

流行特征 本病分布广泛，病的发生有明显的季节性，多发于高温多雨、吸血昆虫繁殖的季节，夏秋季为发病高峰。流行形式有散发性、地方流行性。动物在饲养密度较高、封闭饲养的圈舍内多发。在环境条件恶劣、饲养管理差、应激、动物抵抗力下降及并发感染其他病时，可出现暴发流行。附红体可通过胎盘传给胎儿，发生垂直传播，导致仔畜死亡率升高。

1.15.3 临诊症状

本病多呈隐性感染，在少数情况下，受应激因素刺激，可出现临诊症状。潜伏期为 2~45d 之间。

猪 通常发生在哺乳仔猪、怀孕母猪以及受高度应激的肥育猪，特别是断奶仔猪或阉割后几周的猪多发。急性感染时，其临诊特征为急性黄疸性贫血和高热，体表苍白，有时可见黄疸，皮肤表面有出血斑点，四肢、尾部，特别是耳部边缘发紫，耳郭边缘甚至大部分耳郭可能会发生坏死。母猪发病时，食欲减少、发热，乳房及会阴部水肿 1~3d；受胎率低、不发情、流产、产死胎、弱胎。产出的仔猪往往苍白贫血，有时不足标准体重，易发病。

人 人患病后有多种表现，不同病人有不同表现。主要有发热，体温可达 40℃，并伴有多汗，关节酸痛；可视黏膜及皮肤黄染，疲劳、嗜睡等贫血症状；淋巴结肿大，常见于颈部浅表淋巴结；肝、脾肿大，皮肤瘙痒，脱发等。小儿患病时，有时腹泻。

1.15.4 病理变化

病理变化可见黏膜浆膜黄染；弥漫性血管炎症，有浆细胞、淋巴细胞和单核细胞等聚集于血管周围；肝、脾肿大，肝有脂肪变性，并且有实质性炎性变化和坏死，胆汁浓稠；脾被膜有结节，结构模糊；肺、心、肾等都有不同程度的炎性变化。死亡动物的病变广泛，往往具有全身性。

1.15.5 诊断

根据流行病学、临诊症状，可做出初步诊断。本病呈地方性流行或散发，夏秋季常见，应激状态、有慢性病和自身免疫低下者多发，临诊表现主要为高热、贫血、黄疸、淋巴结肿大等可做出初诊。确诊需进行实验室检查。

直接镜检 采用直接镜检，诊断人畜附红体病，仍是当前的主要手段，包括鲜血压片和涂片染色。

鲜血压片检查：新鲜血液加等量生理盐水，置显微镜下观察，可见在血浆中转动或翻滚，遇红细胞即停止运动的菌体。

涂片染色镜检：新鲜血液涂片，固定后染色，显微镜下观察，姬姆萨染色的红细胞表面可见紫红色小体或瑞氏染色呈淡蓝色的小体时，可判为阳性。用吖啶黄染色可提高检出率，在血浆中及红细胞上观察到不同形态的附红体为阳性。

血清学诊断 包括间接血凝试验、补体结合试验或 ELISA，由于抗体滴度只能在 2~3 个月内维持较高水平，所有的血清学方法只适合于群体诊断。

1.15.6 防制

治疗病人和各种患病动物，曾用过各种药物，如卡那霉素、强力霉素、土霉素、黄色素、贝尼尔、氯苯胍等，一般认为贝尼尔是首选药物。

预防本病要采取综合性措施，加强饲养管理，注意环境卫生，定期消毒，给以全价饲料,增强机体抵抗力,减少应激等对本病的预防和控制有重要意义。加强对引进动物的检疫,同时在流行季节加强灭蚊、灭蝇工作,加强对动物免疫及治疗用注射器、手术器械的消毒,也可减少本病的传播。

1.16 肉毒梭菌中毒症

肉毒梭菌中毒症(Botulism)是由于摄入含有肉毒梭菌毒素的食物或饲料引起的人和动物的一种中毒性疾病。以运动神经麻痹和迅速死亡为特征。

1.16.1 病原

肉毒梭菌为梭菌属的成员,革兰阳性的粗大杆菌,能形成芽孢,为专性厌氧菌。在适宜环境中可产生一种蛋白神经毒素——肉毒梭菌毒素,它是迄今所知毒力最强的毒素。毒素能耐 pH 3.6~8.5,对高温也有抵抗力(经 100℃加热 15~30min 才能破坏),在动物尸体、骨头、腐烂植物、青贮饲料和发霉饲料及发霉的青干草中,毒素能保存数月。肉毒梭菌根据抗原性不同,可分成 A、B、Cα、Cβ、D、E、F、G 8 个型,人类的肉毒素中毒主要由 A、B、E、F 型引起,禽肉毒素中毒主要由 C 型引起。

1.16.2 流行病学

肉毒梭菌芽孢广泛存在于自然界,也存在于健康动物肠道和粪便中,土壤为其自然居留场所,腐败尸体、腐败饲料及各种植物中都经常含有。自然发病主要是由于采食了含有肉毒梭菌毒素的食物或饲料引起。在畜禽中以鸭、鸡、牛、马较多见,绵羊、山羊次之,猪、犬、猫少见。其易感性大小依次为:单蹄兽、家禽、反刍兽及猪。本病的发生有明显的地域分布,与土壤类型和季节等有关。在温带地区,肉毒梭菌中毒发生于温暖的季节,因为在 22~37℃范围内,饲料中的肉毒梭菌才能产生大量毒素。饲料中毒时,因毒素分布不匀,在同等情况下以膘肥体壮、食欲良好的动物发病较多。放牧盛期的夏季、秋季多发。

1.16.3 临诊症状

本病的潜伏期一般为 4~20h,长的可达数日。

猪的主要表现为神经麻痹,由头部开始,迅速向后发展,直至四肢;肌肉进行性衰弱和麻痹,起初吞咽困难,不能咀嚼和吞咽,垂舌,下颌下垂,唾液外流;眼半闭,瞳孔散大,对外界刺激无反应;两前肢软弱无力,行动困难,伏卧在地,以后两后肢发生麻痹,共济失调,倒地伏卧,不能起立;呼吸肌受损时,出现呼吸困难,黏膜发绀,最后呼吸麻痹,窒息死亡。

1.16.4 病理变化

猪肉毒梭菌中毒尸体剖检无特征的病理变化。

1.16.5 诊断

根据特征性症状，结合发病原因可做出初步诊断。确诊需采集病畜胃肠内容物和可疑饲料，加入2倍以上无菌生理盐水，充分研磨，制成混悬液，置室温1~2h，然后离心（血清或抗凝血等可直接离心），取上清液加抗生素处理后，分成2份，一份不加热，供毒素试验用，另一份100℃加热30min，供对照用；可选择以下实验动物进行试验（表1-1）。如检出毒素后需做毒素型别鉴定。

表1-1 动物实验

实验动物	接种量/mL	接种途径	结果观察时间及变化	对照
鸡（鸽）	0.1~0.2	一侧眼内角皮下	经30min~2h接种不加热病料侧眼闭合，10h后死亡	接种加热病料侧眼正常
小鼠	0.2~0.5	皮下、腹腔	经1~2d，小鼠出现麻痹，呼吸困难而死亡	健康
豚鼠	1.0~2.0	口服、注射	经3~4d，豚鼠出现麻痹，呼吸困难而死亡	健康

1.16.6 防制

预防措施 人肉毒梭菌中毒的预防主要是加强卫生管理和注意饮食卫生，尤其是各种肉类制品、罐头、发酵食品等。畜禽的预防措施是随时清除牧场、畜舍中的腐烂饲料，避免畜禽食入。禁喂腐烂的草料、青菜等，调制饲料要防止腐败。在本病的常发区，可用同型类毒素或明矾菌苗进行预防接种。

扑灭措施 发病时，应查明和清除毒素来源，发病畜禽的粪便内含有大量肉毒梭菌及其毒素，要及时清除。治疗在早期可注射多价抗毒素血清，毒型确定后可用同型抗毒素，在摄入毒素后12h内均有中和毒素的作用。大家畜内服大量盐类泻剂或用5%碳酸氢钠或0.1%高锰酸钾洗胃灌肠，可促进毒素的排出。

1.16.7 公共卫生

因本病死亡的尸体严禁食用。腐败变质的肉类或其他食物也不可食用。有本菌繁殖的肉类或其他食物常没有明显腐败变质的变化，肉眼检查难以判断。因此，必须注意肉类和各种食物的合理保存，防止肉毒梭菌的污染和繁殖。本菌毒素也可由伤口和黏膜吸收，在处理可疑动物尸体或肉品时，应注意自我防护。

1.17 轮状病毒感染

轮状病毒感染（Rotavirus disease）是由轮状病毒引起的多种幼龄动物和婴幼儿的一种急性肠道传染病，以腹泻和脱水为特征。成年动物和成人多呈隐性经过。

1.17.1 病原

轮状病毒，属呼肠孤病毒科轮状病毒属。病毒无囊膜，由11个双股RNA片段组成，有双层衣壳，像车轮。轮状病毒分为 A、B、C、D、E、F 6 个群。A 群为常见的典型病毒，主要感染人和各种动物；B 群主要感染猪、牛和大鼠；C 群和 E 群感染猪；D 群感染鸡和火鸡；F 群感染禽。

轮状病毒对理化因素有较强的抵抗力，室温能存活 7 个月。0.01％碘、1％次氯酸钠和 70％酒精可使其灭活。

1.17.2　流行病学

传染源　病人、病畜和隐性感染动物是本病的传染源，病毒主要存在于人和动物的肠道内，随粪便排出，污染环境。

传播途径　从粪便排出的病毒污染饲料、饮水、垫草和土壤，经消化道感染。

易感动物　各种年龄的人和动物都可感染，最高感染率可达 90％～100％，常呈隐性经过，发病的一般是新生婴儿和幼龄动物。

流行特征　本病传播迅速，发病有一定的季节性，晚秋、冬季和早春多发。寒冷、潮湿及不良的卫生条件可使病情加重。

1.17.3　临诊症状

猪的潜伏期是 12～24h，呈地方流行性。多发于 8 周龄以内的仔猪。病猪精神沉郁、食欲减退，偶有呕吐，迅速发生腹泻，粪便水样或糊状、呈暗黑色，病猪脱水明显。若有母源抗体保护，1 周龄的仔猪不易感染发病；10～20 周龄哺乳仔猪症状轻，腹泻 1～2d 即可痊愈，病死率低；3～8 周龄或断奶 2d 的仔猪病死率 10％～30％，严重的可达 50％。

1.17.4　病理变化

病变限于消化道，仔猪胃壁弛缓，胃内充满凝乳块和乳汁。小肠壁菲薄，半透明，内容物液状，呈灰黄或灰黑色。小肠广泛出血，肠系膜淋巴结肿大。

1.17.5　诊断

根据本病发生于寒冷季节，主要侵害幼龄动物，突然发生水样腹泻，水样便且呈黑色或颜色发深，发病率高，病变集中在消化道，小肠广泛性出血等可做出初步诊断。确诊要进行实验室诊断，取腹泻开始 24h 内的小肠及内容物或粪便，小肠做冰冻切片或涂片进行荧光抗体检查。感染细胞培养物、小肠内容物和粪便经超速离心等处理后，做电镜检查。

1.17.6　防制

预防措施　在疫区要使新生仔畜及早吃到初乳，接受母源抗体保护以减少和减轻发病。用猪源弱毒疫苗免疫母猪，其所产仔猪腹泻率下降 60％以上，成活率高。我国还研制出猪轮状病毒感染和猪传染性胃肠炎二联弱毒疫苗，给妊娠母猪分娩前 1 个月注射，也可使其所产仔猪获得良好的被动免疫。

扑灭措施　发生本病后，应停止哺乳，用葡萄糖盐水给仔猪自由饮用。同时，对仔猪进行对症治疗，如可用收敛止泻药，静脉注射葡萄糖盐水和碳酸氢钠溶液以防止脱水和酸中毒，使用抗菌药物以防止继发细菌性感染。

1.17.7 公共卫生

婴幼儿主要感染 A 群轮状病毒，感染后会出现每天 10 余次的急性腹泻，并持续 1 周，脱水，酸中毒，可并发肺炎、病毒性心肌炎、脑炎等，严重的可引起死亡。预防婴儿感染轮状病毒，应做到饭前便后洗手，尽量用母乳喂养婴儿，提高婴儿的抵抗力。

1.18 流行性乙型脑炎

流行性乙型脑炎（Epidemic encephalitis B）又称日本乙型脑炎，简称乙脑，是一种由昆虫媒介传播的人畜共患的急性传染病。本病属自然疫源性疾病，多种动物都可感染，人、猴、马和驴感染后出现明显的脑炎症状，病死率较高。猪乙脑在临诊上以妊娠母猪流产和产死胎、公猪的睾丸炎、新生仔猪出现典型脑炎和育肥猪持续高热为特征。

1.18.1 病原

乙脑病毒，属于黄病毒科黄病毒属的滤过病毒。病毒主要存在于病猪的脑、脑脊液、血液、脾、睾丸，病毒能凝集鸡、鸭、鹅、鸽和绵羊的红细胞，并为阳性血清所抑制。该病毒能在鸡胚卵黄囊及鸡胚成纤维细胞、仓鼠肾细胞、猪肾传代细胞内增殖，并产生细胞病变和蚀斑。病毒对外界的抵抗力不强 56℃ 30min 或 100℃ 2min 可灭活，一般消毒药如 2％氢氧化钠、3％来苏儿、碘酊等都有效。

1.18.2 流行病学

传染源 人类和多种动物可作为本病的传染源，家畜和家禽是主要的传染源。猪对乙脑病毒自然感染率高。

传播途径 本病经蚊虫叮咬而传播。能传播本病的蚊虫很多，现已被证实的有库蚊、伊蚊和按蚊。

易感动物 马、猪、牛、羊等多种动物和人都可感染，但除人、马和猪外，其他动物多为隐性感染。初产母猪发病率高，流产、死胎等症状严重。

流行特征 在热带地区，本病全年均可发生，在亚热带和温带地区本病的发生有明显的季节性。

1.18.3 临诊症状

猪人工感染潜伏期一般为 3～4d。常突然发病，体温升高达 40～41℃，呈稽留热，精神沉郁，食欲减退。粪便干燥呈球状，表面常附有灰白色黏液，尿呈深黄色。有的猪后肢关节肿胀疼痛而跛行。个别表现明显神经症状，视力障碍，摆头，乱冲乱撞，后肢麻痹，最后倒地不起而死亡。妊娠母猪常突然发生流产。流产多发生在妊娠后期，流产后症状减轻，体温、食欲恢复正常。少数母猪流产后从阴道流出红褐色乃至灰褐色黏液，胎衣不下。流产胎儿多为死胎或木乃伊胎，或濒于死亡。公猪除有上述一般症状外，突出表现是在发热后发生睾丸炎,一侧或两侧睾丸明显肿大,较正常睾丸大 0.5~1 倍,具有特征性。

1.18.4 病理变化

肉眼病变主要在脑、脊髓、睾丸和子宫。脑脊髓液增量,脑膜和脑实质充血、出血、水肿,肺水肿,肝、肾浊肿,心内外膜出血,胃肠有急性卡他性炎症。脑组织学检查,见非化脓性脑炎变化。肿胀的睾丸实质充血、出血和坏死灶。流产胎儿常见脑水肿,腹水增多,皮下有血样浸润。胎儿大小不等,有的呈木乃伊化。

1.18.5 诊断

临诊综合诊断 本病有严格的季节性,呈散在性发生,多发生于幼龄动物和 10 岁以下的儿童,有明显的脑炎症状,妊娠母猪发生流产,公猪发生睾丸炎,死后取大脑皮质、丘脑和海马角进行组织学检查,发现非化脓性脑炎等,可作为诊断的依据。

血清学诊断 在本病的血清学诊断中,血凝抑制试验、中和试验是常用的实验室诊断方法。其他血清学诊断法还有荧光抗体法、酶联免疫吸附试验、反向间接血凝试验等。

1.18.6 防制

预防流行性乙型脑炎,应从畜群免疫接种、消灭传播媒介和宿主动物的管理 3 个方面采取措施。

免疫接种:用乙脑疫苗给猪进行预防注射,不但可预防流行,还可降低本动物的带毒率,既可控制本病的传染源,也可控制人群中乙脑的流行。

消灭传播媒介:这是一项预防与控制乙脑流行的根本措施。以灭蚊、防蚊为主,尤其是三带喙库蚊,应根据其生活规律和自然条件,采取有效措施,才能收到较好的效果。

加强宿主动物的管理:应重点管理好没有经过夏秋季节的幼龄动物和从非疫区引进的动物。应在乙脑流行前,完成疫苗接种并在流行期间尽量避免蚊虫叮咬。

1.18.7 公共卫生

带毒猪是人乙型脑炎的主要传染源。往往在猪乙型脑炎流行高峰过后 1 个月便出现人乙型脑炎的发病高峰。病人表现高热、头痛、昏迷、呕吐、抽搐、口吐白沫、共济失调、颈部强直,儿童发病率和病死率高,幸存者常留有神经系统后遗症。在流行季节到来之前,加强个体防护,做好卫生防疫工作,对防控人感染乙型脑炎具有重要意义。

1.19 非洲猪瘟

非洲猪瘟(African swine fever,ASF)是由非洲猪瘟病毒(ASFV)引起的猪的一种急性、热性、高度接触性动物传染病，以高热、网状内皮系统出血和高死亡率为特征。世界动物卫生组织(OIE)将其列为法定报告动物疫病，我国将其列为一类动物疫病。

1.19.1 病原

ASFV是一种胞浆内复制的二十面体对称的DNA病毒，病毒直径为175～215nm，细胞外病毒粒子有一层囊膜。病毒基因组为一条线性的双链DNA分子，长度在170～190kb之间。该病毒为非洲猪瘟病毒科非洲猪瘟病毒属的唯一成员，且只有1个血清型。

ASFV对温度敏感，抵抗力不强。加热56℃ 30min或60℃ 20min，即可使病毒灭活；0.8%的氢氧化钠(30min)、含2.3%有效氯的次氯酸盐溶液(30min)、0.3%福尔马林(30min)、3%苯酚(30min)和碘化合物可灭活ASFV。

不同ASFV在死亡野猪尸体中可以存活长达1年；粪便中至少存活11d；在腌制干火腿中可存活5个月；在未经烧煮或高温烟熏的火腿和香肠中能存活3～6个月；4℃保存的带骨肉中至少存活5个月，冷冻肉中可存活数年；半熟肉以及泔水中也可长时间存活。

1.19.2 流行病学

感染非洲猪瘟病毒的家猪、野猪(包括病猪、康复猪和隐性感染猪)和钝缘软蜱为主要传染源。主要通过接触非洲猪瘟病毒感染猪或非洲猪瘟病毒污染物(泔水、饲料、垫草、车辆等)传播，消化道和呼吸道是最主要的感染途径；也可经钝缘软蜱等媒介昆虫叮咬传播。家猪和欧亚野猪高度易感，无明显的品种、日龄和性别差异。疣猪和薮猪虽可感染，但不表现明显临诊症状。发病率和病死率因不同毒株致病性有所差异，强毒力毒株可导致猪在4～10d内100%死亡，中等毒力毒株造成的病死率一般为30%～50%，低毒力毒株仅引起少量猪死亡。该病季节性不明显。

1.19.3 临诊症状

潜伏期因毒株、宿主和感染途径的不同而有所差异。OIE《陆生动物卫生法典》规定，家猪感染非洲猪瘟病毒的潜伏期为15d。

最急性型 无明显临诊症状突然死亡。

急性型 体温可高达42℃，沉郁，厌食，耳、四肢、腹部皮肤有出血点，可视黏膜潮红、发绀。眼、鼻有黏液脓性分泌物；呕吐；便秘，粪便表面有血液和黏液覆盖；或腹泻，粪便带血。共济失调或步态僵直，呼吸困难，病程延长则出现其他神经症状。妊娠母猪流产。病死率高达100%。病程4～10d。

亚急性型 症状与急性相同，但病情较轻，病死率较低。体温波动无规律，一般高于40.5℃。仔猪病死率较高。病程5～30d。

慢性型 出现波状热，呼吸困难，湿咳。消瘦或发育迟缓，体弱，毛色暗淡。关节肿胀，皮肤溃疡。死亡率低。病程2～15个月。

1.19.4 病理变化

病猪尸体解剖可见浆膜表面充血、出血，肾脏、肺脏表面有出血点，心内膜和心外膜有大量出血点，胃、肠道黏膜弥漫性出血。胆囊、膀胱出血。肺脏肿大，切面流出泡沫性液体，气管内有血性泡沫样黏液。脾脏肿大，易碎，呈暗红色至黑色，表面有出血点，边缘钝圆，有时出现边缘梗死。颌下淋巴结、腹腔淋巴结肿大，严重出血。

1.19.5 诊断

非洲猪瘟临诊症状与古典猪瘟、高致病性猪蓝耳病等疫病相似，必须开展实验室检测进行鉴别诊断。

抗体检测可采用间接酶联免疫吸附试验、阻断酶联免疫吸附试验和间接荧光抗体试验等方法；病原学快速检测可采用双抗体夹心酶联免疫吸附试验、聚合酶链式反应和实时荧光聚合酶链式反应等方法；病毒分离鉴定可采用细胞培养、动物回归试验等方法。

1.19.6 防制

本病目前尚无疫苗可用，且无特异性治疗方法，主要以预防为主。严禁从感染地区和国家进口猪及其产品，销毁或正确处理来自感染国家（地区）的船舶、飞机的废弃食物和泔水等，同时加强口岸检疫。此外，还应加强对边境地区，尤其是对与曾发生非洲猪瘟疫情国家交界地区的野猪和蜱进行流行病学调查，掌握非洲猪瘟疫病动态，防患于未然。

1.20 猪痘病

痘病（Pox）是由痘病毒引起的各种家畜、家禽和人的一种急性、热性、接触性传染病。哺乳动物的特征是在皮肤上形成痘疹，家禽是在皮肤产生增生性和肿瘤样病变。

1.20.1 病原

痘病毒科脊椎动物痘病毒亚科，与痘病有关的有6个属：正痘病毒属、山羊痘病毒属、禽痘病毒属、兔痘病毒属、猪痘病毒属和副痘病毒属。各种动物的痘病毒分属于各个属，各种禽痘病毒与哺乳动物痘病毒之间不能交叉感染或交叉免疫。

病毒呈砖形或椭圆形，为双股DNA，可在易感细胞的胞浆内复制，并能形成包涵体。多数痘病毒能在鸡胚绒毛膜上生长，产生痘疮病灶。

病毒对温度有较强的抵抗力，在干燥的痂块中可存活数年，但对氯化剂和乙醚敏感。

1.20.2 流行病学

猪痘的病原体为猪痘病毒和痘苗病毒。其特征是皮肤、黏膜发生痘疹和结痂。两种病毒的病原性不同，感染猪痘病毒的康复猪，对猪痘病毒仍有感受性。猪痘病毒主要由猪血虱传播，其他昆虫如蚊、蝇等外寄生虫也可参与传播。多发于4～6周龄仔猪及断乳仔猪，成年猪有抵抗力。由痘苗病毒引起的猪痘，各种年龄的猪均可感染发病，常呈地方流行性。

病猪和病愈带毒猪是本病的传染源。病毒随病猪的水疱液、脓汁和痂皮污染周围环境。主要经损伤的皮肤或黏膜感染，也可经呼吸道、消化道传染。皮肤损伤是猪痘感染的必要条件。大多数患畜在3周后恢复。以春、夏季多发，可呈地方流行性。常被误认为由蚊虫叮咬所致，冬季来临后停息。

1.20.3 临诊症状

猪痘多发生于仔猪、育肥猪，潜伏期5~7d，一般很少影响进食，饮水正常。整个发展过程患猪表现奇痒难耐，磨蹭墙壁、围栏。传染快，同群猪感染率可达100%，但死亡率一般不超过3%，多数是因并发症造成。

病初体温升高至41.5℃左右，精神不振，食欲减退，不愿行走，瘙痒，少数猪的鼻、眼有分泌物。病变位于皮肤表面，头部、四肢及胸部、背部、腹部、腹股沟及大腿内侧皮肤，病变开始为白斑，后为丘疹，然后发展成水疱，水疱容易破裂，若继发感染会形成脓疱。经常水疱破后会结痂。大多数痂皮在感染3周后脱落。

1.20.4 诊断

此病的诊断并不难，一般根据病猪典型痘疹和流行病学即可做出诊断。区别猪痘是由何种病毒引起，可用家兔做接种实验，痘苗病毒可在接种部位引起痘疹；而猪痘病毒不感染家兔。必要时可进行病毒的分离与鉴定。

在临诊上须与猪疥癣区别。猪疥癣发生于皮肤深层，导致皮肤发炎、发痒，常见落屑、脱毛。皮肤呈污灰白色，干枯，增厚，粗糙有皱纹，但没有水疱。

1.20.5 防制

治疗 发生痘疹后，可用0.1%高锰酸钾冲洗，擦干后涂抹紫药水或碘甘油等。溃烂的地方用红霉素软膏涂布。目前尚无疫苗可用于免疫，采用常规治疗方法。对个别出现体温升高的患猪，可用抗菌素加退热药（氨基比林、安乃近或安痛定等）控制细菌性并发症。用抗生素（如环丙沙星、氟苯尼考等）肌肉注射以防止继发感染。

预防措施

①加强饲养管理，搞好卫生，做好猪舍的消毒与驱蝇灭虱的工作。被病猪污染的舍、场地及用具，用2%氢氧化钠、3%~5%福尔马林，或10%漂白粉进行彻底消毒。

②搞好检疫工作，对新引入猪要搞好检疫，隔离饲养2周，观察无病方能合群。

③防止皮肤损伤，对栏圈的尖锐物及时清除，避免刺伤和划伤，同时应防止猪只咬斗，肥育猪原窝饲养可减少咬斗。

1.21 伪狂犬病

伪狂犬病（Pseudorabies，PR）是由伪狂犬病病毒引起家畜和多种野生动物的一种急性、热性传染病。发病后通常具有发热、奇痒及脑脊髓炎等典型症状。本病对猪的危害最大，可导致妊娠母猪流产、死胎、木乃伊；初生仔猪具有明显的神经症状，急性致死。目前，世界上本病在猪、牛及绵羊等动物的发病率逐年增加。

1.21.1 病原

伪狂犬病病毒，属于疱疹病毒科，甲型疱疹病毒亚科。病毒粒子呈圆形，直径为150~180nm，有囊膜和纤突。所含核酸为DNA。病毒只有一个血清型，但毒株间存在差异。病毒能在鸡胚及多种动物细胞上生长繁殖，产生核内包涵体。

病毒对外界抵抗力较强，在污染的猪舍中能存活1个多月，在肉中能存活5周以上。但在干燥的条件下，及直射日光下迅速灭活。对消毒药敏感，一般常用消毒药都有效。可用2%氢氧化钠、3%来苏儿等消毒。

1.21.2 流行病学

传染源 病猪、带毒猪以及带毒鼠类是本病的主要传染源。猪感染后，其鼻、眼、阴道、乳汁等分泌物都有病毒排出。康复猪可通过鼻腔分泌物及唾液持续排毒。

传播途径 本病的传播途径主要是经消化道、呼吸道、损伤的皮肤以及生殖道感染，但成年猪无症状表现。仔猪常因吃感染母猪的乳而发病，病毒可经胎盘使胎儿感染，引起流产和死胎。猪配种时可传播本病，母猪感染本病后6~7d乳中有病毒，持续3~5d，乳猪可因吃奶而感染本病。怀孕母猪感染本病后，常可侵入子宫内的胎儿。

病毒可通过直接接触传播，也容易间接传播。如吸入带病毒粒子的气溶胶或饮用污染的水等，健康猪与病猪、带毒猪直接接触可感染本病，老鼠可在猪群之间传播病毒。鼠可因吃进被污染的饲料而感染。

易感动物 猪的易感性最强，牛、羊、猫、犬、鼠等也可自然感染；许多野生动物、肉食动物也有易感性，除猪以外，其他易感动物感染都是致死性的。

流行特征 本病多呈散发，或呈地方流行性。本病的发生具有一定的季节性，以冬春多发。哺乳仔猪日龄越小，发病率和病死率越高，发病率和病死率可随着日龄的增长而下降。

1.21.3 临诊症状

潜伏期一般为3~6d，短的36h，长的达10d。

猪的临诊表现主要取决于毒株和感染量，随年龄的增长有很大差异。

2周龄以内哺乳仔猪：发病时，症状最严重。病初发热至41℃，呕吐、腹泻、精神沉郁。有的出现眼球上翻，呼吸困难。随后出现发抖、运动失调，两前肢呈八字形站立，间歇性痉挛，后期麻痹，做前进或后退转动，倒地四肢划动。常伴有癫痫发作或昏睡，触摸时肌肉抽搐，最后衰竭死亡。哺乳仔猪的病死率可达100%。

3~4周龄的猪：主要症状同上。但病程稍长，常见便秘，病死率可达40%~60%。耐过的猪常有后遗症，如偏瘫和发育受阻。

2月龄以上的猪：以呼吸道症状为主，症状轻微或隐性感染。较常见的症状是一过性发热、咳嗽、便秘。发病率高，病死率低。有的病猪呕吐。多在3~4d恢复。重症出现体温继续升高，病猪又出现神经症状，震颤，共济失调，头向上抬，背拱起，倒地后四肢痉挛，间歇性发作。

妊娠母猪：咳嗽，发热，精神沉郁，随即发生流产，产死胎、木乃伊胎和弱仔。这些弱仔猪出生后 1~2d 出现呕吐和腹泻，运动失调，痉挛，角弓反张。一般在 24~36h 内死亡。

1.21.4 病理变化

猪一般无特征性病变。有神经症状的病死猪，脑膜明显充血、出血和水肿，脑脊液增多；扁桃体、肝、脾有散在的白色坏死点；流产胎儿的脑和臀部皮肤有出血点，肾和心肌出血。流产母猪有轻度子宫内膜炎，公猪阴囊水肿。

组织变化 可见中枢神经系统呈弥漫性非化脓性脑炎，有明显血管套和胶质细胞坏死。在鼻咽黏膜，脾和淋巴结细胞内有核内包涵体。

1.21.5 诊断

根据病畜典型的临诊症状和流行病学可做出初步诊断。确诊必须进行实验室检查。病料采集，用于病毒分离和鉴定，一般采取流产胎儿、脑、扁桃体、肺组织以及脑炎病例的鼻咽分泌物等；将病料制成悬液，加双抗，离心取上清，肌肉接种给家兔，2d 左右家兔注射部位奇痒，家兔不停啃咬，致使注射部位脱毛、出血、皮开肉绽；1~2d 后麻痹死亡可确诊。用于血清学检查采取感染动物的血清送检，样品需冷藏送检。取自然病例的脑或扁桃体的压片或冰冻切片，用荧光抗体检查，见神经细胞的胞浆及核内产生荧光可确诊。猪感染本病常呈隐性经过，因此，诊断要依靠血清学方法，包括中和试验、琼脂扩散试验、补体结合试验、荧光抗体试验及酶联免疫测定等。

1.21.6 防制

治疗 本病尚无有效药物治疗，紧急情况下用高免血清治疗，可降低病死率。猪干扰素用于同窝仔猪的紧急预防和治疗，有较好的疗效；用白细胞介素和伪狂犬病基因弱毒苗配合对发病猪群进行紧急接种，可在短时间内控制病情的发展。

预防措施 引进动物时进行严格的检疫，防止将野毒引入健康动物群是控制本病的重要措施。严格灭鼠，控制犬、猫、鸟类和其他禽类进入猪场。搞好消毒及血清学监测对本病的防控有重要作用。猪伪狂犬病疫苗包括灭活疫苗和基因缺失弱毒苗。使用灭活苗免疫时，种猪(包括公猪)初次免疫后间隔 5d 加强免疫 1 次，以后每胎配种前注射免疫 1 次，产前 1 个月左右加强免疫 1 次，即可获得较好的免疫效果，并可使哺乳仔猪的保护力维持到断奶。留作种用的断奶仔猪在断奶时免疫 1 次，间隔 5d 后加强免疫 1 次，以后即可按种猪免疫程序进行。育肥仔猪在断奶时接种 1 次即可维持到出栏。规模化猪场一般不宜用弱毒疫苗。

扑灭措施 认真检查全部猪群，扑杀发病乳猪、仔猪，对污染的圈舍、场地和用具进行彻底消毒。发病猪群或猪场中无症状的母猪、架子猪和仔猪，一律紧急注射伪狂犬病弱毒疫苗，仔猪断奶后第一次注射 0.5mL，5d 再注射 1mL；怀孕母猪产前一个月注射 2mL，免疫期 1 年。也可注射伪狂犬病油乳剂灭活苗。

1.22 猪 瘟

猪瘟（Classical swine fever，CSF）是由猪瘟病毒引起的猪的一种急性、热性，高度接触性传染病。其特征是发病急，高热稽留和细小血管壁变性，引起全身广泛性点状出血和脾脏梗死。

猪瘟呈世界性分布，由于其危害程度高，对养猪业造成经济损失巨大，所以OIE将本病列入法定的A类传染病，并规定为国际重点检疫对象。近几十年来，不少国家先后采取了消灭猪瘟的措施，取得了显著效果。目前，本病在我国仍时有发生，是对养猪业危害最大、最危险的传染病之一。

1.22.1 病原

猪瘟病毒属于黄病毒科瘟病毒属的一个成员。病毒粒子直径40～50nm，呈球形，核衣壳为二十面体对称，有囊膜，核酸类型为单股RNA。猪瘟病毒和同属的牛黏膜病病毒有共同的抗原成分，既有血清学交叉反应，又有交叉保护作用。

猪瘟病毒为单一血清型，尽管分离出不少变异性毒株，但都是属于一个血清型。

本病毒存在于病猪的全身组织、器官和体液中，其中以血液、淋巴结和脾脏最多，病猪的粪便及分泌物中也含有较多的病毒。

猪瘟病毒对外界环境的抵抗力不强，在粪便中20℃能存活2周，72～76℃，1h能杀死，日光直射时30～60min能杀死。常用的消毒药有2%氢氧化钠溶液、10%漂白粉溶液、5%～10%石灰水和3%～5%来苏儿溶液等。2%氢氧化钠溶液是最有效而常用的消毒药。

1.22.2 流行病学

该病仅发生于猪和野猪。各种品种、年龄、性别的猪都是易感动物。免疫母猪所产仔猪，在哺乳期内有被动免疫力，以后易感性逐渐增加。

病猪和带毒猪是主要的传染源，传播的主要方式是病猪与健康猪的直接接触。感染猪在发病前即可从口、鼻及泪腺分泌物、尿和粪中排毒，直到死亡。侵入门户是口腔、鼻腔、眼结膜、生殖道和损伤的皮肤黏膜。

当猪瘟病毒感染妊娠母猪时，起初不被觉察，但病毒可侵袭胎儿，造成死产或出生不久即死去的弱仔，分娩时排出大量的猪瘟病毒。如果这种先天感染的仔猪在出生时正常，并保持健康几个月，他们可作为病毒散布的持续感染来源而很难辨认出来。因此，这种持续的先天性感染对猪瘟的流行病学具有极其重要的意义。

本病一年四季均可发病，一般以春、秋季多发。在本病常发地区，猪群有一定的免疫性，其发病死亡率较低，在新疫区发病率和死亡率在90%以上。

近年来，由于普遍进行疫苗接种等预防措施，大多集约化猪群已具有一定的免疫力，使猪瘟流行形式发生了变化，出现温和型猪瘟等，表现以散发性流行。发病特点为临诊症状轻或死亡率低，病理变化不典型，必须依赖实验室诊断才能确诊。

1.22.3 临诊症状

潜伏期为5~7d,最短的2d,最长的21d。根据临诊症状和病程可分为最急性型、急性型、慢性型、温和型猪瘟(非典型猪瘟)。

最急性型 多见于流行初期和首次发生猪瘟的猪场,表现为突然发病,高热稽留,体温达42℃,四肢末梢、耳尖和黏膜发绀,全身多处有出血点或片状出血,全身痉挛,四肢抽搐,卧地不起而死亡。病程1d以内,死亡率为90%~100%。

急性型 最常见,体温升高2℃左右,呈稽留热。病猪精神高度沉郁,呆滞,行动缓慢,食欲废绝,喜饮,怕冷挤卧,好钻草窝,先便秘、后腹泻,粪便恶臭,带有血液。公猪包皮积液,挤压时流出白色浑浊、恶臭的浓液。病猪眼结膜发炎,初期为黏性分泌物,后期为脓性分泌物,有时第二天早晨发现病猪的上下眼睑黏着在一起。初期可见皮肤潮红充血,后期呈点状出血,一般多见于耳、四肢、腹下等部位。病程1~2周,死亡率50%~60%。

慢性型 多见于有本病流行的猪场或防疫卫生条件不好的猪场。病猪表现被毛粗乱,消瘦,精神沉郁,食欲减少,全身衰弱,行走摇摆不稳,常拱背呆立。便秘和腹泻交替出现。有的猪皮肤出现紫斑或坏死痂。病猪生长迟缓,发育不良。病猪可长期存活,很难完全康复,常形成僵猪。

温和型猪瘟 由于母猪体内含少量抗体,感染猪瘟病毒后,不表现典型的猪瘟症状,只导致流产、木乃伊胎、畸形胎、死胎,产出有颤抖症状的弱仔猪或外表健康的先天性感染仔猪。产出的弱仔猪一般数天后死亡,不死者可终生带毒和排毒。

1.22.4 病理变化

最急性型 败血症变化,可见浆膜、黏膜、淋巴结和肾脏等处有出血斑点,皮下组织胶样浸润。

急性型 以皮肤和内脏器官的出血变化为主。全身皮肤上有大小不等的出血点或弥漫性出血,血液凝固不良。全身淋巴结,特别是耳下、颈部、肠系膜和腹股沟淋巴结水肿、出血,表面呈暗红色或黑红色,切面边缘呈黑红色,中间有红白相间的大理石样花纹,这种病变有诊断意义。肾脏表面有出血点,严重时有出血斑,出血部位以皮质表面最常见,呈所谓的"雀斑肾"外观。脾脏不肿大,但边缘上出现特征性的、大小不一、数量不等、呈紫黑色、突出于脾表面的出血性梗死灶。脾脏的出血性梗死是猪瘟最有诊断意义的病理变化。此外,全身浆膜、黏膜和心、肺、胆囊均可出现大小不等、多少不一的出血点或出血斑。膀胱增厚并有出血点。

慢性型 出血和梗死不明显,主要是在回盲瓣周围、盲肠和结肠黏膜上发生坏死性肠炎,形成轮层状纽扣状溃疡,突出于黏膜表面,呈褐色或黑色,中央凹陷。由于钙、磷失调表现为突然钙化,从肋骨、肋软骨联合到肋骨近端常见有半硬的骨结构形成的明显横切线,该病理变化在慢性猪瘟诊断上有一定意义。

温和型猪瘟 母猪感染后表现为繁殖障碍,主要发生木乃伊胎、畸形胎、死胎,或产出先天性感染仔猪。死胎呈现皮下水肿,腹水和胸水增多,皮肤有点状出血。畸形胎儿表现头和四肢变形,小脑、肺和肌肉发育不良。

1.22.5 诊断

典型的急性猪瘟根据流行特点、临诊症状和剖检变化可做出准确的诊断,但注意与非洲猪瘟、急性猪丹毒、急性猪肺疫、急性仔猪副伤寒、猪链球菌病、猪弓形体病的区别,现将猪瘟与猪丹毒、猪肺疫、仔猪副伤寒的区别列表见表1-2。必要时可进行实验室诊断。

慢性和温和型猪瘟,与急性猪瘟不同,因临诊症状和病变不典型,做出临诊诊断比较困难,必须进行实验室诊断,才能确诊。

实验室诊断的主要方法是兔体交互免疫试验、荧光抗体技术或酶标抗体技术。兔体交互免疫试验是将兔分成两组,一组先用猪瘟疫苗免疫;当有疑似猪瘟病料时,将病料经抗生素处理后,接种两组兔体,然后测温;如猪瘟疫苗免疫组无任何反映,另一组发生定型热反应,则为猪瘟。

1.22.6 防制

预防措施 加强饲养管理,搞好猪舍及环境卫生,定期消毒。坚持自繁自养的原则,不从外地购入猪只。如必需购入时,要隔离观察2~3周,并进行严格检疫,确认为健康,并经预防注射1周后才能混群。同时制定合理的免疫程序,一般对种猪每年春、秋季采用猪瘟-猪丹毒-猪肺疫三联苗进行免疫注射。仔猪可用猪瘟兔化弱毒冻干疫苗按下列程序进行免疫注射:有猪瘟疫情的地区和猪场,于断奶后立即注射1次,5d后再注射1次;对无猪瘟疫情的地区和猪场,可在8~9周龄注射1次。

扑灭措施 发生猪瘟后,立即隔离,封锁疫区,对所有猪进行测温和临诊检查,病健隔离。对急宰病猪的死尸、宰后的血液、内脏及污物,污染的场地、用具和工作人员等都应严格消毒;对猪舍、垫草、粪便、吃剩的饲料也应消毒,以防病毒扩散。对受威胁区的猪用猪瘟兔化弱毒冻干疫苗,2~4倍剂量进行紧急预防接种。

表1-2 猪瘟、猪丹毒、猪肺疫、仔猪副伤寒四大传染病的鉴别诊断

项 目		病 名			
		猪瘟	猪丹毒	猪肺疫	仔猪副伤寒
流行病学	发病季节	无季节性	夏冬多发	无季节性	无季节性
	发病年龄	无年龄差别	架子猪	无年龄差别	2~4月龄、10~20kg
	流行情况	传播迅速,呈流行性	地方流行	散发	散发,地方流行
	死亡率	不免疫达100%	急性高,慢性低	急性达70%	20%~50%
症状	体温/℃	40.5~42	41~43	40~41	42
	粪便	初期便秘、后期下痢、混有黏液	多数便秘,末期有的下痢	初期便秘,后期下痢有血液	下痢、恶臭、有血液和气泡
	呼吸	有时咳嗽	呼吸加快	呼吸困难、咳嗽、呈犬坐姿势、咽喉肿胀	一般无变化
	皮肤	有红色出血点,按压不退色	有疹块状突起,按压退色	有出血点,黏膜发绀	病后期末梢皮肤呈紫色

(续)

项目		病名			
		猪瘟	猪丹毒	猪肺疫	仔猪副伤寒
剖检变化	心脏	心内外膜有点状出血	疣状心内膜炎	心内外膜有点状出血	无明显变化
	肺脏	轻度肿胀，有出血点	充血，水肿	急性有出血点，有红黄灰色肝变区，切面呈大理石样外观	慢性肺脏变硬有干酪样坏死灶
	胃及十二指肠	有出血点	胃底、幽门及12指肠黏膜弥漫性潮红，并有出血点	点状出血	无明显变化
	大肠	急性的有出血点，出血性肠炎，慢性回盲口有扣状肿	急性有出血点，慢性无明显变化	急性有出血点，慢性无明显变化	黏膜肿胀，肠壁增厚，似糠麸样，溃疡边缘不规则
	脾脏	不肿大，边缘有紫红色或紫黑色凸起（梗死灶）	肿大，呈樱红色	无明显变化	肿大，呈暗蓝紫色，触诊似橡皮状
	肝脏	无明显变化	充血肿大，呈红棕色	无明显变化	肿大，充血，出血
	胆囊	无明显变化	无明显变化	无明显变化	肿大，黏膜有溃疡
	肾脏	被膜下有出血点	肿大，切面有出血点	被膜下有出血点	无明显变化
	膀胱	有出血点	无明显变化	无明显变化	无明显变化
	淋巴结	肿大，切面呈大理石样外观	肿大充血，切面多汁	肿胀，出血	肿大，出血
病原体		猪瘟病毒	猪丹毒杆菌	巴氏杆菌	沙门氏菌
细菌检查		无	革兰阳性杆菌	革兰阴性小杆菌，两极浓染	革兰阴性中等大小杆菌
治疗		无特效药物	青霉素	卡那霉素等	土霉素、痢菌净等

1.23 猪水疱病

猪水疱病（Swine vesicular disease，SVD）是由猪水疱病病毒引起猪的一种急性、热性、接触性传染病。流行性强，发病率高，临诊上以蹄部、口腔黏膜、鼻端和腹部、乳头周围皮肤发生水疱为特征。在症状上与口蹄疫极为相似，但牛、羊等家畜不发病；与水疱性口炎也相似，但马却不发病。

1.23.1 病原

本病病原为猪水疱病病毒，属于微DNA病毒科肠道病毒属的病毒。病毒粒子呈球形，无囊膜，大小为22～30nm，病毒的衣壳呈二十面体对称，核酸类型为单股正链RNA。病毒不能凝集红细胞，对乙醚不敏感。病毒对外界环境和消毒药有较强抵抗力，但对热敏感，在60℃ 30min和80℃ 1min即可灭活，在低温下可长期保存。3％氢氧化钠溶液在33℃ 24h能杀死水疱中的病毒，1％过氧乙酸溶液60min可杀死病毒。消毒药以5％氨水效果较好。病毒在污染猪舍内能存活8周以上，病猪的肌肉、皮肤、肾脏保存于－20℃经11个月，病毒滴度未见显著下降。

1.23.2 流行病学

本病在自然感染中仅发生于猪，而牛、羊等家畜不发病，猪只无年龄、性别和品种的差异。病猪和带毒猪是本病的主要传染源，主要通过粪便、水疱液、乳汁等排出病毒。感染主要通过消化道接触污染的饲料、饮水等引起。另外，牛、羊接触本病毒虽然不发病，但牛可以短期带毒，也可传播本病。本病在高密度饲养的猪场和调运频繁的地区，极易造成流行，尤其是在猪集中的猪舍，集中的数量和密度越大，发病率越高。在分散饲养的情况下很少引起流行。本病在农村主要由于城市的泔水，特别是洗猪头和蹄的污水而感染。

1.23.3 临诊症状

潜伏期为2～5d，或更长。根据临诊症状可分为典型型、温和型和隐性型。

典型型 水疱主要发生在主趾和附趾的蹄冠上，也可见于鼻盘、舌、唇和母猪的乳头上。初期病变部皮肤呈苍白色肿胀，36～48h出现充满液体的水疱，很快破裂，但有时维持数天。水泡破裂后形成溃疡，呈鲜红色，常常环绕蹄冠皮肤与蹄壳之间裂开。病变严重时蹄壳脱落，部分病猪因细菌继发感染而形成化脓性溃疡。由于蹄部疼痛病猪出现跛行，有时病猪呈犬坐或爬行。体温升高至40～42℃，精神沉郁，食欲减退或废绝，水疱破裂后体温下降至正常。在一般情况下，如无并发其他疾病时不引起死亡，初生仔猪可造成死亡。病猪很快康复，病愈后2周，创面可痊愈，如蹄壳脱落，则需要长时间才能恢复。

温和型 只有少数病猪出现水疱，传播缓慢，症状轻微，往往不易被发现。

隐性型 不表现临诊症状，但感染猪体内有抗体形成。通常可排毒，造成其他猪感染。

病猪在水疱出现后，约有2％的猪出现中枢神经系统紊乱的症状，表现为前冲、转圈，用鼻摩擦或咬啃猪舍用具，眼球转动，有时出现强直性痉挛。

1.23.4 病理变化

本病特征性病变主要在蹄部、鼻端、唇、舌面及乳房出现水疱。水疱破裂水疱皮脱落，暴露出创面，有出血和溃疡。个别病例在心内膜有条状出血斑。其他内脏器官无可见病变。

1.23.5 诊断

根据临诊症状和剖检变化，不能将口蹄疫、猪水疱病和猪水疱性口炎等区分开来，特别是与口蹄疫的区分更应注意。因此，发生类似临诊症状的疾病应立即采取病料样品进行实验室诊断，以判定疫病的类型。常用的实验室方法如下：

生物学诊断　将病料分别接种于1～2日和7～9日龄乳小鼠，如2组乳小鼠均死亡者为口蹄疫；1～2日龄乳小鼠死亡，而7～9日龄乳小鼠不死亡者，为猪水疱病。病料经pH3～5缓冲液处理后，接种于1～2日龄乳小鼠，死亡者为猪水疱病，反之则为口蹄疫。

反向间接血凝试验　用口蹄疫A、O、C型的豚鼠高免血清与猪水疱高免血清抗体（IgG）致敏，用1%戊二醛或甲醛固定的绵羊红细胞，制备抗红细胞与不同稀释程度的待检抗原，进行反向间接血凝试验，可在2～7h内快速诊断猪水疱病和口蹄疫。

补体结合试验　用豚鼠制备的诊断血清与待检病料进行补体结合试验，可用于猪水疱病和口蹄疫的鉴别诊断。

荧光抗体试验　用直接和间接荧光抗体试验，可检出病猪淋巴结冰冻切片和涂片中的感染细胞，也可检出水疱皮和肌肉中的病毒。

此外，中和试验、酶联免疫吸附试验等也常用于猪水疱病的诊断。

1.23.6　防制

预防措施　预防本病的重要措施是防止本病传入。因此，在引进猪和猪产品时，必须严格检疫。做好日常消毒工作，对猪舍、环境、运输工具可用有效消毒药进行定期消毒。在本病常发地区进行免疫预防，用猪水疱病高免血清或康复血清进行被动免疫有良好效果，免疫期达1个月以上。我国研制的猪水疱灭活疫苗，注射后7～10d即可产生免疫力，保护率在80%以上，免疫期达4个月以上。用水疱皮和仓鼠传代毒制成灭活苗有良好的免疫效果，保护率为75%～100%。

扑灭措施　发生本病时，要及时向上级主管部门报告，对可疑病猪进行隔离，对污染的场所、用具要严格消毒，粪便、垫草等堆积发酵消毒，确认本病时，疫区实行封锁，对疫区和受威胁的猪只，可采用被动免疫或疫苗接种，以后实行定期免疫接种。控制猪及猪产品出入疫区。必须出入疫区的车辆和人员等要严格消毒。扑杀病猪并进行无害化处理。必须治疗的病猪，要严格隔离，及时治疗，主要采取对症疗法，并给以良好的护理。可用0.1%高锰酸钾溶液清洗患部，再涂以龙胆紫或碘甘油，蹄部也可涂鱼石脂软膏等。为防止继发细菌感染，可应用抗生素，经过数日治疗后多数病猪可康复。

1.23.7　公共卫生

猪水疱病可感染人，常发生于与病猪接触的人或从事本病研究的人员，感染后都有不同程度的神经系统损害，因此饲养人员和实验人员均应小心处理这种病毒和病猪，加强自身防护，以免受到感染。

1.24　猪圆环病毒感染

猪圆环病毒感染（Porcine circovirus-associated diseases，PCVAD）是由猪圆环病毒引起猪的一种多系统衰弱的传染病。其主要特征为体质下降、消瘦、腹泻、呼吸困难等。

猪圆环病毒感染作为一种新的病毒病在许多国家广泛流行。我国于2001年首次发现。目前，我国猪群中感染情况已十分严重，本病日益受到人们的关注。

1.24.1 病原

本病的病原为猪圆环病毒，属于圆环病毒科圆环病毒属成员，是动物病毒中最小的成员之一。病毒直径17nm，呈二十面体对称，无囊膜，不具有血凝活性。猪圆环病毒有2种血清型，即猪圆环病毒Ⅰ型和Ⅱ型。已知猪圆环病毒Ⅰ型对猪的致病性较低，偶尔可引起怀孕母猪的胎儿感染，造成繁殖障碍，但在正常猪群及猪源细胞中的污染率却极高。猪圆环病毒Ⅱ型对猪的危害极大，可引起断奶仔猪多系统衰竭综合征、猪间质性肺炎、猪皮炎肾病综合征以及母猪繁殖障碍、仔猪先天性震颤等，这些病总称为猪圆环病毒病。

猪圆环病毒对环境的抵抗力较强，对氯仿不敏感，在pH 3的酸性环境中能长时间存活，对高温(72℃)也有抵抗力。一般消毒药很难将其杀灭。

1.24.2 流行病学

猪对猪圆环病毒有较强的易感性，各种年龄的猪均可感染，但仔猪感染后发病严重。胚胎期或生后早期感染的猪，往往在断奶后才可以发病，一般集中在5～18周龄，尤其在6～12周龄最多见。病猪和带毒猪(多数为隐性感染)为本病的主要传染源。病毒存在于病猪的呼吸道、肺脏、脾和淋巴结中，从鼻液和粪便中排出病毒。经呼吸道、消化道和精液及胎盘传染，也可通过污染病毒的人员、工作服、用具和设备传播。

本病流行以散发为主，有时可呈现暴发，病程发展较缓慢，有时可持续12～18个月之久。病猪多于出现症状后2～8d发生死亡。饲养管理不良，饲养条件差，饲料质量低，环境恶劣，通风不良，饲养密度过大，不同日龄的猪只混群饲养，以及各种应激因素的存在均可诱发本病，并加重病情的发展，增加死亡。

由于圆环病毒能破坏猪体的免疫系统，造成免疫抑制，引起继发性免疫缺陷，因而本病常与猪繁殖与呼吸综合征病毒、细小病毒、伪狂犬病毒、猪肺炎支原体、猪胸膜肺炎放线杆菌、多杀性巴氏杆菌和链球菌等混合或继发感染。

1.24.3 临诊症状

猪圆环病毒感染后潜伏期均较长，既或是胚胎或出生后早期感染，也多在断奶后才陆续出现临诊症状。猪圆环病毒感染可引起以下多种病症。

断奶仔猪多系统衰弱综合征 本病多见于5～12周龄的猪，发病率5%～30%，病死率在5%～40%之间。本病在猪群中发生后发展缓慢，病程较长，一般可持续12～18个月。患猪临诊特征为进行性呼吸困难，肌肉衰弱无力，渐进性消瘦，体重减轻，生长发育不良，皮肤和可视黏膜黄染、贫血，有的病猪下痢，体表淋巴结明显肿胀，多数病猪死亡或被淘汰，康复者成为僵猪。

皮炎和肾病综合征 本病多见于8～18周龄的猪，发病率在0.15%～2%，有时可达7%。患病猪皮肤发生圆形或不规则形的丘状隆起，呈现为红色或紫色斑点状病灶，病灶常融合成条带或斑块。最早出现这种丘疹的部位在后躯、四肢和腹部，逐渐扩展至胸背部和耳部。病情较轻的猪体温、食欲等多无异常,常可自动康复。发病严重的可出现发热、减食、跛行、皮下水肿,有的可在数日内死亡,有的可维持2~3周。

增生性坏死性间质性肺炎 人们已经认识到在育肥猪中的肺炎与猪圆环病毒Ⅱ型相关,猪圆环病毒Ⅱ型和猪繁殖与呼吸综合征、猪流感病毒等多种传染性疾病的共同感染导致了肺炎的发生。猪圆环病毒Ⅱ型引起的肺炎主要危害6~14周龄的猪,发病率在2%~30%之间,致死率在2%~10%之间。

繁殖障碍 猪圆环病毒Ⅰ型和猪圆环病毒Ⅱ型感染均可造成繁殖障碍,以猪圆环病毒Ⅱ型引起的繁殖障碍更严重。可引起母猪的返情率升高,流产和产木乃伊胎、死胎和弱仔的比例增加。

1.24.4 病理变化

断奶仔猪多系统衰弱综合征 最显著的剖检病变是全身淋巴结,特别是腹股沟淋巴结、纵膈淋巴结、肺门淋巴结、肠系淋巴结及颌下淋巴结肿大2~5倍,有时可达10倍。切面硬度增加,可见均匀的白色。有的淋巴结有出血。肺脏肿胀,坚硬或似橡皮。部分病例形成固化、致密病灶。严重病例肺泡出血,颜色加深,整个肺呈紫褐色,有的肺尖叶和心叶萎缩或实变。肝脏发暗、萎缩,肝小叶结缔组织增生。脾脏常肿大,呈肉样变化。肾脏水肿,呈灰白色,被膜下有时有白色坏死灶。胃的食管部黏膜水肿和非出血性溃疡。回肠和结肠段肠壁变薄,盲肠和结肠黏膜充血和淤血。另外,由继发感染引起的胸膜炎、腹膜炎和心包炎及关节炎也经常见到。

皮炎和肾病综合征 剖检可见肾肿大、苍白,有出血点或坏死点。

增生性坏死性间质性肺炎 眼观病变为肺有弥漫性塌陷,较重而结实,如橡皮状,表面颜色呈灰红色或灰棕色的斑纹。

1.24.5 诊断

本病仅靠症状难以确诊,因此需进行实验室诊断。实验室诊断方法分为抗体检测和抗原检测两种。

检测抗体可采用间接免疫荧光、ELISA和单克隆抗体法等,华中农业大学动物医学院病毒研究室已经成功建立了ORF-ELISA诊断方法并研制了相应的试剂盒,可应用于临诊对本病的检测。

检测抗原的方法主要有病毒的分离鉴定、电镜检查和PCR方法等。

1.24.6 防制

对猪圆环病毒感染目前尚无可用的有效治疗药物,主要采用疫苗免疫等综合控制技术来减轻本病的危害。

建立健全猪场的生物安全防疫体系,认真执行常规的猪群防疫保健技术措施。引进种猪时,要进行必要的隔离、检测。强化对养猪生产有害生物(猫、狗、啮齿类动物、鸟、蚊、蝇等)的控制。

加强营养,特别是控制好断奶前后仔猪的营养水平,增加食槽的采食空间。在分娩、保育、育肥的各个阶段做到全进全出，同一批次的猪日龄范围控制在 10d 之内，批与批之间不混群。在分娩舍限制交叉寄养，必须要寄养的猪应控制在 24h 内。

对发病猪群最好淘汰，不能淘汰者使用一些抗病毒药物同时配合对症治疗，可降低死亡率。

1.25 猪流行性腹泻

猪流行性腹泻（Porcine epidemic diarrhea，PED）是由猪流行性腹泻病毒引起猪的一种急性、高度接触性肠道传染病。临诊主要特征为呕吐、下痢、脱水。本病的流行特点、临诊症状和病理变化等方面与猪传染性胃肠炎极为相似。但哺乳仔猪死亡率较低，在猪群中的传播速度相对缓慢。

1.25.1 病原

猪流行性腹泻病毒属于冠状病毒科冠状病毒属，病毒形态略呈球形，在粪便中的病毒粒子常呈多形态，有囊膜，大小为 95～190nm。病毒对乙醚和氯仿敏感。本病毒对外界环境抵抗力弱，一般消毒药都可将其杀灭。病毒在 60℃ 30min 可失去感染力，在 50℃ 条件下相对稳定。病毒在 4℃、pH 5.0～9.0 或在 37℃、pH 6.5～7.5 时稳定。

1.25.2 流行病学

本病仅发生于猪，各种年龄的猪均易感染发病。哺乳仔猪和育肥猪发病率可达 100%，以哺乳仔猪发病最重。母猪发病率为 15%～90%。病猪和带毒猪是主要的传染源，病毒存在于肠绒毛上皮和肠系膜淋巴结中，随粪便排出体外，污染环境、饲料、饮水和用具等，经消化道传染给易感猪。本病呈地方性流行，有一定的季节性，主要在冬季多发。本病在猪体内可产生短时间（几个月）的免疫记忆。常常是有一头猪发病后，同圈或邻圈的猪在 1 周内相继发病，2～3 周后临诊症状可缓解。

1.25.3 临诊症状

潜伏期一般为 5～8d，表现为水样腹泻和呕吐，呕吐多发生于吃食或吃乳后。病猪体温正常或稍有升高，精神沉郁，食欲减退或废绝；症状的轻重与日龄的大小有关，日龄越小，症状越重。7 日龄以内的仔猪发生腹泻后 3～4d，呈现严重脱水而死亡，死亡率可达 50%～100%。断乳猪、母猪常呈现精神委顿、厌食和持续性腹泻，约 1 周后，逐渐恢复正常；育肥猪在感染后发生腹泻，1 周后康复，死亡率 1%～3%；成年猪仅表现精神沉郁、厌食、呕吐等临诊症状，如果没有继发其他疾病和护理不当，猪很少发生死亡。

1.25.4 病理变化

眼观病理变化仅限于小肠。小肠扩张，充满淡黄色液体，肠壁变薄，个别小肠黏膜有出血点，肠系膜淋巴结水肿，小肠绒毛变短，重症者萎缩，绒毛长度和深度比 2∶1 或 3∶1（正常猪为 7∶1）。胃经常是空的，或充满胆汁样的黄色液体。其他实质器官无明显病理变化。

1.25.5 诊断

本病在流行特点和临诊症状方面与猪传染性胃肠炎无显著差别,只是病死率比传染性胃肠炎稍低,在猪群中传播的速度也较缓慢。确诊要依靠实验室诊断。

取病猪粪便,或取病猪小肠组织黏膜或肠内容物,经触片,或取病猪小肠做冷冻切片或肠抹片,风干后丙酮固定,加荧光抗体染色,镜检,细胞内有荧光颗粒者为阳性。

1.25.6 防制

疫苗接种是目前预防猪病毒性腹泻的主要手段。可用猪流行性腹泻氢氧化铝灭活疫苗或猪传染性胃肠炎-流行性腹泻二联细胞灭活疫苗对母猪进行免疫接种,能有效地预防本病。

本病目前尚无特效药物和疗法,主要通过隔离消毒,加强饲养管理,减少人员流动,采取全进全出制等措施进行预防和控制。为发病猪群提供足够的清洁饮水。患病母猪常出现乳汁缺乏,应为初生仔猪提供代乳品。

1.26 猪脑心肌炎

猪脑心肌炎(Swine encephalomyocarditis)是由脑心肌炎病毒(encephalomyocarditis virus,EMCV)感染引起的一种对仔猪高致死率的自然疫源性传染病,以非化脓性脑炎、心肌炎和淋巴结炎为主要特征。

1.26.1 病原

EMCV 是微 RNA 病毒科心病毒属的成员,只有一个血清型,为无囊膜的单股正链病毒,病毒粒子呈典型的二十面体对称,直径 27nm 左右。病毒经 60℃ 30min 可灭活,对低温较稳定,-70℃中很稳定,但冻干或干燥后常失去感染性。

1.26.2 流行病学

EMCV 可感染多种哺乳动物、鸟类和昆虫等,啮齿类动物是 EMCV 的自然宿主,而猪是感染脑心肌炎病毒最广泛、最严重的动物,以仔猪的易感性最强,20 周龄内的仔猪可发生致死性感染,成年猪多呈隐性感染。本病毒也可引起母猪繁殖障碍,本病的发病率和病死率随饲养管理条件及病毒株的强弱而有显著差异,发病率可达 100%。

1.26.3 临诊症状

临诊上最急性型病猪,在几乎看不到任何前期症状的情况下突然发病死亡,或经短时间兴奋虚脱死亡。急性型病猪,早期可见短时间的发热(41~42℃),精神沉郁,减食或停食,逐渐消瘦。有的猪皮肤苍白,大部分猪发生腹泻,有的猪耳朵、腹下、四肢内侧大面积充血,并有数量不一的出血点。有的猪表现震颤、步态蹒跚、呕吐、呼吸困难,或表现进行性麻痹,有的在采食或兴奋时突然倒地死亡。

1.26.4 病理变化

病变主要集中在脑、心、淋巴结等器官,分别呈现非化脓性脑炎、急性病毒性心肌炎及急性出血性淋巴结炎的变化。

1.26.5 诊断

根据流行特点、临诊症状和病理变化,可做出本病的初步诊断,确诊需要进行实验室诊断。可采用病毒分离、抗体检测和抗原检测等实验室技术加以确诊。

1.26.6 防制

目前,国内外对猪脑心肌炎尚无有效的治疗药物,国内也无疫苗上市,主要靠综合性防制措施加以预防。本病的发生与猪场内的鼠的数量以及患病鼠多少有十分密切的关系。因此,应当清除鼠类,以减少带毒鼠类污染饲料与水源。猪群中如发现可疑病猪时,应立即隔离、消毒并对症治疗,防止继发感染。做好被污染场地环境的消毒,以防止人的感染。

1.27 猪捷申病毒病

猪捷申病毒病(Porcine teschen disease,PTD)是猪捷申病毒(Porcine teschovirus,PTV)感染引起猪的一种病毒性传染病。主要引起猪脑脊髓炎、繁殖障碍、肺炎、腹泻、心包炎和心肌炎,以侵害中枢神经系统引起共济失调、肌肉抽搐和肢体麻痹等一系列神经症状为主要特征。

1.27.1 病原

PTV 为小 RNA 病毒科捷申病毒属成员。PTV 至少有 11 种不同的血清型,分别命名为 PTV-1 到 PTV-11。PTV-1 的有些毒株可以引起严重的脑脊髓炎。PTV 其他血清型以及部分 PTV-1 的毒株往往不致病或者病情较为温和。PTV 主要在胃肠道以及相关淋巴组织(包括扁桃体)增殖。PTV 在 15℃的环境中存活时间可达 5 个月以上。

1.27.2 流行病学

猪捷申病毒主要感染猪,且任何年龄的猪都比较容易感染发病,其中感染性较强的是幼龄仔猪。该病的主要传染源是病猪和带毒猪,尤其是隐性感染猪是非常重要的传染源。猪只感染病毒后,通常在脑脊髓中寄生,通过唾液等分泌物和粪便等排泄物会排出到体外,健康猪群往往是由于采食的饮水和饲料被病毒污染,经由消化道引起感染。猪群感染该病毒后,通常在较长时间内持续带毒,妊娠母猪的带毒期一般能够持续大约 3 个月,且能够通过胎盘导致胎儿发生感染;未妊娠母猪的带毒期通常也持续大约 3 个月。感染猪只能够长期、持续、大量的排出病毒。

1.27.3 临诊症状

毒力较强的 PTV 血清型毒株引起的临诊症状有发热、食欲废绝、抑郁和动作不协调，接着伴随着过敏、瘫痪直到死亡，这一过程往往只持续 3~4d；有些病猪表现为肌肉震颤、僵硬或强直、眼球震颤、抽搐、叫声减弱甚至消失、角弓反张、腿出现阵挛性痉挛。在疾病的最后阶段，持续性的瘫痪进一步发展，体温降低。死亡通常是呼吸肌麻痹引起的。其他血清型 PTV 导致的临诊症状较轻。猪感染了毒力较强的 PTV 血清型毒株后，发病率和死亡率均较高，可导致 90% 的死亡率。

1.27.4 病理变化

感染后的猪剖解后常无明显的肉眼病变。有时，脑脊髓、脑膜和鼻腔黏膜有可能会有充血。病理组织学病变主要发生在中枢神经系统，主要特征是血管周围有淋巴细胞袖套状浸润现象。病变主要分布在小脑灰质、间脑、延髓和脊髓，背根神经节和三叉神经节的病变也很明显。

1.27.5 诊断

根据流行病学、临诊症状、病理变化等可做出初步诊断，但确诊猪捷申病需要进行实验室检查。病毒分离可以收集病猪的脑或脊髓样品。病毒可以在猪肾细胞上培养。对病毒及其血清学的鉴定可以采用中和试验、间接免疫荧光试验及酶联免疫吸附试验的方法。也可从病料中提取病毒 RNA，采用 RT-PCR 的方法来检测病毒的核酸参与诊断。

1.27.6 防制

本病目前尚无疫苗可用。猪场应坚持自繁自养，加强饲养管理，特别要注意提高饲料中能量饲料的供给，完善防寒保暖措施，提高猪群整体抗病能力。搞好猪舍的清洁卫生和消毒工作，圈舍粪尿及垃圾要及时清除，并坚持对圈舍固定时间消毒。病毒在紫外线和日光下容易被灭活，保持地面干燥也有一定的作用。

猪场一旦感染发病，除用抗菌药物防止细菌继发感染外，还要采取隔离措施，随时清除病猪及疑似病猪。防止发病猪舍传到健康猪舍。控制人员串舍，妥善处理病猪粪便，注意做好防猫、狗、老鼠和飞鸟措施。目前本病尚无有效的治疗方法，只有采取综合性防治措施，才能有效降低发病率和死亡率。

1.28 猪繁殖与呼吸综合征

猪繁殖与呼吸综合征（Porcine reproductive and respiratory syndrome，PRRS）是由猪繁殖与呼吸综合征病毒引起猪的一种繁殖障碍和呼吸困难的传染病。临诊特征为母猪发热，厌食，怀孕后期发生流产，产木乃伊胎、死胎、弱胎；仔猪表现呼吸困难和高死亡率。

本病 1987 年在美国中西部首先发现，并分离到病毒，因为部分病猪的耳部发紫，又称"猪蓝耳病"，曾命名为"猪不孕与呼吸综合征"。1992 年，国际兽疫局在国际专家研讨会上采用"猪繁殖与呼吸综合征"这一名称。我国于 1996 年郭宝清等首次在暴发流产的胎儿中分离到猪繁殖与呼吸综合征病毒。

1.28.1 病原

猪繁殖与呼吸综合征病毒归属于动脉炎病毒科动脉炎病毒属。病毒呈球形，呈二十面体对称，有囊膜，大小为 45~65nm，核酸类型为单股正链 RNA。该病毒对热敏感，37℃ 48h、56℃ 45min 即活性丧失；对低温不敏感，可利用低温保存病毒，4℃ 可以保存 1 个月，−20℃ 下可以长期保存。对乙醚和氯仿敏感。pH 依赖性强，在 pH 6.5~7.5 相对稳定，高于 7.5 或低于 6 时，感染力很快消失。

1.28.2 流行病学

本病只感染猪，各种年龄和品种的猪均易感，但主要侵害种公猪、繁殖母猪及仔猪，而育肥猪发病比较温和。病猪及带毒猪是本病的主要传染源，感染母猪可明显排毒，如鼻、眼的分泌物、粪便和尿液等均含有病毒。耐过猪可长期带毒并不断向外排毒。本病主要通过呼吸道或通过公猪的精液经生殖道在同群猪中进行水平传播，也可以在母代与子代间进行垂直传播。猪场的饲养管理不当，卫生条件差，气候恶劣可促进本病的流行。

1.28.3 临诊症状

潜伏期 4~7d。根据病的严重程度和病程不同，临诊表现不尽相同。

母猪 感染本病表现精神倦怠，厌食，发热，体温升高达 40~41℃，食欲废绝。妊娠后期发生早产、流产、死胎、木乃伊胎及弱仔。母猪流产后 2~3 周开始康复，但再次交配时受胎率明显降低，发情期也常推迟。这种现象往往持续 6 周，而后出现重新发情的现象，但常造成母猪不育或产仔量下降，少数猪耳部发紫，皮下出现一过性血斑。部分猪的腹部、耳部、四肢末端、口鼻皮肤呈青紫色，以耳尖发绀最常见，故称"蓝耳病"。有的母猪出现肢体麻痹性神经症状。

仔猪 以 2~28 日龄感染后症状明显，早产仔猪在出生后当时或几天内死亡。表现严重呼吸困难，食欲不振，发热，肌肉震颤，后肢麻痹，共济失调，打喷嚏，嗜睡，有的仔猪耳尖发紫和肢体末端皮肤发绀，死亡率高达 80%。

公猪 感染后表现食欲不振，精神沉郁，呼吸困难和运动障碍，性欲减弱，精液质量下降，射精量少。

育肥猪 感染后表现为双眼肿胀，发生结膜炎和腹泻，并出现肺炎，食欲不振，轻度的呼吸困难和耳尖皮肤发绀，发育迟缓。

1.28.4 病理变化

主要见于肺弥漫性间质性肺炎，并伴有细胞浸润和卡他性肺炎区。可见腹膜、肾周围脂肪、肠系膜淋巴结、皮下脂肪和肌肉、肺等部位发生水肿。流产胎儿出现动脉炎、心肌炎和脑炎。

1.28.5 诊断

根据妊娠母猪发生流产，仔猪呼吸困难和高死亡率，以及间质性肺炎可做出初步诊断。注意与猪细小病毒感染、猪流行性乙型脑炎、猪伪狂犬病、猪布氏杆菌病、猪瘟和猪钩端螺旋体病等的区别。要确诊必须进行实验室检查。取有急性呼吸症状的仔猪，死胎及流产胎儿的肺、脾等，进行病毒分离培养和鉴定；取耐过猪的血清进行间接免疫荧光抗体试验或 ELISA。

1.28.6 防制

本病目前尚无特效药物治疗，主要采取综合防制措施及对症疗法。最根本的办法是消除病猪、带毒猪和彻底消毒，切断传播途径。

国内种猪交换或购入种猪时，必须要搞清供方猪场病情，并确认无此病，对确定所引猪只应进行血清学检查，阴性者方可引入。引入后仍需隔离饲养 3~4 周，并再次进行血清学检查，确认健康无病者方可混群饲养。

在疫区可用灭活苗或弱毒苗进行免疫接种。常用灭活苗，免疫程序是：后备种猪 6 月龄首免，5d 后加强免疫 1 次；成年母猪每次配种前 15d 免疫 1 次，种用公猪每年免疫 2 次，均肌肉注射 2mL。

发病后要加强消毒工作，带毒猪消毒可用 0.2% 过氧乙酸溶液喷洒；对空猪舍，先清扫粪便，用水冲洗干净之后，用 2%~3% 氢氧化钠溶液进行喷洒，彻底消毒。对死亡的仔猪和所产死胎、木乃伊胎，应彻底无害化处理，以防病原扩散。

1.29 猪传染性胃肠炎

猪传染性胃肠炎（Transmissible gastroenteritis of swine，TGE）是由猪传染性胃肠炎病毒引起的猪的一种急性、高度接触性肠道传染病。临诊主要特征为呕吐、水样下痢、脱水。该病可发生于各种年龄的猪，但对仔猪的影响最为严重。10 日龄以内的仔猪死亡率高达 100%，5 周龄以上的猪感染后的死亡率较低，成年猪感染后几乎没有死亡，但会严重影响猪的增重并降低饲料报酬。

目前，该病广泛存在于许多养猪国家和地区，造成严重的经济损失。

1.29.1 病原

本病的病原是猪传染性胃肠炎病毒，属于冠状病毒科冠状病毒属。病毒粒子多呈圆形或椭圆形，大小为 80~120nm，有囊膜，其表面有一层棒状纤突。核酸类型为 RNA。

猪传染性胃肠炎病毒对外界环境抵抗力较强，但对光照和高温敏感。−20℃ 可保存 18 个月，−18℃ 可保存 6 个月，56℃ 45min、65℃ 10min 能杀死。病毒对乙醚和氯仿敏感，对许多消毒剂也较敏感，如 2% 氢氧化钠溶液、0.5% 石碳酸溶液、1%~2% 甲醛溶液等。

1.29.2 流行病学

本病只侵害猪,各种年龄的猪均易感,但 10 日龄以内仔猪最敏感,发病率和死亡率都很高,可达 100%。随日龄的增加,发病率和死亡率降低,育肥猪、种猪症状较轻,大多能自然康复。

病猪和带毒猪是主要的传染源。特别是密闭猪舍、湿度大、猪只集中的猪场,更易传播。可通过粪便、分泌物、呕吐物等排出病毒,污染饲料、饮水和用具等,经消化道或呼吸道传染给易感猪。带毒的犬、猫和鸟类也可传播此病。

本病的发生有季节性,从每年 12 月至次年的 3 月发病最多,夏季发病最少。新疫区呈流行性发生,几乎所有的猪都发病,老疫区呈地方性流行或间歇性的地方性流行,由于病毒和病猪持续存在,使得母猪大都具有抗体,仔猪从哺乳中获得母源抗体,很少发病,但断乳后成为新的易感动物,把本病延续下去。

1.29.3 临诊症状

本病潜伏期短,一般 15～18h,长的 2～3d。传播迅速,2～3d 内可蔓延全群。仔猪突然发生短暂的呕吐,接着发生剧烈腹泻,粪便水样,恶臭,淡黄色、绿色或灰白色,常含有未消化的凝乳块和泡沫。其特征是含有大量电解质、水分和脂肪,呈碱性。病猪极度口渴,明显脱水,体重迅速减轻,日龄越小,病程越短,死亡率越高,10 日龄以内的仔猪一般 2～7d 死亡。病初有体温升高现象,腹泻后下降。

断乳猪、育肥猪和种猪感染后发病较轻,稍有精神沉郁,食欲不振,呕吐,水样腹泻,粪便灰色或褐色,泌乳母猪可出现停乳现象。一般经 3～7d 康复,极少死亡。

1.29.4 病理变化

眼观病变为尸体脱水,胃和小肠内充满乳白色凝乳块,胃底部黏膜潮红充血,有的病例有出血点、出血斑及溃疡灶。小肠内充满白色或黄绿色液体,含有泡沫和未消化的小乳块,肠壁充血、膨胀、变薄、半透明、无弹性。组织学变化为病猪的回肠、空肠绒毛萎缩变短,有的脱落变平,绒毛长度和深度比为 1:1(正常猪为 7:1)。

1.29.5 诊断

根据该病流行特点、临诊症状和剖检变化等可以做出初步诊断,但注意与仔猪黄痢、仔猪白痢、猪流行性腹泻、猪轮状病毒感染等病的区别。确诊需进行实验室诊断。取病猪的空肠、空肠内容物、肠系膜淋巴结及发病猪急性期和康复期的血清样品进行病原学和血清学诊断。血清学诊断有直接免疫荧光法、双抗体夹心 ELISA、血清中和试验和间接 ELISA。

1.29.6 防制

预防措施 加强饲养管理,制定完善的动物防疫制度,并严格执行。不从疫区引种,以免病原传入。禁止外来人员进入猪舍,以防止引入本病。同时,应注意猪舍的消毒和冬季保暖工作。可用猪传染性胃肠炎弱毒疫苗对母猪进行免疫接种，方法是于母猪产前 30d 肌肉接种疫苗 1mL，可使新生仔猪在出生后通过乳汁获得被动免疫，保护率达 95%以上。

扑灭措施 发病时应隔离病猪，用 2%氢氧化钠溶液对猪舍、环境、用具等进行彻底消毒。对假定健康猪群进行紧急免疫接种。

本病无特效药物治疗，发病后只能采取对症疗法，以减轻脱水，防止酸中毒和继发感染。新生仔猪可用康复猪的全血或高免血清，每日口服 10mL，连用 3d。

1.30 猪细小病毒感染

猪细小病毒感染(Porcine parvovirus disease)是由猪细小病毒引起的母猪繁殖障碍的一种传染病。其特征是受感染的母猪，特别是初产母猪产出死胎、畸形胎、木乃伊胎及病弱仔猪，偶有流产，母猪本身无明显症状。

1.30.1 病原

猪细小病毒属于细小病毒科细小病毒属，病毒呈圆形或六角形，无囊膜，大小为 20nm，二十面体对称，核酸类型为单股 DNA。病毒在细胞中可形成核内包涵体，能凝集人、猴、豚鼠、小鼠和鸡等动物的红细胞，可通过血凝和血凝抑制试验检测该病毒及抗体。病毒对热和消毒药的抵抗力很强，在 56℃ 48h、70℃ 2h、80℃ 5min 失活；0.3%次氯酸钠溶液数分钟内可杀灭病毒。对乙醚、氯仿不敏感，pH 适应范围广。

1.30.2 流行病学

猪是本病唯一的易感动物，不同年龄、性别的家猪和野猪均可感染。传染源主要是病猪和带毒猪。病毒可通过胎盘传给胎儿，感染母猪所产胎儿和子宫分泌物中含有高滴度的病毒，可污染食物、猪舍内外环境，经呼吸道和消化道引起健康猪感染。感染的公猪在精细胞、精索、附睾和副性腺中都含有病毒，在配种时可传染给母猪。本病主要通过呼吸道和消化道感染。污染的猪舍在病猪移出后空圈 4 个半月，经常规方法清扫后，当再放进易感猪时，仍能被感染。

本病常见于初产母猪，一般呈地方性流行或散发，发生本病后，猪场连续几年不断地出现母猪繁殖失败现象。

1.30.3 临诊症状

母猪不同孕期感染，症状不同。怀孕 30d 前感染时，多为胚胎死亡而被母体吸收，使母猪不孕或不规则地反复发情；怀孕 30～50d 感染时，主要是产木乃伊胎；怀孕 50～60d 感染时，多出现死胎；怀孕 60～70d 感染时，母猪则常表现流产症状；怀孕 70d 后感染，大多数胎儿能存活，但这些仔猪常带有抗体和病毒。

此外，本病还可引起母猪产弱仔，产仔数少和久配不孕等症状。对公猪的受精率或性欲没有明显影响。

1.30.4 病理变化

母猪子宫内膜有轻微炎症，胎盘有部分钙化，胎儿在子宫内有被溶解、吸收的现象。感染胎儿还可见充血、水肿、出血、体腔积液、脱水（木乃伊化）及坏死等病理变化。

1.30.5 诊断

根据该病流行特点、临诊症状和剖检变化等可以做出初步诊断，但注意与猪繁殖与呼吸综合征、猪流行性乙型脑炎、猪伪狂犬病、猪布氏杆菌病、猪瘟和猪钩端螺旋体病等的区别。要确诊必须进行实验室检查。取死胎的淋巴组织、肾脏或胎液触片，再以荧光抗体检查病毒抗原；也可用血凝抑制试验检查受感染猪血清中的抗体。

1.30.6 防制

本病尚无有效的治疗方法，要采取以下措施进行防制。

①防止本病传入猪场，引进种猪时应隔离饲养2周后，再做血凝抑制试验，阴性者方可引入、混饲。

②预防本病的有效方法是免疫接种，我国现有猪细小病毒灭活疫苗和弱毒苗，预防效果良好。常用灭活苗进行免疫接种的方法是：后备母猪和公猪在配种前1个月首免，5d后二次强化免疫，均肌肉注射2mL。

③发病时应隔离或淘汰发病猪。对猪舍及用具等进行严格的消毒，并用血清学方法对全群猪进行检查，对阳性猪应淘汰，以防止疫情的扩散。

1.31 猪戊型肝炎

猪戊型肝炎（Swine Hepatitis E，SHE）由猪戊型肝炎病毒引起，该病毒通过粪口途径传播，可感染人、猪、黑猩猩等多种动物，且可引起人的高病死率，同时猪的感染率较高，为一种重要的人兽共患传染病。

1.31.1 病原

猪戊型肝炎的病原是猪戊型肝炎病毒（SHEV）。SHEV是一种单股正链无囊膜的RNA病毒，病毒粒子为直径是32～34nm，基因组全长约7.2kb，属于戊型肝炎病毒科戊型肝炎病毒A种。A种戊型肝炎病毒只有一个血清型，包括7个主要的基因型。SHEV属于基因Ⅰ、Ⅲ和Ⅳ型，为目前重要的人畜共患病病原。

SHEV稳定性较差，对氯化铯、氯仿及高盐敏感，在蔗糖中或经反复冻融后会结成团，造成病毒活性下降；对pH改变不敏感，在碱性环境中比较稳定，当有锰和镁离子存在时可以保持病毒的完整性。SHEV在4℃保存时容易裂解，对热不稳定，加热至56℃时，50%的SHEV会失活，当温度上升到60℃时，96%都会失活，可以通过煮沸的方式将其灭活。

1.31.2 流行病学

野猪和圈养的猪是SHEV基因Ⅲ和Ⅳ型主要的动物源宿主。除了猪外，抗戊型肝炎病毒的抗体也在其他物种中被检测到，包括鹿、大鼠、狗、猫、猫鼬、牛、绵羊、山羊以及禽类，抗体的存在说明这些动物可能被戊型肝炎病毒或类戊型肝炎病毒感染。而基因Ⅲ型或Ⅳ型已经从遗传学角度被鉴定可能具有人畜共感染的可能性，并且已在野猪、鹿、猫鼬和兔子中分离得到。

SHEV的感染在世界范围内广泛存在。SHEV在猪群中的感染通常发生于2～3月龄的猪。感染的猪通常有1～2周短暂的病毒血症，3～7周后在粪便中可以检测到病毒排出。大部分成年母猪和公猪可以检测到抗SHEV的IgG阳性，但是在粪便中已经不排毒。经过序列分析，目前世界范围内主要存在基因Ⅲ和Ⅳ型的SHEV，两种基因型都可以造成人戊型肝炎病毒的散发病例。

类似于人戊型肝炎病毒，猪戊型肝炎病毒的传播途径也可能是粪口传播。感染戊型肝炎病毒的猪排出大量病毒的粪便更有可能是病毒传播的来源。未感染的猪通过与感染戊型肝炎病毒的猪直接接触或者通过污染的食物或者水源而感染，甚至有些猪可以直接通过血液传播被感染。由于排毒的粪便含有大量的病毒，猪粪肥料和猪粪会污染灌溉或沿海的水源，因此会导致水生动物的污染。

戊型肝炎病毒的流行和暴发大多数情况下发生于雨季或洪水之后，发病存在明显的季节性，多发生于秋冬季节，然而散发性病例不存在明显的季节性，而且流行持续的时间长短不一。

1.31.3 临诊症状

猪感染SHEV后，几乎不表现临床症状，但有时可表现发热，全身疲乏，食欲减退，呕吐，尿色深黄如茶，皮肤发黄，肝功能检查转氨酶高于正常值数倍。

带毒猪可以感染所有生长阶段的猪，并在其间传播。少数生产母猪出现流产和死胎。

1.31.4 病理变化

感染SHEV猪的各个脏器及组织大多没有明显改变。部分猪只的肝脏轻度浊肿，肿胀部位色泽轻度变淡，质度变脆，病变周围血管轻度充血，色泽暗红。组织学检查发现病变部肝细胞发生不同程度的水泡变性，肝细胞肿大，胞浆疏松呈网状结构，色泽变淡，胞核常被挤压到一侧。

1.31.5 诊断

猪感染猪戊型肝炎后，不表现明显的临诊症状，呈隐性经过，诊断该病主要依靠实验室检测。目前，血清学检测技术主要是间接ELISA，用以检测SHEV的IgA、IgG和IgM抗体，其中对IgG抗体的检测较常用。病原学检测技术主要是RT-PCR方法，可以检测猪的胆汁或者粪便中是否存在SHEV的RNA。

1.31.6 防制

猪戊型肝炎是一种病毒性传染病,目前尚无特效药物治疗,疫苗还未上市,只能采取综合性的防制措施进行防控。密切监视本地区猪戊型肝炎流行情况,注意猪场附近饮用水源及饲料的监测,在传播途径上切断传染源;加强外购猪的检疫,减少外来 SHEV 传入本场,以保障本场猪的安全;加强对 SHEV 的监测,若有可疑病例,则对全群猪开展戊型肝炎普查;及时掌握本地区 SHEV 的基因型,密切监视可能出现的新变异型种;政府部门要加强对动物性食品和口岸戊型肝炎的检疫工作;猪肉制品和肝脏要熟后食用,防止戊型肝炎传染给人;加强工作人员的净化,杜绝患戊型肝炎的人员从事猪场的工作,防止戊型肝炎传染给猪;加强环境的净化,定期监测畜舍内外环境,搞好养殖场卫生,严格做好消毒工作;设法提高机体的免疫力;严防犬、猫、兔等动物进入猪舍,做好防鼠灭鼠工作,防止其他鸟类进入猪舍,避免这些动物传播本病;控制传染源,发病动物及时淘汰,病死动物应进行无害化处理或焚烧或深埋;为防制本病可采取早期(17~19日龄)断奶以防止垂直传播,仔猪严格隔离以防止水平传播,这些措施有助于建立无猪戊型肝炎猪群。

1.32 猪博卡病毒病

猪博卡病毒病是由猪博卡病毒(Porcine bocavirus,PBoV)引起猪的一种传染病,多发生于新生仔猪,主要症状为腹泻。

1.32.1 病原

PBoV 属于细小病毒科博卡病毒属成员,为单股 DNA 病毒,正二十面体结构,无囊膜,病毒粒子大小为 25~30nm。PBoV 对各种消毒剂敏感,常用的消毒剂都有一定的杀灭作用。

1.32.2 流行病学

本病在全球各地均有发现,并在我国多个省市检测到。目前,本病的流行趋势、传染源、感染途径等均不太清楚。一般认为易感动物是猪,病猪和带毒猪是本病的主要传染源,猪只全年可感染发病,发病多见于秋末、冬季与早春寒冷、气温突变的季节,病毒可以通过消化道、呼吸道传播,也可经胎盘垂直传播。

1.32.3 临诊症状

PBoV 可引起仔猪呼吸道与肠道感染,主要表现为支气管炎、肺炎及胃肠炎等症状。母猪感染可引发流产及产死胎或木乃伊胎。感染本病的哺乳仔猪多在出生 2~3d 后出现剧烈的腹泻,粪便呈黄绿色、淡绿色或灰白色水样粪便,部分仔猪有呕吐症状,病猪迅速脱水消瘦、精神沉郁、被毛粗乱、食欲减退或废食,一般于 5~7d 死亡,10 日龄以内的仔猪死亡率较高,随日龄的增加死亡率降低。

1.32.4 病理变化

解剖可见病死猪尸体消瘦,脱水,胃内充满凝乳块,胃黏膜充血,有时有出血点,肠内充满白色至黄绿色液体,小肠黏膜充血,肠壁变薄、无弹性,内含水样稀便,肠系膜淋巴结肿胀。组织学观察,小肠黏膜绒毛变短和萎缩,黏膜固有层内可见浆液渗出和细胞浸润。有些仔猪有并发肺炎病变。

1.32.5 诊断

本病多发生于仔猪,常伴有下呼吸道感染症状和腹泻,与猪圆环病毒2型、猪繁殖与呼吸综合征病毒、猪伪狂犬病毒等普遍存在混合感染,在疑似患病仔猪中,本病的检出率和病死率较高。实验室检查可采用病原分离鉴定、血清学或分子生物学方法进行。

1.32.6 防制

目前,PBoVD防控还没有疫苗可以应用,养猪场防控本病主要通过加强饲养管理和加强环境卫生,定期做好疫病监测,及时发现疫情,及早隔离治疗或无害化处理病死猪。

1.33 猪巨细胞病毒感染

猪巨细胞病毒感染(Porcine cytomegalovirus infection,PCMI)是猪的一种条件性传染病,感染仔猪多表现为鼻炎、肺炎和眼炎症状,并且生长发育不良,增重率降低,母猪则表现为繁殖障碍。

1.33.1 病原

猪巨细胞病毒(Porcine cytomegalovirus,PCMV),基因组为线状双链DNA,在形态上属于典型的疱疹病毒,病毒颗粒直径为150~200nm,核衣壳为正十二面体,衣壳外有囊膜。PCMV对氯仿、乙醚等亲脂性溶剂敏感,易被酸制剂、紫外线灭活,表面活性剂类消毒药物具有消毒效果。PCMV在-80℃下可保存1年以上,长期保存最适宜的温度是-196℃;在-70℃和37℃反复冻融3次或37℃放置4h病毒滴度不降低;在37℃ 24h或50℃ 30min,可使其完全失活。

1.33.2 流行病学

PCMV仅感染猪,遍布世界各地。PCMV可以水平传播,最容易传播的途径是上呼吸道,仔猪可能主要通过与母猪接触而感染,1月龄左右的猪经鼻感染,病毒可由鼻、眼分泌物等排出,也可经飞沫和吮乳途径在猪群中传播。PCMV还可以垂直传播,从初次感染PCMV的怀孕母猪的眼、鼻分泌液、尿液和子宫颈黏液中都可以分离出病毒,怀孕母猪可以通过胎盘传播病毒,感染胎儿,并且可从公猪睾丸中检出PCMV,通过交配感染母猪。

1.33.3 临诊症状

猪巨细胞病毒感染多呈隐性感染状态，一般情况下不表现明显的临诊症状。在运输、受寒、分娩等应激时，PCMV 则有可能再次增殖或引起猪发病。

不同年龄、不同生长阶段的猪感染 PCMV 时表现的临诊症状不一样。1～3 日龄的仔猪，发病程度与初乳中获得母源性抗体多少有关。5～10 日龄的仔猪感染后，可呈现急性经过，其主要症状是呼吸道症状，如喷嚏、咳嗽、流泪、鼻分泌物增多，继之出现鼻塞、吮乳困难、体重很快减轻等症状。一些 3 周龄以内的猪只表现出轻度的呼吸道感染症状。3 周龄以上的仔猪感染时，仅表现出轻微的呼吸道和发育不良等症状。如果无母源抗体的仔猪感染，则可能发生鼻衄，严重时还可见仔猪颤抖和呼吸困难等症状，可导致一窝仔猪的死淘率升高。耐过的仔猪表现生长发育不良，生长迟缓，增重变慢。少数发病仔猪的鼻甲骨出现萎缩，扭曲，颜面变形，鼻腔弯曲偏向一侧，情况严重时可引起仔猪死亡，康复的猪发育不良或成为僵猪。

成年猪多呈隐性感染。没有 PCMV 抗体的成年猪经鼻途径感染 PCMV 14～21d 后，可见食欲不振，精神委顿等变化，但体温正常。无抗体的妊娠母猪感染 PCMV 14～21d 后，表现食欲不振，精神沉郁，有时产出死胎或仔猪出生后不久即无症状死亡等症状。

1.33.4 病理变化

解剖检查 可发现的主要病理变化集中在上呼吸道，表现为鼻黏膜表面有卡他性、脓性分泌物，深部黏膜形成灰白色小病灶，可视黏膜出现瘀点，尤其是在喉头、肺、胸腔及跗关节皮下部位可见大量的瘀点和水肿；肾外观呈斑点状或完全发紫、发黑，全身淋巴结肿大并有瘀点；偶尔在小肠也可见有出血。胎儿感染时没有特征性肉眼可见解剖病变。

组织病理变化 可见 PCMV 特征性病理变化，即鼻黏膜固有层腺上皮细胞巨大化，全身和网状内皮细胞系统及上皮细胞系统的细胞内可见嗜碱性核内包涵体，或称其为核内"鹰眼形"包涵体。肾小管管腔变小，有的甚至管腔不明显，根据这些特征性病变，可以做出初步诊断。

1.33.5 诊断

根据流行病学、临诊症状、病理变化等可做出初步诊断，但确诊 PCMV 感染需要进行实验室检查。

病原学诊断 采集病猪的血清、鼻汁或鼻腔、咽头、结膜等的拭子洗液以及肺、肾、淋巴结等病料样品，无菌条件下接种于肺泡巨噬细胞，进行病毒分离培养。观察细胞病变，看细胞是否变圆、膨胀，胞体及核巨大化，核内是否出现环绕周围的"晕"的大型包涵体。

血清学诊断 PCMV 感染后可引起机体的体液免疫应答，产生特异性抗体。特异性抗体检测主要是检测 PCMV 感染后刺激机体产生的巨细胞病毒 IgM 和 IgG 抗体。常用的方法有血清中和试验、间接免疫荧光试验及 ELISA 等。

分子生物学诊断 可以通过 PCR 技术检查病猪的血清、鼻腔、肺、肾或淋巴结等器官组织中是否存在 PCMV 的 DNA 进行诊断。

1.33.6 防制

目前，对猪巨细胞病毒感染尚无疫苗预防和有效的治疗方法，在感染猪出现鼻炎症状时，为预防细菌继发感染可使用抗菌类药物。康复猪血清中虽产生相当水平的中和抗体，但不能清除体内的病毒。患病母猪的初乳内含有中和抗体，可为哺乳仔猪提供一定的保护力。猪场在平时的管理工作中，要加强饲养管理，改善环境条件，保证营养平衡，提高猪群的免疫力。

1.34 猪细环病毒感染

细环病毒于 1997 年由日本学者在一例输血后肝炎患者的血清中发现。随后，国内外学者利用巢式 PCR、ELISA、原位杂交等检测手段相继发现在非灵长类动物中也均存在细环病毒感染。目前，还没有研究证实该病毒能引发某种具体疾病，但有些学者认为细环病毒可能与人类肝炎和猪多系统衰竭综合征（PMWS）、猪皮炎肾病综合征（PDNS）、猪繁殖与呼吸综合征（PRRS）等疾病病原存在协同作用。因此，该病毒在猪群中的传播对人类的生活和健康存在一定的潜在威胁。

1.34.1 病原

猪源 TTV 即猪细环病毒（Torque teno sus virus，TTSuV）于 1999 年由美国学者首次从猪血清中分离到，之后众多国家及地区相继进行了 TTSuV 病例报道。TTSuV 是一种单股负链的环形 DNA 病毒，正二十面体结构，病毒粒子直径为 30～50nm，对 DNase I 和绿豆核酸酶敏感，但能抵抗 RNase A 和部分限制性内切酶。常用的化学消毒法对该病毒灭活效果一般，利用巴斯德消毒可有效地去除血制品中的病毒核酸，化学消毒法灭活效果不明显。TTSuV 有 2 个基因型，分别为 TTSuV1 和 TTSuV2。

1.34.2 流行病学

TTSuV 在猪群中广泛存在，且呈全球性分布。TTSuV 主要感染家猪与野猪，有研究表明 TTSuV 对'长白''大约克夏''杜洛克''成华猪'和'荣城猪'等 7 个品种家猪的易感性差异不显著。关于 TTSuV 的传播途径，研究认为重要的传播途径有胎盘垂直传播、精液传播、呼吸道传播、消化道传播等。还有学者认为细环病毒在猪群中的流行与注射被细环病毒污染的疫苗有关，或者是因为在进行疫苗或其他药物注射时没有更换被细环病毒污染的针头，从而导致细环病毒的传播。

1.34.3 临诊症状

目前还没有猪细环病毒直接致病的相关报道。但是有研究表明，该病毒与已知病原的混合感染能够增加疾病的严重性，而且该病毒具有潜在的跨种传播给人的危害。研究认为，患断奶仔猪多系统衰竭综合征的猪群易感染 TTSuV2。TTSuV1 与猪圆环病毒 2 型及猪繁殖与呼吸综合征病毒共同感染可导致仔猪断奶多系统衰竭综合征、猪皮炎肾病综合征发生。

1.34.4 病理变化

一些学者研究发现猪细环病毒 1 型不能导致感染猪出现肉眼可见的临诊症状,但是剖解后对其进行组织病理学观察可见无菌猪发生轻微的间质性肺炎、膜性肾小球病、一过性胸腺萎缩、肝脏组织性淋巴细胞浸润等病变,未进行感染的无菌猪则没有上述病变。有研究认为猪细环病毒 2 型能引起感染猪出现特征性的组织病理损伤,但在猪只的实质器官中并没有显著的病理组织学变化,尤其消化器官和免疫器官。

1.34.5 诊断

目前对猪细环病毒的了解还非常有限,针对这种情况,在已有的基因组序列基础上,利用 PCR 方法来检测猪细环病毒成为猪细环病毒研究的重要手段。用于细环病毒检测的方法有常规 PCR、巢式 PCR 和多重引导滚环式扩增法(PCA)等。常规 PCR 和巢式 PCR 方法均根据目前已知的基因组序列的保守非编码区设计引物,对相关的病料组织进行检测。此外,ELISA 法也常被用于检测该病毒,通过检测抗体的效价,推断猪只的感染程度。

1.34.6 防制

临诊上猪细环病毒感染与复杂的猪病存在一定联系。单独感染可能引起感染猪发病,也可能与其他病原协同作用。猪圆环病毒 2 型感染和猪繁殖与呼吸综合征在部分猪群中较为流行,而本病的存在极有可能加剧上述两种感染的更广泛流行。持续监控动物中猪细环病毒感染的动态变化,将有助于对本病的理解和掌握,从而为本病的有效防制提供技术帮助。

1.35 猪血凝性脑脊髓炎

猪血凝性脑脊髓炎(Porcine hemagglutinating encephalomyelitis,PHE)是由猪血凝性脑脊髓炎病毒(Porcine hemagglutinating encephalomyelitis virus,PHEV)引起仔猪的一种急性、高度接触性传染病。PHEV 属冠状病毒属的成员,其主要侵害 1~3 周龄仔猪,临诊上感染猪以呕吐、衰竭和明显的神经症状为主要特征,死亡率高达 20%~100%。

1.35.1 病原

PHEV 为典型的不分节段的单股正链 RNA 病毒。病毒粒子一般呈圆球状,直径为 120~150nm,该病毒粒子具有一层外层囊膜和内部包裹着致密核心的一层内囊膜的构造。该病毒对乙醚、去氧胆酸钠和氯仿等脂溶剂极其敏感,特别是该病毒在乙醚处理之后,就能让病毒丧失原本的血凝性和感染性。该病毒对高热很敏感,放置在 37℃条件下只能存活 24h,存放在 56℃条件下 4~5min 病毒的感染性几乎全部丧失。虽然该病毒有较强的敏感性，但是在低温、冻干等情况下却可以保持较强的活性，放置在4℃条件下病毒感染滴度几乎没有变化，能够适应并能稳定地存活于低温环境。在冻干状态下病毒活性可保持1年以上。PHEV感染引起的细胞病变主要是出现明显的合胞体现象。PHEV可以凝集鸡和鼠的红细胞，但是与猪、牛、马、兔和人的红细胞不发生作用。

1.35.2　流行病学

猪是PHEV在自然界中的唯一易感动物，虽然大部分的冠状病毒宿主范围有限，但是通过实验性的人工接种方式，PHEV已经实验性地适应了小鼠和Wistar大鼠，而且小鼠有明显的PHEV嗜神经特性的临床特点。该病的传染源为带毒猪和病猪，病毒随呼吸道分泌物或消化道排泄物排出体外，污染饲料、饮水及周围环境，健康猪接触，经口、鼻感染发病，以3周龄内的仔猪最为易感。

1.35.3　临诊症状

根据临诊表现观察，本病可分为脑脊髓炎型和呕吐消瘦型，这两种类型可同时存在于一个猪群中，也可发生在不同的猪群，或不同地区。

脑脊髓炎型　主要发生在2周龄以下的仔猪，表现体温短暂升高，先是食欲废绝，随后出现嗜睡、呕吐、便秘。病猪常聚堆，背毛竖立，部分病猪打喷嚏、咳嗽、磨牙。1～3d后出现神经症状，对声音和触摸敏感，步态不稳，肌肉震颤或痉挛，后肢逐渐麻痹。病后期猪只出现侧卧，四肢做游泳动作，呼吸困难，眼球震颤、昏迷死亡。病程约10d，病死率较高。

呕吐消瘦型　又称厌食、呕吐性恶病质症。发生于出生后几天的仔猪。最初表现呕吐，呕吐物恶臭，停止哺乳，口渴，接着发生便秘。危重的病猪因咽喉肌肉麻痹而吞咽困难，导致其陷入饥饿和脱水状态。病猪失重快，有些猪在1～2周内死亡。大部分病猪转为慢性，可存活数周，但最后可因为饥饿或继发症死亡，病死率差异大，一般在20%～80%。

1.35.4　病理变化

病理剖检　临诊上呈急性感染的发病猪，脑软膜表面出血和充血现象比较严重，同时脑实质和脑脊髓膜上可见有紫红色小点分布。而慢性感染的猪死亡后，胃充气膨胀，腹围增大，出现恶病质状态。肌肉间结缔组织出现轻度或中度水肿。偶有病例出现肝脏和肾脏实质变性，胃黏膜淤血、充血，肺泡壁毛细血管充血、淤血，表现为间质性肺炎，胃肠呈卡他性炎，尤以小肠最为明显。

病理组织学变化　临诊上大多数病例呈现非化脓性脑炎的典型病变。神经细胞发生不同程度的变性，脑软膜和脑内小静脉充血，大脑实质可见有轻微的水肿，血管腔周围单核细胞和淋巴细胞浸润，形成"血管套"现象。疾病呈慢性经过时，镜下可以观察到神经胶质细胞增生，并且聚集在一起，形成胶质结节。此外，有些病例可见少突胶质细胞围绕在神经细胞周围增生，形成明显的"卫星"现象，有的神经细胞发生变性、坏死，出现"噬神经"现象。肾小管上皮细胞发生颗粒变性和坏死。

1.35.5 诊断

本病诊断在临诊上应注意与猪伪狂犬病、猪乙型脑炎、猪流行性腹泻、猪传染性胃肠炎、猪传染性脑脊髓炎以及猪轮状病毒等做好鉴别诊断。猪血凝性脑脊髓炎不能仅凭借临诊症状进行确诊，还需要借助于血清学、病原分离或者分子生物学技术等多种手段。在本病诊断过程中，一方面可以利用血清学试验，如血清中和试验与血凝抑制试验，另一方面可以直接对病毒进行分离，此外借助于 PCR、real-time PCR 等多种方法才能够达到确诊的目的。

1.35.6 防制

本病尚没有比较有效的治疗方法和有效的疫苗，主要依靠加强综合性防制措施，注重加强口岸检疫，防止引入病猪。一旦发生该病，要及时诊断，严格隔离消毒，防止疫情蔓延扩散，以免造成重大经济损失。

1.36 猪增生性肠炎

猪增生性肠炎（Porcine proliferative enteritis，PPE）又称为回肠炎，是由胞内劳森氏菌感染引起的一种以保育猪或生长育肥猪出血性、顽固性或间歇性下痢为临诊表现，以回肠和盲肠黏膜细胞腺瘤样增生和营养吸收功能障碍为特征的肠道综合征。猪增生性肠炎已经危害世界各主要养猪国家，对养猪业造成严重的经济损失。感染猪虽死亡率不高，但严重降低饲料报酬率，该病是一种具有重要经济意义的世界性疾病。

1.36.1 病原

胞内劳森氏菌又称回肠共生胞内菌、细胞内劳索尼亚菌，归属于脱疏弧菌科。是一种专性的胞内寄生菌，大小为(1.25~1.75)μm×(0.25~0.43)μm，呈弯曲状或者弧状，末端渐细或者钝圆形，是一种典型的三层外膜作为外壁的革兰阴性菌，抗酸染色阳性。胞内劳森氏菌培养条件严格，它既不适应于普通的培养基生长，也不适应鸡胚生长。胞内劳森氏菌代谢过程中，主要是利用细胞线粒体三磷酸盐或某种相似的物质作为能源，所以胞内劳森氏菌不能在没有细胞的环境中生长，所用的细胞系主要有大鼠肠细胞 IEC-18、人胚肠细胞、豚鼠大肠癌细胞、豚鼠肠细胞 407 等。

胞内劳森氏菌主要寄生在病猪肠黏膜细胞的原生质中，也常见于病猪排出的粪便中。该菌有较强的环境适应力，能在 5~15℃ 的环境中至少存活 1~2 周，但是细菌培养物对季铵盐类消毒剂和含碘消毒剂较敏感。

1.36.2 流行病学

猪增生性肠炎的发病没有严格的季节性。本病主要传染源是患病猪及病原的携带者，此外携带该菌的动物或物品都能成为传播媒介，如工人的服装、鞋子、器械、老鼠等。胞内劳森氏菌可在猪只之间通过粪便进行水平传播。胞内劳森氏菌随着病猪和带菌猪的粪便被排到外界环境中，污染外界环境、饲料、饮水等，再经口通过消化道感染。胞内劳森氏菌的易感动物广泛，如杂食动物猪、仓鼠、大鼠、兔等，肉食动物雪貂、狐等，草食动物马、鹿等，及部分鸟类等均可受到感染。猪场内的鼠类极可能因为接触感染猪的粪便而被自然感染，被感染的鼠类也很有可能再去感染其他的健康猪群，使得猪群整体的感染率升高。除此之外，某些环境因素的改变也可诱发猪增生性肠炎的发生，主要包括各种应激反应，如转群、混群、过冷、过热、昼夜温差过大、湿度过大、密度过高等或者是因为频繁引进后备猪、过于频繁地接种疫苗、突然地更换抗生素使得菌群失调等。从1931年首次报道猪增生性肠炎以来，现在全世界的主要生猪生产国家都存在该病的感染。

1.36.3 临诊症状

猪增生性肠炎主要发生于生长育肥猪，2~20周龄的猪均易感染，临诊上主要表现为急性出血型和慢性型，其中急性型占的比例小，慢性型占的比例大。

急性型 常发于4~12月龄的育肥猪或种猪。表现为突然发病，体温正常或升高，急性出血性贫血，粪便松软呈焦油样，甚至虚脱死亡；也有某些猪仅仅表现为皮肤显著苍白，不腹泻，但是可能突然死亡。发病猪的死亡率可以达到50%。妊娠母猪可能会出现流产，大部分流产发生于临诊症状出现后的6d内。

慢性型 多发生于8~16周龄阶段的猪只，患病猪症状较轻微，表现为同一栏内不时地有几头猪出现腹泻，粪便稀软或者不成形，呈黑色、水泥样灰色或者黄色，内含未完全消化的饲料。如果发生轻微的增生性肠炎，腹泻症状往往表现不明显，或仅有少数猪出现腹泻，常常难以发现。虽然病猪采食量正常，但其生长速度受到较大影响，因此发病猪的体重与健康猪的体重在相同时期的差别很大。有些猪表现为食欲下降，采食量也会随之下降。患病严重的猪往往发生恶性的持续性腹泻，使用多种抗生素治疗效果均不理想。大部分慢性感染的患病猪可在发病4~10周后突然恢复正常，生长速度逐渐加快，但与健康猪相比，平均日增重及饲料转化率均降低。

1.36.4 病理变化

主要病理变化 出现在小肠末端约50cm处和结肠前1/3处。回肠黏膜增厚，有时呈脑回样，水平或垂直增生。大肠黏膜的变化类似于息肉，整个肠壁增厚、变硬。有些病理变化仅表现在回盲瓣前的20cm处，但有些是整个回肠变粗、变硬，发展成为橡胶管样。在增生的同时，有些病猪回肠黏膜会出现不同程度的溃疡，黄色、灰白色纤维素渗出物覆盖在其表面，浆膜下层或肠系膜水肿。某些急性病例可见肠内有血凝块或尚未完全凝固的血液，外观像一条血肠。

组织病理学变化 主要为感染组织肠腺窝内不成熟的上皮细胞显著增生，形成增生性腺瘤样黏膜。这些增生的细胞浆内都含有大量的细胞内劳森氏菌。病变肠腺窝一般有5层、10层或更多层肠腺窝细胞厚度。

1.36.5　诊断

根据该病的流行病学、临诊症状、病理变化等可做出初步诊断,但应注意与猪痢疾、猪沙门氏菌病及猪密螺旋体病等进行鉴别诊断。确诊该病应进行实验室诊断。

实验室诊断　目前常用的检测方法包括抗体检测和病原检测。可采用ELISA、间接免疫荧光抗体试验、免疫过氧化物酶单层试验等方法检测血清中胞内劳森氏菌抗体水平,或者用PCR等方法直接检测粪便中病原。

1.36.6　防制

加强饲养管理　研究表明,全进全出的生产模式和舍内采用水泥地板可减少猪群感染胞内劳森氏菌。建立完善的消毒制度,采用严格的消毒措施,对空猪舍栏彻底冲洗和消毒都能有效地防治猪病的发生。尽量减少因转群、运输、环境改变及更换饲料等方面引起的应激。控制老鼠等啮齿动物可有效减少猪增生性肠炎的感染和其他传染病在栏舍之间的传播。

药物治疗　猪增生性肠炎的常规治疗是使用抗菌类药,如氟苯尼考、泰乐菌素、庆大霉素、林可霉素、壮观霉素、大观霉素等。当猪场内的猪感染胞内劳森氏菌时,应立即用药。根据发病情况采用联合用药、脉冲给药等用药方案进行治疗或未发病猪只的预防。

免疫接种　减毒活疫苗也可以用于本病的预防,临诊试验证明在注射疫苗后,2～19周可在粪便中检测到菌体,1周体内产生抗体。因此,仔猪注射疫苗后,可以有效地减少该病的感染率。目前,世界上已研制出猪增生性肠炎无毒活苗和灭活苗,具有很高的免疫保护率。

1.37　猪丹毒

猪丹毒(Swine erysipelas)是由猪丹毒杆菌引起的一种急性、热性传染病。其特征为急性病例表现败血症,亚急性病例表现皮肤疹块,慢性病例主要表现为心内膜炎、关节炎和皮肤坏死。该病广泛流行于世界各地。

1.37.1　病原

猪丹毒杆菌是一种纤细的小杆菌,大小为$(0.2\sim0.4)\mu m \times (0.8\sim2.0)\mu m$。革兰染色阳性,不运动,不产生芽孢,无荚膜。在感染动物组织触片或血片中,呈单个、成对或小丛状。从心脏瓣膜疣状物中分离的常呈不分枝的长丝状或短链状。

本菌为微需氧菌,在普通培养基上能生长,加入适量血清或血液,生长得更好。明胶穿刺培养,沿穿刺线呈试管刷状生长。糖发酵力极弱,能发酵一些碳水化合物,产酸不产气。大多菌株能产生H_2S。

本菌对不良环境的抵抗力较强,动物组织内可存活数月,在土壤内能存活35d。但对热的抵抗力弱，55℃ 15min、70℃ 5~10min 能杀死。消毒药，如 3％来苏儿溶液、1％氢氧化钠溶液、2％甲醛溶液、5％石灰乳、1％漂白粉溶液等 5~15min 能杀死。本菌对青霉素、四环素等敏感，对新霉素、卡那霉素和磺胺类药物不敏感。

1.37.2 流行病学

本病主要发生于猪，不同年龄的猪均易感，但以架子猪发病较多。其他动物、野生动物和禽类也有发病的报道，人经伤口感染称为类丹毒，以与链球菌感染人所致的丹毒相区别。

病猪和各种带菌动物是本病的传染源，其中最重要的带菌者是猪，35％~50％健康猪的扁桃体和淋巴组织中存在此菌。

本病的传播途径广泛，接触传染是重要的传播途径之一。病猪、带菌猪可通过分泌物、排泄物等污染饲料、饮水、土壤、用具和猪舍，经消化道传染给易感猪。本病也可经损伤的皮肤以及蚊、蝇、虱、蜱等吸血昆虫传播。屠宰场、肉食品加工厂的废料、废水、食堂泔水、动物性蛋白饲料等喂猪常引起本病。

本病一年四季均可发病，但以夏秋季节多发，呈散发或地方性流行。营养不良、寒冷、酷热、疲劳等环境和应激因素也影响猪的易感性。

1.37.3 临诊症状

潜伏期一般为 3~5d，最短的为 1d，最长的为 8d。根据病程长短和临诊表现的不同可分为急性败血型、亚急性疹块型、慢性型。

急性败血型 本型多见于流行的初期，有一头或几头猪不表现任何症状而突然死亡，其他的猪相继发病。病猪表现为体温升高，高达 40~42℃，稽留不退。病猪虚弱，喜卧不愿走动，厌食，有的出现呕吐。粪便干硬呈栗状，附有黏液，有时下痢。严重的呼吸加快，黏膜发绀。部分病猪皮肤潮红，继而发紫。病程 3~4d，死亡率 80％左右。急性的不死多转入亚急性或慢性型。

亚急性疹块型 本型临诊上多见，俗称"打火印"或"鬼打印"。其特征是皮肤表面出现疹块。病猪表现为食欲减退，口渴，便秘，有时呕吐，精神不振，不愿走动，体温略有升高。发病后 2~3d，在病猪的背、胸、腹、颈、耳、四肢等处皮肤出现方形、菱形大小不同的疹块，并稍突起于皮肤表面。初期疹块充血，指压褪色；后期淤血，呈紫蓝色，指压不褪色。疹块形成后体温随之下降，病势也减轻，病猪经数天后能自行恢复健康。若病势较重或长期不愈，可出现皮肤坏死现象。有不少病猪在发病过程中，由于病情恶化转变为败血型而死亡。

慢性型 本型多由急性或亚急性转变而来，常见的临诊表现有关节炎、心内膜炎和皮肤坏死等。关节炎病猪表现为四肢关节（腕、跗关节）的炎性肿胀、疼痛，病程长者关节变形，出现跛行，病猪生长缓慢，消瘦，病程数周到数月。心内膜炎病猪表现为消瘦，贫血，体质虚弱，喜卧不愿走动，听诊心脏有杂音，心跳加快，心律不齐，呼吸急促，有时由于心脏麻痹而突然死亡。皮肤坏死病猪表现为背、肩、耳、蹄和尾等部的皮肤出现肿胀、隆起、坏死、干硬似皮革，经 2~3 个月坏死皮肤脱落，形成瘢痕组织而痊愈。如有继发感染则病情复杂，病程延长。

1.37.4　病理变化

急性败血型　猪丹毒病猪剖检的主要变化是全身性败血症，在各个组织器官可见到弥漫性的出血。全身淋巴结充血、肿胀、切面多汁，呈浆液性出血性炎症；肺脏充血、水肿；肝脏充血、肿大；胃肠道为卡他性出血性炎症变化，尤其是胃底部黏膜有点状和弥漫性出血，十二指肠和回肠有轻重不等的充血和出血；脾脏充血、肿胀，呈樱桃红色，切面可见"白髓周围红晕"现象；肾脏淤血、肿大，呈暗红色，皮质部有出血点，有大红肾之称。

亚急性疹块型　以皮肤疹块为特征性变化。疹块内血管扩张，皮肤和皮下结缔组织水肿浸润，有时有小出血点，亚急性型猪丹毒内脏的变化比急性型轻缓。

慢性型　慢性心内膜炎型猪丹毒多见二尖瓣膜上有溃疡或菜花状赘生物，它是由肉芽组织和纤维素性凝块组成的。慢性关节炎型猪丹毒为慢性、增生性、非化脓性关节炎。

1.37.5　诊断

根据该病的流行病学、临诊症状、病理变化等可做出初步诊断，但急性败血型猪丹毒应注意与猪瘟、猪肺疫和猪链球菌病等的区别。必要时可做病原学或血清学诊断。

病原学诊断　急性败血型病例生前耳静脉采血，死后取肾、肝、脾、心血；亚急性疹块型取疹块边缘皮肤处血液；慢性型取心内赘生物、关节液、坏死与健康交界处的血液，直接涂片，染色镜检。如发现为革兰阳性，菌体呈单个、成对、小丛状、不分枝的长丝状或短链状的纤细小杆菌，可确诊为本病。可在培养基中加入叠氮钠和结晶紫各万分之一，制成选择培养基，只有猪丹毒杆菌能在这种培养基上正常生长繁殖，其他杂菌受到抑制。

血清学诊断　主要应用于流行病学调查和鉴别诊断，常用的方法有血清凝集试验，主要用于血清抗体的测定及免疫效果的评价；SPA协同凝集试验，主要用于菌体的鉴定和菌株的分型；琼扩试验主要用于菌株血清型鉴定；荧光抗体主要用于快速诊断，直接检查病料中的猪丹毒杆菌。

1.37.6　防制

治疗　应用青霉素注射效果最好。青霉素按每千克体重2万～3万IU，肌肉注射，每日3次，连续2～3d。体温恢复正常，症状好转后，再坚持注射2～3次，免得复发或转为慢性。若发现有的病猪用青霉素无效时，可改用四环素，按每千克体重1万～2万IU，肌肉注射，每日2次，直到痊愈为止。土霉素、林可霉素、泰乐霉素也有良好的疗效。

预防措施　每年有计划地进行预防接种是预防本病最有效的方法。每年春、秋两季各免疫1次。仔猪免疫因可能受到母源抗体干扰，应于断乳后进行，以后每隔6个月免疫1次。目前使用的菌苗有猪丹毒弱毒活菌苗、猪丹毒氢氧化铝甲醛菌苗、猪瘟-猪丹毒二联苗、猪瘟-猪丹毒-猪肺疫三联苗等，免疫期为6个月。在免疫接种前3d和后7d，不能给猪投服抗生素类药物，否则造成免疫失败。平时应搞好猪圈的环境卫生，对用具、运动场及猪舍等定期进行消毒。食堂泔水、下脚料喂猪时，必须事先煮沸再喂，同时对农贸市场、屠宰场等要严格检疫。另外，应加强饲养管理，提高猪群的抗病力。购入种猪时，必须先隔离观察2~4周，确认健康后，方可混群饲养。

扑灭措施 对全群猪进行检查，对发病猪群应及早确诊，及时隔离病猪；对猪舍、用具、运动场等认真消毒；粪便和垫料最好烧毁或堆肥发酵处理。病猪尸体、急宰病猪的血液和割除的病变组织器官化制和深埋；对同群未发病的猪只，注射青霉素或四环素，每日2~3次，连续3~4d，可收到控制疫情的效果。

1.37.7 公共卫生

人在皮肤损伤时如果接触猪丹毒杆菌易被感染，所致的疾病称为类丹毒。感染部位多发生于指部，感染3~4d后，感染部位发红肿胀，肿胀可向周围扩大，但不化脓。常伴有感染部位邻近的淋巴结肿大，间或还发生败血症、关节炎和心内膜炎，甚至肢端坏死。工作中要注意自我防护，发现感染后应及时用抗生素治疗。

1.38 猪痢疾

猪痢疾(Swine dysentery，SD)又称血痢、黑痢、黏液性出血性下痢，是由猪痢疾密螺旋体引起猪的一种肠道传染病。其特征为黏液性或黏液性出血性下痢，大肠黏膜发生卡他性出血性炎症，有的发展为纤维素性坏死性炎症。

目前本病已遍及全世界主要的养猪国家，该病一旦传入猪群，很难根除。

1.38.1 病原

本病的病原体为猪痢疾密螺旋体，呈螺旋状，为4~6个弯曲，两端尖锐，能运动，大小为$(6\sim8.5)\mu m\times(0.32\sim0.38)\mu m$，革兰染色阴性。本菌为严格厌氧菌，对培养基要求较高。猪痢疾密螺旋体存在于猪的病变肠黏膜、肠内容物及粪便中。

猪痢疾密螺旋体对外界环境有较强的抵抗力，在粪便中5℃时存活61d，25℃时存活7d，37℃时很快死亡。在土壤中4℃能存活102d。但对消毒药抵抗力不强，常用的消毒药有效，如2%氢氧化钠、0.1%高锰酸钾、3%来苏儿等溶液均能迅速将其杀死。

1.38.2 流行病学

猪是本病唯一的易感动物，各种年龄、性别和品种的猪均易感，但多发生于7~12周龄的小猪。小猪的发病率比大猪高。一般发病率为75%，病死率为5%~25%。

病猪和带菌猪是主要的传染源，康复猪带菌可长达数月，经常从粪便排出病原体，污染环境、饲料、饮水和用具等，经消化道而感染。此外，人和其他动物(如狗、鼠类、鸟类等)都可传播本病。

本病无明显的季节性，但流行经过比较缓慢，持续时间较长。各种应激因素，如饲养管理不当、气候异常、长途运输、拥挤、饥饿等，均可促进本病的发生和流行。本病一旦侵入猪场，常常拖延几个月，而且很难根除，用药可暂时好转，但停药后易复发。

1.38.3 临诊症状

潜伏期3d至2个月，或更长，一般为10～14d。根据临诊表现和病程可分为急性型和慢性型。

急性型 本型较多见，病猪体温升高到40～40.5℃，精神沉郁，食欲减退，持续腹泻，初期粪便为黄色或灰色软便，后期粪便呈棕色、红色或黑红色，混有黏液、血液、纤维素性物质和坏死组织碎片。病猪迅速消瘦，弓背缩腹，起立无力，脱水，最后衰竭而死或转为慢性。病程1～2周。

慢性型 本型病情较缓，表现为下痢，但粪便中的黏液和坏死组织碎片增多、血液减少。病猪具有不同程度的脱水表现，生长发育受阻。不少病例能自然康复，但间隔一定时间，部分病例可能复发甚至死亡。病程在1个月以上。

1.38.4 病理变化

病变 主要表现在大肠（结肠和盲肠）。病猪大肠壁和肠系膜充血、水肿，黏膜肿胀，附有黏液、血块和纤维素性渗出物，肠内容物软至稀薄，混有血液、黏液和组织碎片。当病情进一步发展时，肠壁水肿减轻，但炎症加重，黏膜表现出血性纤维素性炎症，黏膜表层点状坏死，形成麸皮样或灰色纤维假膜，剥去假膜出现浅表的溃疡面。另外，肠系膜淋巴结肿胀，胃底幽门处红肿、出血。

组织学变化 主要是大肠黏膜的炎症反应，且仅局限于黏膜层，早期黏膜上皮与固有层分离，微血管外露而发生坏死。当病理变化进一步发展时，病损黏膜表层发生坏死，黏膜完整性受到不同程度的破坏，并覆有黏液、纤维素、脱落的上皮细胞及炎性细胞。在肠腔表面和腺窝内可见到数量不一的猪痢疾密螺旋体。

1.38.5 诊断

根据本病流行缓慢，多发生于7～12周龄的猪，哺乳仔猪及成年猪少见，临诊上表现为病初的黄色或灰色稀粪，以后下痢并含有大量黏液和血液，病变局限于大肠，可做出初步诊断。但注意与仔猪黄痢、仔猪白痢、慢性仔猪副伤寒、仔猪红痢、猪传染性胃肠炎、猪流行性腹泻和猪轮状病毒感染的区别。要确诊必须进行实验室诊断。

细菌学诊断 取急性病猪的大肠黏膜或粪便抹片染色镜检，用暗视野显微镜检查，每视野见有3～5条密螺旋体，可作为诊断依据。但确诊还需从结肠黏膜和粪便中分离和鉴定致病性猪痢疾密螺旋体。

血清学诊断 主要方法有凝集试验、ELISA、间接荧光抗体、琼扩试验和被动溶血试验等，比较实用的是凝集试验和ELISA，主要用于猪群检疫和综合诊断。

1.38.6 防制

本病尚无菌苗可用于预防，药物可控制猪的发病率和减少死亡，但停药后容易复发和在猪群中又很难根除。所以，防制本病必须采取综合措施，并配合药物防治才能有效地控制或消灭本病。

无病的猪场主要是坚持自繁自养的原则，加强饲养管理和消毒工作，避免各类不良的应激，育肥舍实行全进全出制；引入种猪时禁止从疫区和污染场引种，必须引入时要做好隔离、检疫工作，2个月后证明健康，方能混群。

发病猪场最好全群淘汰，彻底清理和消毒，空舍2~3个月，再引进健康猪。对易感猪群可选用多种药物进行防治，结合清除粪便、消毒、干燥及隔离措施，可以控制甚至净化猪群。

可用痢菌净（治疗量每千克体重5mg，预防量减半）、痢立清（治疗和预防量均为每吨饲料50g）、呋喃唑酮（治疗量每吨饲料300g，预防量每吨饲料100g）和林可霉素（治疗量每吨饲料100g，预防量每吨饲料40g）等进行防治。

1.39　猪链球菌病

猪链球菌病（Swine streptocosis）是由多种溶血性链球菌引起猪的一种传染病。其特征是急性型表现为出血性败血症、肺炎和脑炎；慢性型表现为关节炎、心内膜炎、脾脏坏死及淋巴结化脓性炎症。

本病在我国各地均有发生，特别是在集约化养猪场中，其发生率有不断上升的趋势，对养猪业危害较大，已成为一种重要的细菌性传染病。猪链球菌病的大流行，不但给当地经济造成了重大损失，而且严重威胁着人们的生命健康。2005年7月，据四川省卫生厅报告，在四川的资阳等地的26个县（市、区）、102个乡镇，因屠宰和误食猪链球菌病猪肉，致使181人感染猪链球菌病，死亡34人。

1.39.1　病原

本病的病原体是链球菌，菌体呈球形或卵圆形，大小为0.5~2.0μm，可单个、成对或以长短不一的链状存在。一般无鞭毛，不能运动，不形成芽孢，有的菌株在体内或含血清的培养基内能形成荚膜。革兰染色阳性。在普通培养基上生长不良，在含血清或血液培养基上生长较好，并能形成β溶血。

链球菌具有一种特异性的多糖类抗原，又称为C抗原。根据该抗原的不同将链球菌分为20个血清群（A~U，无I和J群）。引起猪链球菌病的链球菌主要是C群的兽疫链球菌、类马链球菌、D群猪链球菌、L群链球菌及E群链球菌。

本菌除在自然界中分布很广外，也常存在于正常动物及人的呼吸道、消化道、生殖道等。感染发病动物的排泄物、分泌物、血液、内脏器官及关节内均有病原体存在。

本菌对外界环境抵抗力较强，对干燥、高温都很敏感，60℃ 30min杀死；常用的消毒药如5%石碳酸溶液、0.1%新洁尔灭溶液、2%甲醛、1%来苏儿溶液等均能在10min内将其杀死。对青霉素、卡纳霉素、磺胺类和喹诺酮类药物敏感。

1.39.2　流行病学

链球菌可以感染多种动物和人类，但不同血清群细菌侵袭的宿主有所差异。例如，当猪链球菌病流行时，与猪密切接触的牛、犬和家禽未见发病。猪链球菌病可见于各种年龄、品种和性别的猪，以仔猪、架子猪和怀孕母猪的发病率高，仔猪最敏感。实验动物以家兔最为敏感，其次为小鼠、鸽子和鸡。

病猪和带菌猪是本病的主要传染源，其分泌物、排泄物中均含有病原体。病死猪肉、内脏及废弃物处理不当是散播本病的主要原因。本病主要经呼吸道、消化道和伤口感染，新生仔猪因断脐、阉割、注射等消毒不严而发生感染。

本病一年四季均可发生，但夏秋季节发病较多。常呈散发或地方性流行。新疫区及流行初期多为急性败血型和脑炎型；老疫区及流行后期多为关节炎或组织化脓型。本病易与猪传染性萎缩性鼻炎、猪传染性胸膜肺炎和猪繁殖与呼吸综合征发生混合感染。本病的发病率和病死率随年龄而不同，哺乳仔猪的发病率接近100%，病死率约为60%；架子猪发病率约70%，病死率约为40%；成年猪更低。

1.39.3 临诊症状

潜伏期一般为1～5d，慢性病例有时较长。根据临诊表现和病程长短可分为急性败血型、脑膜脑炎型、亚急性型和慢性型。

急性败血型 多见于成猪，表现为突然发病，体温升高达41～43℃，食欲废绝，喜卧，流浆液性或黏液性鼻液，流泪，便秘，眼结膜潮红、有分泌物，呼吸加快，犬坐；在耳、颈、腹下皮肤出现紫斑；全身发绀；跛行和不能站立的猪只突然增多，呈现急性多发性关节炎症状。有些猪出现共济失调、磨牙、空嚼或昏睡等神经症状。病后期出现呼吸困难，多数1～3d死亡。死前出现呼吸困难，体温降低，天然孔流出暗红色或淡黄色液体，死亡率可达80%～90%。

脑膜脑炎型 多见于仔猪，表现为体温升高达40.5～42.5℃，精神沉郁，不食，便秘，很快出现特征性的神经症状，如共济失调、转圈、磨牙、空嚼，继而出现后肢麻痹，前肢爬行，最后昏迷而死亡。短者几小时，长者1～3d。

亚急性型和慢性型 多由急性转变而来，主要表现为关节炎、淋巴结肿胀、心内膜炎、乳房炎等。特征是病情缓和，流行缓慢，病程长久，有的可达1个月以上，较少引起死亡，但病猪生长发育受阻。

1.39.4 病理变化

急性败血型 以败血症为主，表现为血液凝固不良，皮下、黏膜、浆膜出血，鼻腔、喉头及气管黏膜充血，内有大量气泡。胃及小肠黏膜充血、出血。全身淋巴结肿大、充血和出血。心包有淡黄色积液，心内膜有出血点。肺呈大叶性肺炎。肾脏出血，有时呈现坏死。脾脏出现大面积坏死。脑膜充血、出血。浆膜腔、关节腔积液，含有纤维素。

脑膜脑炎型 脑膜充血、出血，重者溢血，个别脑膜下积液，脑实质有点状出血，其他病变与急性败血症相同。

亚急性型和慢性型 关节炎时，可见关节腔内有黄色胶冻样液体或纤维素性脓性渗出物，淋巴结脓肿。心内膜炎时，可见心瓣膜增厚，表面粗糙，有菜花样赘生物。

1.39.5 诊断

根据流行病学、临诊症状、剖检变化等基本可以确诊。

实验室诊断如下：

涂片镜检 取发病或病死猪的脓汁、关节液、肝、脾、心血、淋巴结等，制成涂片或触片，染色镜检，如发现有革兰染色阳性，呈球形或卵圆形，可见单个、成对或以长短不一的链状存在，可确诊。

分离培养 选取上述病料，接种于含血液琼脂培养基中，置于37℃培养24h，应长出灰白色、透明、湿润黏稠、露珠状菌落，菌落周围出现β型溶血环。

动物接种试验 选取上述病料，接种于马丁肉汤培养基中，置于37℃培养24h，取培养物注射实验动物或猪，小鼠皮下注射0.1~0.2mL或家兔皮下或腹腔注射0.1~1mL，于2~3d内死于败血症。剖检，取肝、脾作触印片，以革兰染色或瑞氏染色，镜检，如发现大量链球菌，即可做出诊断。

本病应注意与猪肺疫、猪丹毒、猪瘟和蓝耳病相区别。

1.39.6 防制

治疗 可应用青霉素按每千克体重3万IU，肌肉注射，每日3次，连续2~3d。20%磺胺嘧啶钠注射液，10~20kg猪5~10mL、成年猪20~30mL，肌肉注射，每日2次，连用3~4d。同时注意对症治疗，如解热镇痛可用安乃近每千克体重0.2g，镇静可用氯丙嗪每千克体重0.5~1mg，每日2次。

预防措施 加强饲养管理和卫生消毒，对新生仔猪进行断脐、阉割、注射时应注意消毒，防止感染。坚持自繁自养和全进全出制度，严格执行检疫隔离制度以及淘汰带菌母猪等措施。目前应用的疫苗有猪链球菌弱毒冻干苗和氢氧化铝甲醛苗。免疫程序是种猪每年注射2次，仔猪断乳后注射1次。

扑灭措施 发现病猪立即隔离治疗，对猪舍、场地和用具等用2%氢氧化钠溶液等严格消毒，无害化处理好猪尸。

1.40 猪支原体肺炎

猪支原体肺炎（Mycoplasma pneumoniae of swine）又称猪地方流行性肺炎、猪霉形体肺炎、猪气喘病，是由猪肺炎支原体引起的猪的一种慢性呼吸道传染病。本病主要症状为咳嗽和气喘，病变的特征是融合性支气管肺炎，肺心叶、尖叶、中间叶及膈叶前下缘出现"肉样"或"虾肉样"实变。

本病广泛分布于世界各地，患猪长期发育不良，饲料转化率低。在一般情况下，该病的死亡率不高。但继发感染可造成严重死亡，所致经济损失很大，给养猪业带来严重危害。

1.40.1 病原

本病病原体为猪肺炎支原体，是支原体科支原体属的成员。猪肺炎支原体又称猪肺炎霉形体，因无细胞壁，故具有多形性，有球状、环状、点状、杆状、两极状，大小在0.3~0.8μm。革兰染色阴性，但着色不佳，用姬姆萨或瑞氏染色着色良好。

猪肺炎支原体能在无生命的人工培养基上生长，但生长条件要求较严格。培养基内必须含有水解乳蛋白的组织培养缓冲液、酵母浸出液和猪血清等。在固体培养基上生长较慢，接种后经7～10d长成肉眼可见针尖和露珠状菌落。低倍显微镜下菌落呈煎荷包蛋状。

猪肺炎支原体对外界环境抵抗力较弱，圈舍、用具上的支原体，一般在2～3d失活，病肺悬液置15～25℃中36d内失去致病力。常用消毒药（如1%氢氧化钠、2%甲醛等）均能在数分钟内将其杀死。本菌对青霉素和磺胺类药物不敏感，对放线菌素D、丝裂菌素C和氧氟沙星最敏感；对红霉素、四环素、壮观霉素、卡那霉素、土霉素、泰乐菌素、螺旋霉素和林可霉素敏感。

1.40.2　流行病学

本病仅见于猪，无年龄、性别和品种的差异，但乳猪和断乳仔猪易感性最高，发病率和死亡率较高，其次是怀孕后期和哺乳期的母猪，育肥猪发病率低，症状也较轻，成年猪多呈慢性或隐性经过。

病猪和带菌猪是本病的传染源。很多地区和猪场由于从外地引进猪只时，未经严格检疫购入带菌猪，引起本病的暴发。哺乳仔猪常因母猪带菌而受到感染，当几窝仔猪并群饲养时而暴发该病。病猪在症状消失后半年至一年多仍可排菌。本病一旦传入后，如不采取严密措施，很难彻底扑灭。

病菌主要存在于患猪的呼吸道，通过病猪咳嗽、气喘和喷嚏等将病原体排出，形成飞沫，经呼吸道而感染。此外，病猪与健康猪的直接接触也可传播。

本病一年四季均可发病，但在寒冷、多雨、潮湿或气候骤变时发病率较高。饲养管理和卫生条件较好可减少发病率和死亡率。如继发或并发其他疾病，常引起临诊症状加剧和死亡率升高。

1.40.3　临诊症状

潜伏期一般为11～16d，短的3～5d，最长的可达一个月以上。根据病程可分为急性、慢性和隐性3种类型，但以慢性和隐性多见。

急性型　多见于新疫区和新发病的猪群，尤以仔猪和哺乳母猪更为多见。病初精神不振，头下垂，站立一隅或趴伏在地，呼吸加快可达60～120次/min。病猪表现呼吸困难，严重者张口喘气，发出喘鸣声，似拉风箱，呈腹式呼吸。一般咳嗽次数少而低沉，有时发生痉挛性咳嗽。体温一般正常，如发生继发感染，则体温升高至40℃以上。病程一般为1～2周，死亡率较高。

慢性型　多是由急性型转变而来，也有原发慢性型。常见于老疫区的架子猪、育肥猪和后备猪。病猪主要表现咳嗽和气喘，咳嗽多见于早晚、驱赶、运动或吃食之后，咳嗽时病猪站立不动、拱背、颈直伸、垂头。病初多为单咳，随病程发展则出现痉挛性阵咳，有不同程度的呼吸困难，呼吸加快，呈腹式呼吸。这些症状时而明显，时而缓和，食欲较差，采食量下降。随着病程的推延，病猪通常生长发育不良，甚至停滞，成为僵猪。病程数月，长者达到半年以上。

隐性型　通常由以上两型转变而来，病猪在饲养状况良好时，虽已感染，但不表现任何症状，生长也正常，如用 X 线检查或剖检可见肺部有不同程度的病变。隐性型在老疫区的猪中占相当多的比例。如饲养管理不当，则会出现急性或慢性病例，甚至引起死亡。本型病猪仍带菌排菌，也是造成本病流行的一个不可忽视的因素。

1.40.4　病理变化

病变主要见于肺、肺门淋巴结和纵隔淋巴结。急性死亡者，肺有不同程度的水肿和气肿。在心叶、尖叶、中间叶及部分病例的膈叶上出现融合性支气管肺炎变化。初期多见于心叶、尖叶和膈叶的前下缘呈淡红色或灰红色半透明，病变部界限明显，似鲜肌肉样，俗称"肉变"，病变区切面湿润，小支气管内有灰白色泡沫状液体。随着病程延长，病变部位颜色变深，半透明状程度减轻，形似胰脏，俗称"胰变"或"虾肉样变"。肺门和纵隔淋巴结肿大、切面多汁外翻、边缘轻度充血，呈灰白色。如果没有其他传染病合并发生，除呼吸器官外，其他内脏的病变一般并不明显。

1.40.5　诊断

对急性型和慢性型病例，可根据流行特点、临诊症状和剖检变化的特征做出诊断，但注意与猪肺疫和猪肺丝虫病的区别。对隐性型病例则需要实验室诊断或使用 X 线透视才能确诊。

X 线检查　对本病的诊断有重要价值，对隐性或可疑患猪通过 X 线透视可做出诊断。在 X 线检查时，猪只以直立背胸位为主，侧位或斜位为辅。病猪在肺野的内侧区以及心隔角区呈现不规则的云絮状渗出性阴影。

血清学诊断　可应用间接红细胞凝集试验、微量补体结合试验、免疫荧光技术和 ELISA 等方法进行，这些诊断方法对于本病的诊断有一定的意义。

1.40.6　防制

预防或消灭本病主要是采取综合性的防制措施，根据本病的特点可采用以下措施：

未污染地区和猪场　坚持自繁自养，杜绝本病的传入，如引入种猪时应到未污染的地区或猪场，隔离观察 2～3 个月，X 线胸透检查 2～3 次，确认猪体健康，方可混群。同时，有计划进行免疫接种，用猪气喘病乳兔化弱毒冻干苗，保护率 80%，免疫期为 8 个月。

污染地区和猪场　商品猪集中育肥出售，彻底消毒，空舍半个月以上。种猪进行临诊和 X 线胸透检查，分出健康和病猪群，严格隔离，病猪中种用价值不大的直接淘汰，有价值的治疗，仍可留种用。健康群可用抗猪气喘病药物控制感染，并注意仔猪隔离，防止发生本病。同时，培养健康猪群，健康猪群的鉴定标准是观察 3 个月以上，未发生气喘病症状的猪，放入易感小猪 2 头同群饲养，也不被感染。种猪一年以上未发现本病症状，X 线检查，一个月后复查均为阴性，可定为健康猪。

药物治疗　最有效的方法是同时交替使用土霉素（肌肉注射，每千克体重 50mg，首次加倍）和卡那霉素（肌肉注射，每千克体重 2 万～4 万 IU），每日 2 次，连注 5d，收效良好。

1.41 猪传染性萎缩性鼻炎

猪传染性萎缩性鼻炎(Atrophic rhinitis of swine, AR)又称萎缩性鼻炎,是由产毒性多杀性巴氏杆菌单独或与支气管败血波氏杆菌联合引起的猪的一种慢性接触性呼吸道传染病。其特征是鼻甲骨萎缩、鼻炎及鼻中隔扭曲。临诊上主要表现为打喷嚏、鼻塞等鼻炎症状和颜面部变形或歪斜。

本病最早(1983年)发现于德国,此后在英国、法国、美国、加拿大、前苏联相继发生,现在几乎在世界各养猪发达的地区都有发生。本病造成的损失主要是猪生长迟缓,饲料转化降低,用药开支增加,从而给集约化养猪生产造成巨大的经济损失。

1.41.1 病原

本病病原为支气管败血波氏杆菌和产毒性多杀性巴氏杆菌。单独感染支气管败血波氏杆菌可引起较温和的非进行性鼻甲骨萎缩,一般无明显鼻甲骨病变;感染支气管败血波氏杆菌和产毒性多杀性巴氏杆菌,有不同的鼻甲骨萎缩;感染支气管败血波氏杆菌后再感染产毒性多杀性巴氏杆菌时,则常引起严重的鼻甲骨萎缩。

支气管败血波氏杆菌为革兰阴性小杆菌,呈两极染色,大小为$(0.2\sim0.3)\mu m\times(0.3\sim1.0)\mu m$。不形成芽孢,有的有荚膜,有周鞭毛,能运动。需氧,培养基中加入血液可助其生长。在葡萄糖中性红琼脂平板上,菌落中等大小,呈透明烟灰色。肉汤培养物有腐霉味。

本菌的抵抗力不强,常用消毒药能杀死,如3%来苏儿溶液、1%~2%氢氧化钠溶液、5%石灰乳溶液、1%漂白粉溶液等。

1.41.2 流行病学

各种年龄的猪均可感染,但以仔猪的易感性最高。1周龄猪被感染后可引起原发性肺炎,致全窝仔猪死亡。发病率一般随年龄的增长而下降。1月龄以内仔猪感染,常在数周后发生鼻炎,并出现鼻甲骨萎缩,1月龄以后的猪只受到感染,多为较轻病例。3个月龄后的感染者,只有在组织学水平上才能观察到萎缩性鼻炎的轻度变化,但大多数为带菌者。

病猪和带菌猪是主要的传染源,其他动物和人可带菌,也可是本病的传染源。

传播方式主要通过飞沫传播。患病或带菌的哺乳母猪,通过直接接触经呼吸道(飞沫)传染给其后代,使后代发生感染,不同月龄的猪再通过水平传播扩大到全群。

本病在猪群内传播比较缓慢,多为散发或地方性流行。饲养管理不良、猪舍通风不良、猪群密度过大等可促进本病的发生。

1.41.3 临诊症状

本病早期症状多见于6~8周龄仔猪。表现鼻炎,打喷嚏,吸气困难,流涕。从鼻孔中流出带有少量血性的浆液性、黏液性或脓性的鼻液,鼻黏膜潮红充血。病猪常因鼻炎刺激黏膜而表现不安,如摇头、拱地、搔扒或在饲槽边缘、墙角等到处摩擦鼻部,常见不同程度的鼻出血。吸气时鼻孔张开,发出鼾声,严重的张口呼吸。在出现上述症状的同时,鼻泪管阻塞,不能排出分泌物,眼结膜发炎,出现流泪,眼角下的湿润区因尘土污染黏结而呈月牙状的灰黑色斑块,称为"泪斑"。

随着病程的发展,鼻甲骨发生萎缩,致使面部变形。如两侧鼻甲骨病理损伤相同时,外观可见鼻短缩;若一侧鼻骨萎缩严重,则鼻腔常向严重一侧弯曲形成歪鼻猪,以至上下颌咬合不全。由于鼻甲骨萎缩,额窦不能正常发育,使两眼宽度变小和头部轮廓发生变形。有的病例,由于病原微生物的作用或炎症的蔓延,常出现脑炎或肺炎,而呈现继发病的症状,使病情恶化。病猪生长发育停滞,多数成为僵猪,严重地影响育肥和繁殖。

1.41.4 病理变化

本病的病理变化局限于鼻腔和邻近组织,最有特征的变化是鼻腔的软骨组织和骨组织的软化和萎缩,特别是下鼻甲骨的下卷曲最为常见。萎缩严重时,鼻中隔弯曲或消失,鼻腔变成一个鼻道。鼻黏膜充血、水肿有黏液性渗出物。

1.41.5 诊断

根据该病的流行病学、临诊症状、剖检变化等易做出诊断,但注意与猪传染性坏死性鼻炎、骨软症的区别。有条件可用X线、病原学检查和血清学试验等进行确诊。

1.41.6 防制

预防措施 免疫接种是预防本病最有效的措施。目前应用的疫苗有两种,即支气管败血波氏杆菌灭活菌苗和支气管败血波氏杆菌-产毒性多杀性巴氏杆菌灭活二联菌苗,母猪于产前2个月和1个月分别接种,皮下注射2mL,仔猪断乳前接种1mL。如母猪不免疫,仔猪在1周龄和2周龄分别免疫1次。同时应加强饲养管理,引进种猪时应严格进行检疫,至少观察3周,防止带菌猪的引入。

扑灭措施 本病发生后应及时做好隔离、治疗和消毒。猪舍每天用2%氢氧化钠溶液消毒1次,对有临诊症状的猪用链霉素每千克体重10mg或卡那霉素每千克体重10~15mg进行治疗,肌肉注射,每日2次,连用3~5d。病死猪及污染物进行无害化处理。

1.42 猪梭菌性肠炎

猪梭菌性肠炎(Clostridial enteritis of piglets)也称仔猪传染性坏死性肠炎、仔猪红痢,是由C型产气荚膜梭菌引起的新生仔猪的高度致死性肠道传染病,特征是血性下痢、肠黏膜坏死、病程短、死亡率高,主要发生于1周龄以内的仔猪。

1.42.1 病原

病原体为C型产气荚膜梭菌,也称魏氏梭菌,为革兰阳性,有荚膜不能运动的厌氧大杆菌,大小$1.5\mu m \times (4 \sim 8)\mu m$。芽孢呈卵圆形,位于菌体中央或近端,但在人工培养基中则不容易形成芽孢。

本菌能产生毒素,主要为α和β毒素,引起仔猪肠毒血症、坏死性肠炎。本菌对外界抵抗力不强,常用消毒药能杀死,但形成芽孢后,抵抗力明显增强,80℃ 15~30min,100℃ 5min才能杀死。冻干保存至少10年其毒力和抗原性不发生变化。

1.42.2　流行病学

本病主要侵害1周龄以内仔猪,1周龄以上的仔猪很少发病。在同一猪群内各窝仔猪的发病率不同,最高可达100%,死亡率一般为20%~70%。本菌在自然界中的分布很广,主要存在于人畜肠道、土壤、下水道和尘埃中,特别是发病猪群母猪消化道中更多见,可随粪便排出,污染哺乳母猪的乳头及垫料经消化道感染仔猪。猪场一旦发生本病,常顽固地在猪场存在,很难清除。

1.42.3　临诊症状

本病按病程的不同可分为最急性型、急性型、亚急性型和慢性型。

最急性型　仔猪出生后,1d内就可发病,临诊症状多不明显。突然排出血便,污染后躯,病猪衰弱,很快进入濒死状态。少数病猪无出血性下痢,而昏倒死亡。

急性型　本型最常见。病猪排出含有灰色组织碎片的红褐色液状稀粪。病猪消瘦、虚弱,病程常维持2d,一般在第3天死亡。

亚急性型　病猪呈持续性腹泻,病初排出灰色软便,以后变成液状,内含有组织碎片。病猪逐渐消瘦、脱水,生长停滞,一般5~7d死亡。

慢性型　病猪在1周以上,表现间歇性或持续性腹泻,粪便呈灰色糊状。病猪逐渐消瘦,生长停滞,于数周后死亡或淘汰。

1.42.4　病理变化

主要病变位于小肠和肠系膜淋巴结,以空肠病变最明显。急性病例以出血病变为主,空肠呈暗红色,两端界限明显,肠腔内充满含血的液体,肠黏膜弥漫性出血,肠系膜淋巴结呈鲜红色。慢性型病例以肠坏死病变为主,肠壁变厚,空肠黏膜呈黄色或灰色坏死性假膜,容易剥离,肠腔内含有坏死组织碎片。病猪腹腔内有许多樱桃红色渗出液,脾边缘有小点出血,肾呈灰白色,肾皮质部小点出血。心外膜、膀胱有时可见点状出血。因本病死亡的动物,会有凝血不良的现象。

1.42.5　诊断

根据该病的流行病学、临诊症状、剖检变化的特点,如本病发生于1周龄内的仔猪,血样下痢,病程短,死亡率高;肠腔内充满含血的液体和坏死组织碎片等,可做出初步诊断,但注意与仔猪黄痢和猪痢疾的区别。确诊须进行实验室检查。

细菌学检查　取心血、肺、腹水、十二指肠和空肠内容物、脾、肾等脏器进行涂片,染色镜检,可发现革兰阳性、两端钝圆的大杆菌。

毒力试验　包括泡沫肝试验和肠毒素试验,其中泡沫肝试验是取分离菌肉汤培养物

3mL给家兔静脉注射，1h后将家兔处死，放37℃恒温8h剖检可见肝脏充满气体，出现泡沫肝现象。肠毒素试验是指采取刚死亡的急性病猪空肠内容物或腹腔积液，加等量生理盐水搅拌均匀，3 000r/min离心30~60min，取上清液静脉注射体重18~20g的小白鼠5只，每只注射0.2~0.5mL；同时将上述液体与魏氏梭菌抗毒素混合，作用40min后，注射于另一小白鼠以作对照。如注射上清液的一组小白鼠死亡，而对照组健活，即可确诊为本病。检测细菌毒素基因型的PCR与多重PCR等方法也可帮助诊断。

1.42.6 防制

由于本病发展迅速，病程短，发病后用药治疗效果不佳，所以必须充分做好预防工作。平时应加强饲养管理，做好猪舍、场地和环境的清洁卫生和消毒工作，特别是产房和哺乳母猪的乳头消毒，可以减少本病的发生和传播；给怀孕母猪注射仔猪红痢氢氧化铝菌苗，在临产前1个月肌肉注射5mL，1周后再肌肉注射8mL，使母猪获得免疫，仔猪出生后吃初乳可获被动免疫。或仔猪出生后注射抗猪红痢血清，每千克体重3mL，肌肉注射，可获得充分保护。注意：注射要早，否则效果不佳。

治疗可用青霉素每千克体重5万~8万IU，肌肉注射，每日2次，连用3d，或土霉素0.1g，肌肉注射，每日2次，连用3d。

1.43 猪传染性胸膜肺炎

猪传染性胸膜肺炎(Porcine contagious pleuropneumonia，PCP)又称坏死性胸膜肺炎和副猪嗜血杆菌病，是由胸膜肺炎放线杆菌引起猪的一种接触性呼吸道传染病，以急性出血性纤维素性肺炎和慢性纤维素性坏死性胸膜炎为主要特征。急性者大多死亡，慢性者常能耐过，但严重影响猪的生长发育。目前该病在世界上广泛存在，造成了巨大的经济损失。美国、丹麦、瑞士将本病列为主要猪病之一。我国近年来由于引种频繁，该病也随之侵入，其发生和流行日趋严重，全国各地都有此病报道。

1.43.1 病原

本病病原体为胸膜肺炎放线杆菌，曾命名为副溶血嗜血杆菌，属于巴斯德氏菌科嗜血杆菌属，是一种非溶血性，没有运动性(无鞭毛)，无芽孢的革兰阴性小杆菌，具有多形性，有两极染色球杆菌形态、棒杆状、长丝状形态，有荚膜和菌毛，不形成芽孢，能产生毒素。该菌在体外生长时严格需要烟酰胺腺嘌呤二核苷(NAD，也称V因子)，并在有血清的培养基上生长良好。根据热稳定性可溶性抗原和琼脂扩散试验，该菌至少分为15个血清型，且不同血清型HPS的毒力存在差异，其中1、5、10、12、13、14型属于强毒力菌株，2、4、15型属于中等毒力菌株，3、6、7、8、9、11型为毒力较弱或无毒力菌株，另外还有20%左右的菌株不能分型。各血清型之间很少有交叉免疫。

该菌需氧或兼性厌氧，可发酵半乳糖、葡萄糖、蔗糖、D-核糖和麦芽糖等，脲酶阴性、氧化酶试验阴性、接触酶阳性。

本菌对外界环境抵抗力不强，60℃ 15min便失去活性，常用消毒药即可杀死，对抗生素和磺胺类药物敏感。

1.43.2 流行病学

各种年龄、性别的猪都有易感性，但以3月龄猪最易感。本病多暴发于高密度饲养、通风不良且无免疫力的断奶或育成猪群。大群混养比小群和按年龄分开饲养的猪群更易发生本病。

病猪和带菌猪是主要的传染源，主要通过空气、猪与猪之间的接触，以及排泄物进行传播。病菌主要存在于病猪呼吸道，尤以坏死的肺部病变组织和扁桃体中含量最多。人员和用具被污染也可造成间接传播。

本病在猪群之间的传播主要是由引进带菌猪引起。在断奶、转群和混群饲养、运输等外界刺激和猪群中存在繁殖与呼吸综合征、流感或地方性肺炎等自身刺激等应激条件下，可增加该病的感染风险。拥挤、气温剧变、湿度过高和通风不良等可促进本病的发生和传播，使发病率和死亡率升高。

1.43.3 临诊症状

繁殖母猪一般没有明显的临诊症状，2～8周龄仔猪感染发病可观察到典型症状。潜伏期因菌株毒力和感染量而定，自然感染1～2d，人工感染24h。根据猪的免疫状态、不良的环境和病原的毒力等，可分为最急性型、急性型和慢性型。

最急性型 最急性病例往往无明显症状而突然死亡，个别病猪死后，鼻孔流出血样泡沫。多见于断乳仔猪，发病突然、病程短、死亡快。在同一猪群中有一头或几头仔猪突然发病，表现为体温升高达41.5～42.0℃，精神沉郁，食欲废绝，有时出现短期轻度的腹泻和呕吐；有明显的呼吸道症状，咳嗽，呼吸困难；心跳加快，并逐渐出现循环和呼吸衰竭，在鼻、耳、四肢，甚至全身的皮肤发绀，最后出现严重的呼吸困难，呈犬坐姿势，张口呼吸，口腔和鼻腔流出大量带血的泡沫样分泌物，一般于24～36h死亡，也有突然倒地死亡的猪。

急性型 主要表现为体温升高可达40.5～41.5℃，精神沉郁，食欲减退或废绝，呼吸极度困难，咳嗽，常站立或犬坐而不愿卧地，关节肿胀，尤其是跗关节和腕关节触摸时疼痛尖叫，跛行，战栗和共济失调。病猪眼睑皮下水肿，耳朵、腹部皮肤及肢体末梢等处发绀，指压不褪色，死前侧卧、抽搐、四肢呈划水状，多于发病后3～5d死亡。有时可见张口呼吸，鼻盘和耳尖、四肢皮肤发绀。病程的长短主要取决于肺脏病变的程度和治疗的方法。

慢性型 多数由急性型转化而来。一般表现咳嗽，食欲减退，渐进性消瘦，被毛粗乱，皮肤苍白，轻度咳嗽，目光呆滞，四肢无力不愿走动，便秘腹泻交替出现，最后因衰竭而死，部分耐过猪也因营养不良而成为僵猪。若混合感染巴氏杆菌或支原体时，则病情恶化，病死率明显增加。很少有体温升高者。妊娠母猪发病可见流产、产死胎、木乃伊胎，产后无乳、便秘和食欲减退。公猪关节稍肿，轻度跛行。

1.43.4 病理变化

病理变化主要在呼吸道。病猪解剖可见胸腔、腹腔、心包积液，有黄色或淡红色污浊液体流出，量或多或少，有的呈胶冻状。单个或多个浆膜面损伤，引发胸膜炎、腹膜炎、脑膜炎、心包炎、关节炎等多发性炎症，并有大量浆液性或纤维素性炎性渗出物，呈蛛网样覆盖在脏器表面，使各内脏器官与胸壁、腹壁广泛粘连。两侧肺肿胀、出血、间质增宽，呈紫红色。一些肺叶切面似肝，肺间质充满血色胶冻样液体，表现为明显的纤维素性胸膜肺炎变化。全身淋巴结肿大、充血、出血，尤以腹股沟淋巴结和肺门淋巴结为甚。心脏表面有一层绒毛状增生物，呈现"绒毛心"外观，肝脏淤血肿大，肾脏乳头出血，脑膜充血，脑回展平。肿大的关节周围皮下组织与肌腱水肿，有浆液性蛋白渗出物。

1.43.5 诊断

根据临诊症状和剖检变化可以做出初步诊断，但最急性型和急性型的病例，应注意与猪繁殖与呼吸综合征、猪丹毒、猪肺疫和猪链球菌病的区别；慢性型的病例注意与猪气喘病的区别。确诊需进行实验室检查。

细菌学检查 采取未经治疗的急性期发病病猪的血液或浆膜表面的渗出物，在巧克力琼脂平板培养基上接种或与葡萄球菌做交叉画线接种于羊、马或牛的鲜血琼脂，培养之后，可见平皿表面长出许多针头大小、圆形隆起、边缘整齐、半透明的灰白色菌落，用接种环取少许菌落，用革兰染色法进行涂片镜检，可见到密布排列的、大小不一致的革兰阴性球杆菌、长丝状菌。结合流行病学、临诊症状，即可做出诊断。进一步检测可通过与葡萄球菌的交叉划线接种培养之后，在葡萄球菌菌落的周围可见生长良好的该菌，呈发散状，又称为卫星现象。培养之后，可以取典型的可疑菌落进行生化鉴定。

血清学检查 取病变组织制成触片，利用荧光抗体或免疫酶染色对细菌抗原进行检测；也可用协同凝集试验和 ELISA 对肺组织提取物中特异性抗原进行检测。

1.43.6 防制

预防措施 无本病的猪场，应采取严格的防疫措施防止病原体的传入；引入种猪时应进行严格的隔离饲养和血清学检查，以避免引入病猪。免疫接种是预防本病发生的最好方法。由于胸膜肺炎放线杆菌血清型多，各个血清型之间的免疫保护性差，使得现有的灭活疫苗不能够很好地对该病进行防控。应采用自家灭活菌苗进行免疫防控，能够取得比较好的效果。

用自家灭活菌苗对后备种猪 6 月龄首免，5d 后加强免疫 1 次；仔猪断奶前首免，5d 后再加强免疫 1 次，均采用肌肉注射。

扑灭措施 发生本病的猪场应及时隔离病猪，对污染场所和猪舍进行严格的、经常性消毒，同时对病猪应用抗生素进行治疗以降低病死率。可选用链霉素、四环素、土霉素、环丙沙星、恩诺沙星、强力霉素、卡那霉素、氟苯尼考、替米考星、庆大霉素及磺胺类药物进行治疗。

第 2 章
猪的寄生虫病

2.1 动物吸虫病概述

吸虫是扁形动物门吸虫纲的动物,包括单殖吸虫、盾殖吸虫和复殖吸虫三大类。寄生于畜禽的吸虫以复殖吸虫为主,可寄生于畜禽肠道、结膜囊、肠系膜静脉、肾和输尿管、输卵管及皮下部位。兽医临诊上常见的吸虫主要有肝片吸虫、姜片吸虫、日本分体吸虫、华支睾吸虫、并殖吸虫、阔盘吸虫、前殖吸虫、前后盘吸虫、棘口吸虫等。

2.1.1 吸虫形态和构造

2.1.1.1 外部形态

虫体多背腹扁平,呈叶状、舌状;有的似圆形或圆柱状,只有血吸虫为线状。虫体随种类不同,大小在 0.3~75mm 之间。体表常由具皮棘的外皮层所覆盖,体色一般为乳白色、淡红色或棕色。通常具有两个肌肉质杯状吸盘,一个为环绕口的口吸盘,另一个为位于虫体腹部某处的腹吸盘。腹吸盘的位置前后不定或缺失。

2.1.1.2 体壁

吸虫无表皮,体壁由皮层和肌层构成皮肌囊。无体腔,囊内含有大量的网状组织,各系统的器官位居其中。皮层从外向内包括3层:外质膜、基质和基质膜。外质膜成分为酸性黏多糖或糖蛋白,具有抗宿主消化酶及保护虫体的作用。皮层可以进行气体交换。也可以吸收营养物质。肌层是虫体伸缩活动的组织。

2.1.1.3 消化系统

消化系统一般包括口、前咽、咽、食道及肠管。口位于虫体的前端,口吸盘的中央。前咽短小或缺,无前咽时,口后即为咽。咽后接食道,下分两条肠管,位于虫体的两侧,向后延伸至虫体后部,末端封闭为盲肠,没有肛门,废物可经口排出体外。

2.1.1.4 排泄系统

排泄系统由焰细胞、毛细管、集合管、排泄总管、排泄囊和排泄孔等部分组成。焰细胞布满虫体的各部分,位于毛细管的末端,为凹形细胞,在凹入处有一束纤毛,纤毛颤动时很像火焰跳动,因而得名。焰细胞收集的排泄物经毛细管、集合管集中到排泄囊,最后由末端的排泄孔排出体外。焰细胞的数目与排列,在分类上具有重要意义。

2.1.1.5 神经系统

在咽两侧各有一个神经节,相当于神经中枢。从两个神经节各发出前后 3 对神经干,分布于背、腹和侧面。向后延伸的神经干,在几个不同的水平上皆有神经环相连。由前后神经干发出的神经末梢分布于口吸盘、咽及腹吸盘等器官。

2.1.1.6 生殖系统

生殖系统发达,除分体吸虫外,皆雌雄同体(图 2-1)。

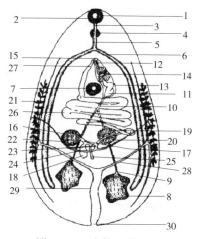

图 2-1 吸虫构造模式图

1. 口 2. 口吸盘 3. 前咽 4. 咽 5. 食道 6. 盲肠 7. 腹吸盘 8. 睾丸 9. 输出管 10. 输精管 11. 储精管 12. 雄茎 13. 雄茎囊 14. 前列腺 15. 生殖孔 16. 卵巢 17. 输卵管 18. 受精囊 19. 梅氏腺 20. 卵模 21. 卵黄腺 22. 卵黄管 23. 卵黄囊 24. 卵黄总管 25. 劳氏管 26. 子宫 27. 子宫颈 28. 排泄管 29. 排泄囊 30. 排泄孔

雄性生殖系统包括睾丸、输出管、输精管、储精囊、射精管、前列腺、雄茎、雄茎囊和生殖孔等。通常有两个睾丸,圆形、椭圆形或分叶,左右排列或前后排列在腹吸盘下方或虫体的后半部。睾丸发出的输出管汇合为输精管,其远端可以膨大及弯曲成为储精囊。储精囊接射精管,其末端为雄茎,开口于生殖孔。储精囊、射精管、前列腺和雄茎可以一起被包围在雄茎囊内。储精囊被包在雄茎囊内时,称为内储精囊,在雄茎囊外时称为外储精囊,交配时,雄茎可以伸出生殖孔外,与雌性生殖器官相交接。

雌性生殖系统包括卵巢、输卵管、卵模、受精囊、梅氏腺、卵黄腺、子宫及生殖孔等。卵巢的位置常偏于虫体的一侧。卵巢发出输卵管,管的远端与受精囊及卵黄总管相接。劳氏管一端接着受精囊或输卵管,另一端向背面开口或成为盲管。卵黄腺一般多在虫体两侧,由许多卵黄滤泡组成。卵黄总管与输卵管汇合处的囊腔即卵模,其周围由梅氏腺包围着。

成熟的卵细胞由于卵巢的收缩作用而移向输卵管,与受精囊中的精子相遇受精,受精卵向前移入卵模。卵黄腺分泌的卵黄颗粒进入卵模与梅氏腺的分泌物相结合形成卵壳。子宫起始处以子宫瓣膜为标志。子宫的长短与盘旋情况随虫种而异,接近生殖孔处多形成阴道,阴道与阴茎多数开口于一个共同的生殖窦或生殖腔,再经生殖孔通向体外。

2.1.2 吸虫生活史

吸虫生活史为需宿主交替的较为复杂的间接发育型，中间宿主的种类和数目因不同吸虫种类而异。其主要特征是需要更换一个或两个中间宿主。第一中间宿主为淡水螺或陆地螺，第二中间宿主多为鱼、蛙、螺或昆虫等。发育过程经虫卵、毛蚴、胞蚴、雷蚴、尾蚴、囊蚴各期。

2.1.2.1 虫卵

虫卵多呈椭圆形或卵圆形，除分体吸虫外都有卵盖，颜色为灰白、淡黄至棕色。卵在子宫成熟后排出体外。有的虫卵在产出时，仅含胚细胞和卵黄细胞；有的已有毛蚴；有的在子宫内已孵化；有的必须被中间宿主吞食后才孵化；但多数虫卵需在宿主体外孵化。

2.1.2.2 毛蚴

毛蚴体形近似等边三角形，多被纤毛，运动活泼。前部宽，有头腺，后端狭小。体内有简单的消化道和胚细胞及神经与排泄系统。当卵在水中完成发育，则成熟的毛蚴即破盖而出，游于水中；无卵盖的虫卵，毛蚴则破壳而出。游于水中的毛蚴，在1～2d内遇到适宜的中间宿主，即利用其头腺，钻入螺体内，脱去被有的纤毛，移行至淋巴腔内，发育为胞蚴。

2.1.2.3 胞蚴

胞蚴呈包囊状，营无性繁殖，内含胚细胞、胚团及简单的排泄器。逐渐发育，在体内生成雷蚴。

2.1.2.4 雷蚴

雷蚴呈包囊状，营无性繁殖，有咽和盲肠，还有胚细胞和排泄器，有的吸虫仅有一代雷蚴，有的则存在母雷蚴和子雷蚴两期。雷蚴逐渐发育为尾蚴，成熟后即逸出螺体，游于水中。

2.1.2.5 尾蚴

尾蚴由体部和尾部构成。不同种类吸虫尾蚴形态不完全一致。尾蚴能在水中活跃地运动。体表具棘，有1～2个吸盘。尾蚴可在某些物体上形成囊蚴而感染终末宿主；或直接经皮肤钻入终末宿主体内，脱去尾部，移行到寄生部位，发育为成虫。但有些吸虫尾蚴需进入第二中间宿主体内发育为囊蚴，才能感染终末宿主。

2.1.2.6 囊蚴

囊蚴系尾蚴脱去尾部，形成包囊后发育而成，体呈圆形或卵圆形。囊蚴是通过其附着物或第二中间宿主进入终末宿主的消化道内，囊壁被胃肠的消化液溶解，幼虫即破囊而出，经移行，到达寄生部位，发育为成虫。

2.2 姜片吸虫病

姜片吸虫病(Fasciolopsis buski)是由姜片吸虫寄生于猪的小肠所引起的一种吸虫病。

在我国主要流行于长江流域及其以南各省,是严重危害儿童健康及仔猪生长发育的人畜共患病。

2.2.1 病原

新鲜虫体为肉红色,大而肥厚,(20～75)mm×(8～20)mm,形似姜片(图2-2)。口吸盘位于虫体前端,腹吸盘与口吸盘相距很近。两条肠管弯曲但不分枝,直至虫体后端。虫体后部有两个分枝睾丸,前后排列,生殖孔位于腹吸盘前方;卵囊一个,分枝,在睾丸之前,与卵模相连,子宫盘曲在虫体前部,卵黄腺分布于虫体两侧。虫卵淡黄色,壳薄,(130～150)μm×(85～97)μm。

图2-2　姜片吸虫成虫
1. 腹吸盘　2. 子宫
3. 卵巢　4. 梅氏腺
5. 睾丸　6. 肠

2.2.2 流行病学

虫体的囊蚴附着在水浮莲、水葫芦、菱角、荸荠、茨菇一类的水生植物上。被猪食入时,囊蚴中的幼虫在小肠内游离出来,吸着在肠黏膜上发育为成虫。在猪小肠内,由幼虫发育为成虫。虫卵随粪便排出后,在水中孵出毛蚴,遇到其中间宿主——扁卷螺,在其中经过胞蚴、母雷蚴、子雷蚴、尾蚴。尾蚴离开螺体进入水中,附着在水生植物上发育为囊蚴,再被猪采食而感染。整个发育过程一般需90～103d,生存时间为9～13个月。本病一般秋季发病多,有的绵延至冬季。习惯用水生植物喂猪的猪场,大多有本病发生。幼猪断奶后1～2个月就会受到感染。

2.2.3 临诊症状及病理变化

一般对猪危害较轻,寄生少量时不显症状。虫体大多寄生于小肠上段。病猪表现消瘦、发育不良和肠炎等症状。吸盘吸着之处由于机械刺激和毒素的作用而引起肠黏膜发炎,腹胀、腹痛、下痢,或腹泻与便秘交替发生。虫体寄生过多(可多至数百条)时,往往发生肠堵塞,如不及时治疗,可能发生死亡。

2.2.4 诊断

取粪便,用水洗沉淀法检查,如发现虫卵,或剖检时发现虫体即可确诊。虫卵呈淡黄褐色,色较灰暗,大小为(130～150)μm×(85～97)μm。

2.2.5 防制

2.2.5.1 治疗

敌百虫:按100mg/kg内服,或拌入饲料中喂服(总量不超过8g)。
硫双二氯酚:100mg/kg,用于体重50～100kg以下的猪;体重100～150kg及以上的猪,用50～60mg/kg。

硝硫氰胺：3～6mg/kg，一次拌入饲料喂服。
硝硫氰醚3％油剂：20～30mg/kg，一次喂服。
吡喹酮：50mg/kg，内服。

2.2.5.2 预防措施

猪粪管理：病猪的粪便是姜片吸虫散播的主要来源，应尽可能把粪便堆积发酵后再作肥料。

定期驱虫：这是最主要的预防措施。因为每年在当地的气温达到29～32℃两个月之后为感染季节，再过两个多月，病猪体内的童虫开始发育为成虫产卵，此时为秋末，驱虫最为适宜。一般依感染情况而定，驱虫1～2次，最好选2～3种药交替使用。

灭螺：扁卷螺是姜片吸虫的中间宿主，在习惯用水生植物喂猪的地方，灭螺具有十分重要的预防作用。

2.3 棘口吸虫病

棘口吸虫病（Clonorchiasis）是由棘口科的多种吸虫引起的疾病。寄生的主要虫种包括卷棘口吸虫、宫川棘口吸虫、日本棘隙吸虫、似锥低颈吸虫等。其主要寄生于家禽和哺乳动物的大小肠中，对畜禽有一定的危害。图2-3为圆圃棘口吸虫。

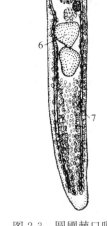

图2-3　圆圃棘口吸虫
1.口吸盘　2.肠　3.腹吸盘
4.子宫和卵　5.梅氏腺
6.睾丸　7.卵黄腺

2.3.1 流行病学

棘口科的多种吸虫是人畜共患寄生虫，除寄生于家禽和鸟类外，多种哺乳动物（如猪、犬、猫以及人等）都可以遭受感染。虫体寄生于肠道内，我国南方各省普遍发生。一般棘口科吸虫都需要两个中间宿主，第一中间宿主是多种淡水螺，第二中间宿主是多种淡水螺、淡水鱼或蛙类。当浮萍或水草等作为饲料饲喂家畜禽时，含有囊蚴的螺等第二中间宿主与其一起被家畜禽食入而遭受感染。

2.3.2 临诊症状及病理变化

棘口吸虫寄生于肠道刺激肠黏膜，引起黏膜发炎、出血和下痢，主要危害幼畜禽。少量寄生时不显症状，严重感染时可引起食欲不振，消化不良，下痢，粪便中混有黏液。畜禽体消瘦，贫血，可因衰竭而死亡。剖检可见肠壁发炎，点状出血，肠内容物充满黏液，黏膜上附有虫体。

2.3.3 诊断

粪便中检获虫卵或死后剖检发现虫体即可确诊。

2.3.4 防制

2.3.4.1 治疗

治疗可选用下列药物：二氯酚，剂量为 150~200mg/kg，拌于饲料内喂服；氯硝柳胺，剂量为 50~60mg/kg，拌于饲料内喂服。

2.3.4.2 预防措施

对流行区内的家畜禽进行计划性驱虫，减少病原扩散；对畜禽粪便进行堆积发酵，杀灭虫卵；勿以生鱼或蝌蚪以及贝类等饲喂畜禽，以防感染；应用药物或土壤改良法消灭中间宿主。

2.4 动物绦虫病概述

寄生于畜禽的绦虫种类多、数量大，隶属于扁形动物门绦虫纲，其中只有圆叶目和假叶目绦虫对畜禽和人具有感染性。绦虫的分布极其广泛，成虫和其中绦期虫体——绦虫蚴都能对人、畜造成严重的危害。

2.4.1 绦虫形态和构造

2.4.1.1 外部形态

绦虫呈背腹扁平的带状，白色或淡黄色。虫体大小随种类不同，小的仅有数毫米，如寄生于鸡小肠的少睾变带绦虫；大的可达 10m 以上，如寄生在人小肠的牛带吻绦虫，最长可达 25m 以上。一条完整的绦虫由头节、颈节和体节 3 部分组成。

头节 位于虫体的最前端，为吸附和固着器官，种类不同，形态构造差别很大。圆叶目绦虫的头节膨大呈球形，其上有 4 个圆形或椭圆形的吸盘，位于头节前端的侧面，呈均匀排列，如莫尼茨绦虫等。有的种类在头节顶端的中央有一个顶突，其上有一圈或数圈角质化的小钩，如寄生于人小肠的猪带绦虫、寄生于犬小肠的细粒棘球绦虫等。顶突的有无、顶突上钩的形态、排列和数目在分类定种上有重要的意义。假叶目绦虫的头节一般为指形，在其背腹面各具一沟样的吸槽。

颈节 是头节后的纤细部位，和头节、体节的分界不甚明显，其功能是不断生长出体节。但也有缺颈节者，其生长带则位于头节后缘。

体节 由节片组成。节片数目因种类差别很大，少者仅有几个，多者可达数千个。绦虫的节片之间大多有明显的界线。节片按其前后位置和生殖器官发育程度的不同，可分为未成熟节片、成熟节片和孕卵节片。

未成熟节片又称"幼节"，紧接在颈节之后，生殖器官尚未发育成熟。成熟节片简称"成节"，在幼节之后，节片内的生殖器官逐渐发育成具有生殖能力的雄性和雌性两性生殖器官。孕卵节片简称"孕节"，随着成节的继续发育，节片的子宫内充满虫卵，而其他的生殖器官逐渐退化、消失。

因为绦虫的生长发育总是由前向后逐渐进行，因此，居于后部的节片依次比前部的节片成熟度高，越老的节片距离头端越远，达到孕节时，孕节最后的节片逐节或逐段脱落，而前部新的节片从颈节后部不断地生成。这样就使绦虫经常保持着各自固有的长度范围和相应的节片数目。

2.4.1.2 体壁

绦虫体壁的最外层是皮层，皮层覆盖着链体各个节片，其下为肌肉系统，由皮下肌层和实质肌层组成。皮下肌层的外层为环肌，内层为纵肌。纵肌贯穿整个链体，唯在节片成熟后逐渐萎缩退化，越往后端退化越为显著，于是最后端孕节能自动从链体脱落。

2.4.1.3 实质

绦虫无体腔，由体壁围成一个囊状结构，称为皮肤肌肉囊。囊内充满着海绵样的实质，也叫髓质区，各器官均埋藏在此区内。在发育过程中，形成的实质细胞膨胀产生空泡，空泡的泡壁互相连系而产生细胞内的网状结构；各细胞间也有空隙。通常节片内层实质细胞会失去细胞核，而每当生殖器官发育膨胀，便压迫这些无核的细胞，它们退化后可变为生殖器官的被膜。另外，在实质内常散在有许多球形的或椭圆形的石灰小体，具有调节酸度的作用。

2.4.1.4 排泄系统

链体两侧有纵排泄管，每侧有背、腹两条，位于腹侧的较大，纵排泄管在头节内形成蹄系状联合；通常腹纵排泄管在每个节片中的后缘处有横管相连。一个总排泄孔开口于最早分化出现的节片的游离边缘中部。当此头1个节片（成熟虫体的最早1个孕节）脱落后，就失去总排泄孔，而由排泄管各自向外开口。排泄系统起始于焰细胞，由焰细胞发出来的细管汇集成为较大的排泄管，再和纵管相连。

2.4.1.5 生殖系统

除个别虫种外，绦虫均为雌雄同体。即每个节片都具有雄性和雌性生殖系统各一套或两套，故其生殖器官特别发达。

生殖器官的发育是从紧接颈节的幼节开始分化的，最初节片尚未出现雌、雄的性别特征，继后逐渐发育，开始先见到节片中出现雄性生殖系统，接着出现雌性生殖系统的发育，后形成成节。在圆叶目绦虫节片受精后，雄性生殖系统渐趋萎缩而后消失，雌性生殖系统至子宫扩大充满虫卵时，其他部分也逐渐萎缩消失，至此即成为孕节，充满虫卵的子宫占有了整个节片。而在假叶目，由于虫卵成熟后可由子宫孔排出，子宫不如圆叶目绦虫发达。

雄性生殖器官 有睾丸一个至数百个，呈圆形或椭圆形，连接着输出管。睾丸多时，输出管互相连接成网状，至节片中部附近会合成输精管，输精管曲折蜿蜒向边缘推进，并有两个膨大部，一个在未进入雄茎囊之前，称为外储精囊，一个在进入雄茎囊之后，称为内储精囊，与输精管末端相接的部分为射精管及雄茎。雄茎可自生殖腔向边缘伸出。雄茎囊多为圆囊状物，储精囊、射精管、前列腺及雄茎的大部分都包含在雄茎囊内。雄茎与阴道分别在上下位置向生殖腔开口，生殖腔在节片边缘开口，称为生殖孔。

雌性生殖器官 卵模在雌性生殖器官的中心区域，卵巢、卵黄腺、子宫、阴道等均有管道（如输卵管、卵黄管）与之相连。卵巢位于节片的后半部，一般呈两瓣状，由许多细胞组成。各细胞有小管，最后汇合成一支输卵管，与卵模相通。阴道（包括受精囊——阴道的膨大部分）末端开口于生殖腔，近端通卵模。卵黄腺分为两叶或为一叶，在卵巢附近（圆叶目），或成泡状散布在髓质中（假叶目），由卵黄管通往卵模。子宫一般为盲囊状，并且有袋状分枝，由于没有开口，虫卵不能自动排出，须孕卵节片脱落破裂时才散出虫卵。虫卵内含具有 3 对小钩的胚胎，称为六钩蚴。有些绦虫包围六钩蚴的内胚膜形成突起，似梨籽形状而称为梨形器。有些绦虫的子宫退化消失，若干个虫卵被包围在称为副子宫或子宫周器官的袋状腔内。

2.4.1.6　神经系统

神经中枢在头节中，由几个神经节和神经联合构成；自中枢部分通出两条大的和几条小的纵神经干，贯穿各个体节，直达虫体后端。

图 2-4 为绦虫蚴构造示意图。

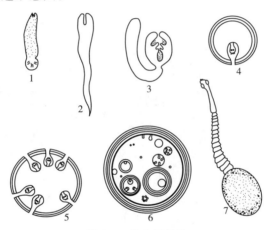

图 2-4　绦虫蚴构造

1. 原尾蚴　2. 裂头蚴　3. 似囊尾蚴　4. 囊尾蚴　5. 多头蚴　6. 棘球蚴　7. 链尾蚴

2.4.2　绦虫生活史

绦虫的发育比较复杂，绝大多数在其生活史中都需要一个或两个中间宿主。寄生于家畜体内的绦虫都需要中间宿主，才能完成其整个生活史。绦虫在其终末宿主体内的受精方式大多为自体受精，但也有异体受精或异体节受精的。

2.4.2.1　圆叶目绦虫的发育

圆叶目绦虫寄生于终末宿主的小肠内，孕卵节片（或孕卵节片先已破裂释放虫卵）随粪便排出体外，被中间宿主吞食后，卵内六钩蚴逸出，在寄生部位发育为绦虫蚴期，此期称为中绦期。如果以哺乳动物作为中间宿主，在其体内发育为囊尾蚴、多头蚴或棘球蚴等类型的幼虫；如果以节肢动物和软体动物等无脊椎动物作为中间宿主，则发育为似囊尾蚴。

当终末宿主吞食了含有似囊尾蚴的中间宿主或含有囊尾蚴的中间宿主组织后，在胃肠内经消化液作用，蚴体逸出，头节外翻，吸附在肠壁上，逐渐发育为成虫。

2.4.2.2 假叶目绦虫的发育

假叶目绦虫的子宫向外开口,虫卵可从子宫排出孕节,随终末宿主粪便排出外界。在水中适宜条件下孵化为钩毛蚴(钩球蚴),被中间宿主(甲壳纲昆虫)吞食后发育为原尾蚴,含有原尾蚴的中间宿主被补充宿主(鱼、蛙类或其他脊椎动物)吞食后发育为实尾蚴(裂头蚴),终末宿主吞食带有实尾蚴的补充宿主而感染,在其消化道内经消化液的作用,蚴体吸附在肠壁上发育为成虫。

2.5 猪囊尾蚴病

猪囊尾蚴病(Cysticercus cellulosae)是猪囊尾蚴寄生于猪的肌肉和其他器官中引起的一种寄生虫病,俗称猪囊虫病,是一种严重的人畜共患寄生虫病。猪囊尾蚴是猪带绦虫的幼虫(图2-5)。

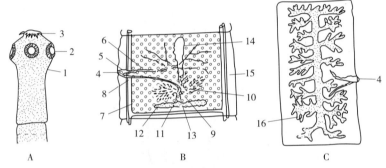

图2-5 猪带绦虫头节、成节和孕节构造
A. 头节 B. 成节 C. 孕节

1. 头节 2. 吸盘 3. 顶突 4. 生殖孔 5. 雄茎囊 6. 输精管 7. 睾丸
8. 阴道 9. 受精囊 10. 卵巢 11. 输卵管 12. 卵黄腺 13. 卵模与梅氏腺
14. 子宫 15. 纵排泄管 16. 孕节子宫分枝

2.5.1 流行病学

我国是猪囊虫病的高发区,以华北、东北、西南等地区发生较多。人有钩绦虫病的感染源为猪囊虫,猪囊虫的感染源是人肠内寄生的有钩绦虫排出的虫卵。这种由猪到人、由人到猪的往复循环,构成了流行的要素。更重要的是,人也可以因摄入有钩绦虫卵而患囊虫病。猪囊尾蚴病的发生和流行与人的粪便管理及猪的饲养管理方式密切相关。

2.5.2 临诊症状及病理变化

猪囊尾蚴在猪的肌肉、特别是活动性较大的横纹肌寄生。虫体为一个长约1cm的椭圆形无色半透明包囊,内含囊液,囊壁内侧面有一个乳白色的结节,为内翻的头节。通常在咬肌、心肌、舌肌和肋间肌、腰肌、臂三头肌及股四头肌等处最为多见。感染猪可呈肩部及臀部宽阔的"哑铃"形。严重时还可见于眼球和脑内。囊虫包埋在肌纤维间,如散在的豆粒,故常称猪囊虫寄生的肉为"豆猪肉"或"米猪肉"。囊尾蚴在猪肉中的数量,可由数个到上万个不等。

猪感染少量的猪囊尾蚴时,无明显的症状表现。其致病作用很大程度上取决于寄生部位。寄生在脑时,可能引起神经机能障碍;肌肉中寄生数量较多时,常引起寄生部位的肌肉发生短时间的疼痛,表现跛行和食欲不振等,但不久即消失。在肉品检验过程中,常在体阔腰肥的猪只中发现严重感染的病例。幼猪被大量寄生时,可造成生长迟缓,发育不良。寄生于眼结膜下组织或舌部表层时,可见寄生处呈现豆状肿胀。

2.5.3 诊断

生前检查眼睑和舌部,查看有无因猪囊尾蚴引起的豆状肿胀。触摸到舌部有稍硬的豆状结节时,可作为生前诊断的依据。一般只有在宰后检验时才能确诊。宰后检验嚼肌、腰肌、心肌、骨骼肌看是否有乳白色椭圆形或圆形猪囊虫。镜检时可见猪囊虫头节上有4个吸盘,头节顶部有两排小钩。钙化后的囊虫,包囊中呈现大小不同的黄白色颗粒。

2.5.4 防制

防制猪囊尾蚴病是一项非常重要的工作,因为有钩绦虫和猪囊尾蚴对人的危害都很大。预防可采用如下措施:

①人患绦虫病时,必须驱虫。驱虫后排出的虫体和粪便必须严格处理。

②做到"人有厕所,猪有圈"。在北方主要是改造连茅圈,防止猪食人粪而感染囊虫。彻底杜绝猪和人粪的接触机会。人粪需经无害化处理后方可利用。

③严格执行《中华人民共和国食品安全法》,对有猪囊虫的肉要严格按国家规定的检验条例处理。

2.6 棘球蚴病

棘球蚴病(Echinococcosis)又名包虫病,是由寄生于犬、狼、狐狸等动物小肠的棘球绦虫中绦期——棘球蚴(图2-6)感染中间宿主而引起的一种严重的人兽共患病。棘球蚴寄生于牛、羊、猪、马、骆驼等家畜及多种野生动物和人的肝、肺及其他器官内。由于蚴体生长力强、体积大,不仅压迫周围组织使之萎缩和功能障碍,还易造成继发感染,如果蚴体包囊破裂,可引起过敏反应。该病往往给人畜造成严重的病症,甚至死亡。在各种动物中,该病对羊,尤其绵羊的危害最为严重。该病呈世界性分布,导致全球性的公共卫生问题,受到人们的普遍关注。

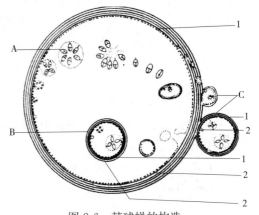

图2-6 棘球蚴的构造
A. 生发囊 B. 内生性子囊 C. 外生性子囊
1. 角皮层 2. 胚层

2.6.1 流行病学

棘球绦虫有 4 种。细粒棘球绦虫和多房棘球绦虫在国内有分布，少节棘球绦虫和福氏棘球绦虫主要分布在南美洲，国内未见报道。

细粒棘球绦虫寄生于犬、狼、狐狸的小肠，虫卵和孕节随终末宿主的粪便排出体外，中间宿主随污染的草、料和饮水吞食虫卵后而受到感染，虫卵内的六钩蚴在消化道孵出，钻入肠壁，随血流或淋巴散布到体内各处，以肝、肺最常见。经 6～12 个月的生长可成为具有感染性的棘球蚴。犬等终末宿主吞食了含有棘球蚴的脏器即得到感染，经 40～50d 发育为细粒棘球绦虫。成虫在犬等体内的寿命为 5～6 个月。

多房棘球蚴寄生于啮齿类动物的肝脏，在肝脏中发育快而凶猛。狐狸、犬等吞食含有棘球蚴的肝脏后约经 30～33d 发育为成虫，成虫的寿命约为 3～3.5 个月。

两种棘球蚴都可感染人，人的感染多因直接接触犬、狐狸，致使虫卵黏在手上而经口感染，或因吞食被虫卵污染的水、蔬菜等而感染，猎人在处理和加工狐狸、狼等的皮毛过程中，易遭受感染。

棘球蚴虫卵对外界环境的抵抗力较强，可以耐低温和高温，对化学物质也有相当的抵抗力，但直射阳光易使之致死。

2.6.2 临诊症状及病理变化

棘球蚴对人和动物的致病作用为机械性压迫、毒素作用及过敏反应等。症状的轻重取决于棘球蚴的大小、寄生的部位及数量。棘球蚴多寄生于动物的肝脏，其次为肺脏，机械性压迫可使寄生部位周围组织发生萎缩和功能严重障碍，代谢产物被吸收后，使周围组织发生炎症和全身过敏反应，严重者可致死。对人的危害尤为明显，多房棘球蚴比细粒棘球蚴对人的危害更大。人体棘球蚴病以慢性消耗为主，往往使患者丧失劳动能力，仅新疆县级以上医院有记载的，年棘球蚴病手术病例为 1 000～2 000 例。因此，棘球蚴病对人的危害表现为疾苦和贫困的恶性循环。绵羊对细粒棘球蚴敏感，死亡率较高，严重者表现为消瘦、被毛逆立、脱毛、咳嗽、倒地不起。猪和牛严重感染时，常见消瘦、衰弱、呼吸困难或轻度咳嗽，剧烈运动时症状加重，产奶量下降。各种动物都可因囊泡破裂而产生严重的过敏反应，突然死亡。剖检可见，受感染的肝、肺等器官有粟粒大到足球大，甚至更大的棘球蚴寄生。

成虫对犬等的致病作用不明显，一般无明显的临诊表现。

2.6.3 诊断

动物棘球蚴病的生前诊断比较困难。根据流行病学资料和临诊症状，采用皮内变态反应、间接血凝试验(IHA)和 ELISA 等方法对动物和人的棘球蚴病有较高的检出率。对动物尸体剖检时，在肝、肺等处发现棘球蚴可以确诊。对人和动物可用 X 射线和超声波诊断本病。

2.6.4 防制

2.6.4.1 治疗

要在早期诊断的基础上尽早用药，方可取得较好的效果。对猪棘球蚴病可用丙硫咪唑治疗，剂量为 90mg/kg，连服 2 次，对原头蚴的杀虫率为 82%～100%，吡喹酮也有较好的疗效，剂量为 25～30mg/kg(总剂量为 125～150mg/kg)，每日服 1 次，连用 5d。对人的棘球蚴病可用外科手术摘除，也可用吡喹酮和丙硫咪唑等治疗。

2.6.4.2 预防措施

关键是禁止用感染棘球蚴的动物肝、肺等组织器官喂犬；消灭牧场上的野犬、狼、狐狸，对犬应定期驱虫，可用吡喹酮 5mg/kg、甲苯咪唑 8mg/kg 或氢溴酸槟榔碱 2mg/kg，一次口服，以根除感染源，驱虫后的犬粪，要进行无害化处理，杀灭其中的虫卵；保持畜舍、饲草、料和饮水卫生，防止犬粪污染；人与犬等动物接触或加工狼、狐狸等毛皮时，应做好个人防护，严防感染。

2.7 动物线虫病概述

线虫数量大，种类多，分布广，已报道有 50 万种。自立生活者有海洋线虫、淡水线虫、土壤线虫；寄生者有植物线虫和动物线虫。寄生者只占线虫中的一小部分，且多数是土源性线虫，只需一个宿主，一般是混合寄生。据统计，牛、羊、马、猪、犬和猫的重要线虫寄生种数合计达 300 多种。

2.7.1 线虫形态和构造

2.7.1.1 外部形态

线虫通常为细长的圆柱形或纺锤形，有的呈线状或毛发状。通常前端钝圆，后端较细。整个虫体可分为头端、尾端、腹面、背面和侧面。活体通常为乳白色或淡黄色，吸血的虫体常呈淡红色。虫体大小随种类不同差别很大，如旋毛虫雄虫仅 1mm 长，而麦地那龙线虫雌虫长达 1m 以上。家畜寄生线虫均为雌雄异体。雄虫一般较小，雌虫稍粗大。

2.7.1.2 体壁

体壁由无色透明的角皮即角质层、皮下组织和肌层构成。角皮光滑或有横纹、纵线。某些线虫虫体外表还常有一些由角皮参与形成的特殊构造，如头泡、唇片、叶冠、颈翼、侧翼、尾翼、乳突、交合伞等，有附着、感觉和辅助交配等功能，其位置、形状和排列是分类的依据。皮下组织在虫体背面、腹面和两侧中央部的皮下组织增厚，形成 4 条纵索。这些排泄管和侧神经干穿行于侧索中，主神经干穿行于背、腹索中。

2.7.1.3 体腔

体壁包围着一个充满液体的腔，此腔没有源于内胚层的浆膜做衬里，所以称为假体腔，内有液体和各种组织、器官、系统。假体腔液液压很高，维持着线虫的形态和强度。

2.7.1.4 消化系统

消化系统包括口孔、口腔、食道、肠、直肠、肛门。口孔位于头部顶端，常有唇片围绕。无唇片的寄生虫，有的在该部分发育为叶冠、角质环。有些线虫在口腔内形成硬质构造，称为口囊，有些在口腔中有齿和切板等。食道多为圆柱状、棒状或漏斗状。有些线虫食道后膨大为食道球。食道的形状在分类上具有重要意义。食道后为管状的肠、直肠,末端为肛门。雌虫肛门单独开口于尾部腹面;雄虫的直肠与射精管汇合成泄殖腔,开口尾部腹面为泄殖孔。开口处附近常有乳突,其数目、形状和排列有分类意义。

2.7.1.5 排泄系统

排泄系统有腺型和管型两类。在无尾感器纲,系腺型,常见一个大的腺细胞位于体腔内;在有尾感器纲,系管型;排泄孔通常位于食道部腹面正中线上,同种类线虫位置固定,具分类意义。

2.7.1.6 神经系统

位于食道部的神经环相当于中枢,自该处向前后各发出若干神经干,分布于虫体各部位。线虫体表有许多乳突,如头乳突、唇乳突、尾乳突或生殖乳突等,都是神经感觉器官。还有一种特殊的感觉器官。

2.7.1.7 生殖系统

动物寄生线虫均为雌雄异体,雌虫尾部较直,雄虫尾部弯曲或卷曲。雌雄内部生殖器官都是简单弯曲的连续管状构造,形态上区别不大。

雄虫生殖器官 通常为单管型,由睾丸、输精管、储精囊和通到泄殖腔的射精管组成。睾丸产生的精子经输精管进入储精囊,交配时,精液从射精管入泄殖腔,经泄殖孔射入雌虫阴门。雄性器官的末端部分常有交合刺、引器、副引器等辅助交配器官,其形态具分类意义。交合刺两根者多见包藏在位于泄殖腔背壁的交合刺鞘内,有肌肉牵引,故能伸缩,在交配时有掀开雌虫生殖孔的功能。交合刺、引器、副引器和交合伞有多种多样的形态,在分类上非常重要。

雌性生殖器官 通常为双管型(双子宫型),少数单管型(单子宫型)。由卵巢、输卵管、子宫、受精囊(贮存精液,无此构造的线虫其子宫末端行此功能)、阴道(有些线虫无阴道)和阴门(有些虫种尚有阴门盖)组成。阴门是阴道的开口,可能位于虫体腹面的前部、中部或后部,但均在肛门之前,其位置及其形态常具分类意义。双管型是指有两组生殖器,最后由两条子宫汇合成一条阴道。

图 2-7 为线虫构造。

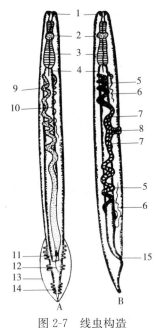

图 2-7 线虫构造
A. 雄虫 B. 雌虫
1. 口腔 2. 神经节 3. 食道
4. 肠 5. 输卵管 6. 卵巢
7. 子宫 8. 生殖孔 9. 输精管
10. 睾丸 11. 泄殖腔 12. 交合刺
13. 翼膜 14. 乳突 15. 肛门

2.7.2 基本发育过程

雌虫和雄虫交配受精。大部分为卵生,有的为卵胎生或胎生。在蛔虫类和毛首线虫类,雌虫产出的卵尚未卵裂,处于单细胞期;在圆线虫类,雌虫产出的卵处于桑葚期;此两种情况称为卵生。在后圆线虫类、类圆线虫类和多数旋尾线虫类,雌虫产出的卵内已处于蝌蚪期阶段,即已形成胚胎，称为卵胎生。在旋毛虫类和恶丝虫类，雌虫产出的是早期幼虫，称为胎生。

线虫的发育要经过5个幼虫期，其间经过4次蜕皮。其中，前两次蜕皮在外界环境中完成，后两次在宿主体内完成。蜕皮时幼虫不生长，处休眠状态，即不采食、不活动。第三期幼虫是感染性幼虫，对外界环境变化抵抗力强。如果感染性幼虫在卵壳内不孵出，该虫卵称为感染性虫卵。

从诊断、治疗和控制的角度出发，可将线虫生活史划为4个期间，即成虫期、感染前期、感染期和成虫前期，各期间之阶段分别称为污染、发育、感染和成熟。成虫前期系指线虫从进入终末宿主至其性器官成熟所经历的所有幼虫期，完成这一阶段的时间称为成熟；感染前期系指线虫由虫卵或初期幼虫转化为感染期的所有幼虫阶段，完成这一阶段的时间称为发育。从侵入终末宿主至成虫排出虫卵或幼虫于宿主体外的时间称为潜在期。

根据线虫在发育过程中需不需要中间宿主，可分为无中间宿主的线虫和有中间宿主的线虫。前者系幼虫在外界环境中（如粪便和土壤中）直接发育到感染阶段，故又称直接发育型或土源性线虫；后者的幼虫需在中间宿主（如昆虫和软体动物等）的体内方能发育到感染阶段，故又称间接发育型或生物源性线虫。

2.7.2.1 无中间宿主线虫的发育

蛲虫型 雌虫在终末宿主的肛门周围和会阴部产卵，感染性虫卵在该处发育形成。宿主经口感染后，幼虫在小肠内孵化，到大肠发育为成虫。如马尖尾线虫和人蛲虫。

毛尾线虫型 虫卵随宿主粪便排至外界，在粪便或土壤中发育为感染性虫卵。宿主经口感染后，幼虫在小肠内孵化，到大肠发育为成虫。如毛尾线虫。

蛔虫型 虫卵随宿主粪便排至外界，在粪便或土壤中发育为感染性虫卵。宿主经口感染后，幼虫在小肠内孵化，多数种类幼虫需在宿主体内经复杂移行，再到小肠内发育为成虫。如猪蛔虫。

圆线虫型 虫卵随宿主粪便排出外界，从卵壳内第1期幼虫孵出，再经两次蜕皮发育为感染性幼虫，即第3期幼虫，其在土壤和牧草上活动。宿主经口感染后，幼虫在终末宿主体内经复杂移行或直接到达寄生部位发育为成虫。大部分圆线虫都属于这个类型。

钩虫型 虫卵随宿主粪便排出，在外界发育孵化出第1期幼虫，之后，经两次蜕皮发育为感染性幼虫。主要是通过宿主的皮肤感染，幼虫随血流经复杂移行最后到小肠发育为成虫。但该类型虫体也能经口感染，如犬钩虫。

2.7.2.2 有中间宿主线虫的发育

旋尾线虫型 雌虫产出含幼虫的卵或幼虫，排入外界环境中被中间宿主摄食，或当中间宿主舐食终末宿主的分泌物或渗出物时一同将卵或幼虫摄入体内，幼虫在中间宿主（节肢动物）体内发育到感染阶段。终末宿主因吞食带感染性幼虫的中间宿主或中间宿主将幼虫直接输入终末宿主体内而感染。以后随虫种的不同而在不同部位发育为成虫。如旋尾类的多种线虫。

原圆线虫型 雌虫在终末宿主体内产含幼虫的卵，随即孵出第1期幼虫。第1期幼虫随粪便排至外界后，主动地钻入中间宿主——螺体内发育到感染阶段。终末宿主吞食了带有感染性幼虫的螺而受感染。幼虫在终末宿主肠内逸出，移行到寄生部位，发育为成虫。

如寄生于绵羊呼吸道的原圆线虫。寄生于猪呼吸道的后圆线虫的发育史与此相似，中间宿主为蚯蚓。

丝虫型 雌虫产幼虫，进入终末宿主的血液循环中，中间宿主吸血时将幼虫摄入；幼虫在中间宿主体内发育到感染阶段。当带有感染性幼虫的中间宿主吸食易感动物血液时，即将感染性幼虫注入健畜体内。幼虫移行到寄生部位，发育为成虫。

龙线虫型 雌虫寄生在终末宿主的皮下结缔组织中，通过一个与外界相通的小孔将幼虫产入水中。幼虫以剑水蚤为中间宿主，在其体内发育到感染期。终末宿主吞食了带感染性幼虫的剑水蚤而感染；幼虫移行到皮下结缔组织中发育为成虫。如鸟蛇线虫。

旋毛虫型 旋毛虫的发育史比较特殊，同一宿主既是（先是）终末宿主，又是（后是）中间宿主。旋毛虫的雌虫在宿主肠壁淋巴间隙中产幼虫；后者转入血液循环，其后进入横纹肌纤维中发育，形成幼虫包囊，此时被感染动物已由终末宿主转变为中间宿主。终末宿主是由于吞食了含有幼虫的肌肉而遭受感染的，肌肉被消化之后，释放出的幼虫在小肠中发育为成虫。

2.8 旋毛虫病

旋毛虫病（Trichinosis）是由毛形科毛形属的旋毛虫（图 2-8）寄生于多种动物和人引起的疾病。成虫寄生在肠道，称为肠旋毛虫；幼虫寄生在肌肉，称为肌旋毛虫。它是一种重要的人兽共患病，是肉品卫生检疫重点项目之一，在公共卫生上具有重要意义。下面以猪的旋毛虫病为例介绍这一疾病。

2.8.1 流行病学

旋毛虫分布于世界各地，宿主范围广，猪是重要的宿主之一。旋毛虫实际上存在着广大的自然疫源地。由于动物间互相捕食或新感染旋毛虫的宿主排出的粪便污染了食物，便可能成为其他动物的感染源。屠宰厂的排出物或洗肉水被猪直接或间接采食是猪的重要感染来源之一。

2.8.2 临诊症状及病理变化

猪对旋毛虫具有较大的耐受力。肠型旋毛虫对胃肠的影响极小，常常不显症状。肌旋毛虫病的主要变化在肌肉，如肌细胞横纹消失、萎缩，肌纤维膜增厚等。

图 2-8 旋毛虫
A. 雄虫 B. 雌虫
C. 成熟的幼虫

2.8.3 诊断

猪旋毛虫生前诊断困难，常在宰后，方可检出。方法为肉眼和镜检相结合检查膈肌。用消化法检查幼虫更为准确。目前，国内用 ELISA 方法作为猪的生前诊断手段之一。

2.8.4 防制

动物旋毛虫病由于生前诊断困难,治疗方法研究的甚少。但已有的研究表明,大剂量的丙硫苯咪唑、甲苯咪唑等苯并咪唑类药物疗效可靠。预防上,可加强卫生检疫,控制或消灭饲养场周围的鼠类,农村的猪应避免摄食啮齿动物,不用生的废肉屑和泔水喂猪,提倡熟食饲喂等。

2.9 猪蛔虫病

猪蛔虫病(Ascaris Suum)是猪蛔虫(图 2-9～图 2-11)寄生于猪小肠引起的一种寄生虫病,是猪最常见的寄生虫病,集约化饲养猪和散养猪均广泛发生。该病主要引起仔猪生长发育不良,生长速度下降。严重时生长发育停滞,形成"僵猪",甚至死亡,对养猪业的危害非常严重,是造成养猪业损失最大的寄生虫病。

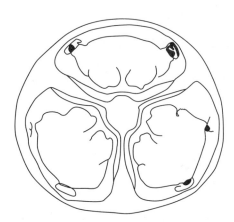

图 2-9 猪蛔虫顶面观

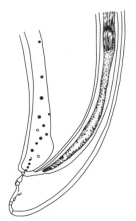

图 2-10 猪蛔虫尾端侧面观

2.9.1 病原

猪蛔虫是一种大型线虫,雄虫长 15～25cm,尾端向腹面弯曲,形似鱼钩;泄殖腔开口在尾端附近,有一对交合刺。雌虫比雄虫粗大,长 20～40cm,尾直,无钩。虫卵为椭圆形,大小(50～75)$\mu m \times$(40～80)μm,卵壳厚,外被一层凸凹不平的蛋白膜,内为圆形卵细胞,感染性虫卵内含第 2 期幼虫。感染性虫卵对外界环境具有很强的抵抗力。

2.9.2 流行病学

在饲养管理不良和卫生条件差的猪场,蛔虫病的发病率较高。以 3～5 月龄的仔猪最易感,症状也最严重。寄生在猪小肠中的雌虫产卵,每条雌虫每天平均可产卵 10 万～20 万

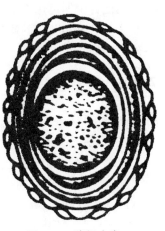

图 2-11 猪蛔虫卵

个。虫卵随粪便排出，发育成含有感染性幼虫的卵。感染性虫卵污染饲料和饮水，并随同饲料或饮水被猪吞食。感染性虫卵在小肠中孵出幼虫，并进入肠壁的血管，随血流被带到肝脏，再继续经心脏而移行至肺脏。幼虫由肺毛细血管进入肺泡，此后再沿呼吸道上行，后随黏液进入会厌，经食道而至小肠。从感染开始到在小肠发育为成虫，共需40~75d。

猪蛔虫病的流行十分广泛，不论是规模化方式饲养的猪，还是散养的猪都有发生，这与猪蛔虫产卵量大、虫卵对外界抵抗力强及饲养管理条件较差有关。

2.9.3 临诊症状及病理变化

临诊表现为咳嗽，呼吸增快，体温升高，食欲减退和精神沉郁；异嗜，腹泻，呕吐；病猪伏卧在地，不愿走动。幼虫在体内移行可造成器官和组织损伤，主要是对肝脏和肺脏的危害较大。幼虫移行至肝脏时，引起肝组织出血、变性和坏死，形成云雾状的蛔虫斑（或称乳斑），直径1cm左右。移行至肺时，造成肺脏的小出血点和水肿，引起蛔虫性肺炎。幼虫移行时还可导致荨麻疹和某些神经症状之类的反应。

成虫寄生在小肠时可机械性地刺激肠黏膜，引起腹痛。蛔虫数量多时常聚集成团，堵塞肠道，严重时因肠破裂而致死。有时蛔虫可进入胆管，造成胆管堵塞，导致黄疸、贫血等症状。

成虫夺取宿主大量的营养，影响猪的发育和饲料转化报酬。大量寄生时，猪被毛粗乱，有异食癖，常是形成"僵猪"的一个重要原因。

2.9.4 诊断

尽管蛔虫感染会出现上述一些病症，但确诊要做实验室检查。对2个月以上的仔猪，可用漂浮法检查虫卵。正常的受精卵为短椭圆形，黄褐色，卵壳内有一个受精卵细胞，两端有半月形空隙，卵壳表面有较厚的、凸凹不平的蛋白质膜。有时粪便中可见到未受精卵，偏长，蛋白质膜较薄，卵壳内充满卵黄颗粒，两端无空隙。由于猪感染蛔虫现象非常普遍，只有在1g粪便中虫卵数达1 000个以上时，方可诊断为蛔虫病。

幼虫寄生期可用血清学方法或剖检的方法诊断。目前已研制出特异性较强的ELISA检测法。肝脏和肺脏的病变有助于诊断，用贝尔曼法或凝胶法分离肝、肺或小肠内的幼虫可确诊。

2.9.5 防制

2.9.5.1 治疗

左咪唑：10mg/kg，喂服或肌注。

甲苯咪唑：10~20mg/kg，混在饲料内喂服。

氟苯咪唑：30mg/kg混饲，连用5d，或5mg/kg一次口服。

丙硫苯咪唑：10mg/kg，口服。

硫苯咪唑：（芬苯哒唑）3mg/kg，连用3d。

伊维菌素：针剂，0.3mg/kg，一次皮下注射；预混剂，每日0.1mg/kg，连用7d。

爱比菌素：用法同伊维菌素。

多拉菌素：针剂，0.3mg/kg，一次肌肉注射。

2.9.5.2 预防措施

要定期按计划驱虫，如我国某些地区对散养育肥猪，在3月龄和5月龄各驱虫1次。国外对于断奶仔猪驱虫，选用抗蠕虫药进行1次驱虫，并且在4～6周后再驱虫1次。怀孕母猪在其怀孕前和产仔前1～2周进行驱虫。对引进的种猪进行驱虫。虫卵在轮牧和土地轮番耕种的情况下，污染可降至最低。

规模化饲养场，首先要对全场猪全部驱虫，以后公猪每年至少驱虫2次，母猪产前1～2周驱虫1次。仔猪转入新圈群时驱虫1次。后备猪在配种前驱虫1次。新进的猪驱虫后再和其他猪并群。注意猪舍的清洁卫生，产房和猪舍在进猪前都应进行彻底清洗和消毒。母猪转入产房前要用温水加肥皂清洗全身。

越霉素饲料预混剂和潮霉素饲料预混剂可用于预防猪蛔虫感染。

为减少蛔虫卵对环境的污染，尽量将猪的粪便和垫草在固定地点堆积发酵。日本已有报道证实猪蛔虫幼虫能引起人的内脏幼虫移行症，因此杀灭虫卵不仅能减少猪的感染压力，而且对公共卫生也有裨益。

2.10 猪食道口线虫病

猪食道口线虫病（Vesophagostomum）是由食道口线虫（图2-12）寄生在猪的结肠内所引起的一种线虫病。本虫能在宿主肠壁上形成结节，又称结节虫，故本病也称结节虫病。在猪体内寄生的食道口线虫共有3种，分别为有齿食道口线虫、四刺食道口线虫和短尾食道口线虫。

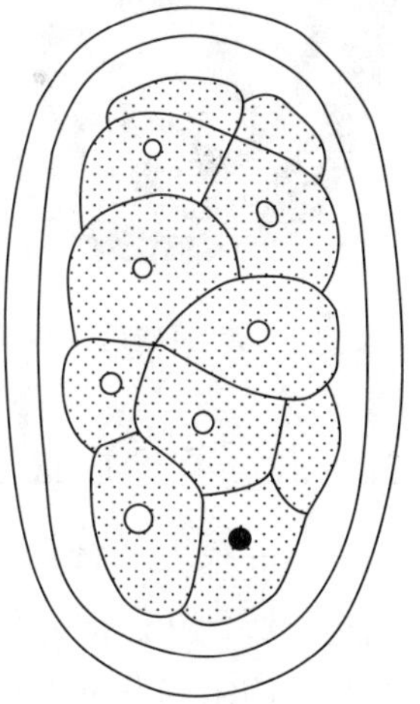

2.10.1 流行病学

虫卵随猪的粪便排出后，在外界发育为披鞘的感染性幼虫，感染性幼虫可在外界越冬，猪在采食或饮水时吞进感染性幼虫而发生感染。幼虫经在大肠壁上发育后，在肠腔发育为成虫。本病在集约化方式饲养的猪和散养猪群都有发生，是目前我国规模化猪场流行的主要线虫病之一。

2.10.2 临诊症状及病理变化

幼虫对大肠壁的机械刺激和毒素作用，可使肠壁上形成粟粒状的结节。初次感染很少发生结节，但经3～4次感染后，由于宿主产生了组织抵抗力，肠壁上可产生大量结节。结节破裂后形成溃疡，引起顽固性肠炎。如结节在浆膜面破裂，可引起腹膜炎；在黏膜面破裂则可形成溃疡，继发细菌感染时可导致弥漫性大肠炎。患猪表现腹部疼痛，不食，拉稀，日见消瘦和贫血。

图2-12 食道口线虫卵

成虫的寄生会影响增重和饲料转化。其致病作用只有在高度感染时才会出现，由于虫体对肠壁的机械损伤和毒素作用，引起渐进性贫血和虚弱，严重时可引起死亡。

2.10.3 诊断

用漂浮法，检查有无虫卵。虫卵呈椭圆形，卵壳薄，内有胚细胞，在某些地区应注意与红色猪圆线虫卵相区别。

2.10.4 防制

参见猪蛔虫病。

2.11 后圆线虫病

后圆线虫病(Lungworms disease of swine)是由后圆科后圆属的多种线虫寄生于猪支气管、细支气管和肺泡所引起的疾病，又称肺线虫病。常见的种为野猪后圆线虫（图2-13），又称长刺后圆线虫和复阴后圆线虫，萨氏后圆线虫很少见。该病主要特征为危害仔猪，引起支气管炎和支气管肺炎，严重时造成大批死亡。

2.11.1 流行病学

图2-13 野猪后圆线虫卵

后圆线虫的发育是间接的，需以蚯蚓作为中间宿主。故本病多在夏秋季节发生。雌虫在气管和支气管中产卵，卵在外界孵出第1期幼虫，第1期幼虫或虫卵被蚯蚓吞食后，在其体内发育至感染性幼虫，猪吞食了带有感染性幼虫的蚯蚓或由蚯蚓体内释出的感染性幼虫遭受感染。感染性幼虫在小肠内被释放出来，钻入肠淋巴结中，随血流进入肺脏，再到支气管和气管发育为成虫。从幼虫感染到成虫排卵约为23d。感染后5～9周产卵最多。

2.11.2 临诊症状及病理变化

轻度感染时症状不明显，但影响生长发育。严重感染时，表现为强有力的阵咳，呼吸困难，特别在运动或采食后更加剧烈；病猪贫血，食欲丧失。即使病愈，生长仍缓慢。剖检时，肉眼病变常不甚显著。膈叶腹面边缘有楔状肺气肿区，支气管增厚，扩张，靠近气肿区有坚实的灰色小结。支气管内有虫体和黏液。幼虫移行对肠壁及淋巴结的损害是轻微的，主要损害肺，呈支气管肺炎的病理变化。肺线虫感染还可为其他细菌或病毒侵入创造有利条件，从而加重病情。

2.11.3 诊断

对有上述临诊表现的猪，可进行粪便检查，因虫卵比重较大，用饱和硫酸镁溶液浮集为佳。虫卵(51～63)$\mu m \times$(33～42)μm大小，卵壳厚，表面有细小的乳突状突起，稍带暗灰色，内含幼虫。剖检病尸发现虫体即可确诊。

2.11.4 防制

2.11.4.1 治疗

可以用丙硫咪唑、苯硫咪唑或伊维菌素等药物驱虫，对出现肺炎的猪，应采用抗生素治疗，防止继发感染。

2.11.4.2 预防措施

在流行地区，春、秋各进行1次驱虫；猪实行圈养，防止采食蚯蚓；及时清除粪便，进行生物热发酵。

2.12 猪鞭虫病

猪鞭虫病(Swine trichuriasis)是由猪鞭虫(猪毛首线虫)寄生在猪盲肠和结肠内所引起的一种线虫病。本病分布广泛，对仔猪危害较大，严重者可引起猪只大批死亡。

2.12.1 病原

猪鞭虫病又称猪毛首线虫病，虫体乳白色，呈鞭状，雄虫长20～52mm，雌虫长39～53mm。虫体的前端有很长的食管，壁内有很多核细胞，能分泌一种溶解组织的液体，以便头体钻入肠黏膜内。前段食道部细长，内为由一串单细胞围绕的食道；后段为体部，较粗，内有肠和生殖器官。体前段与后段之比为2∶1。虫卵(图2-14)呈棕黄色，腰鼓型，卵壳厚，两端有卵盖。大小为$(52～61)\mu m \times (27～30)\mu m$。

大部分猪鞭虫感染局限于回盲肠，成虫在盲肠产卵，每天约可产卵5 000个，卵随粪便排出。在33～34℃时，经过19～22d即可发育成为感染性虫卵，其感染性可持续较长时间。猪吞食感染性虫卵后，第1期幼虫在小肠后部孵化出来，到8d后，幼虫移行到盲肠内发育，感染后30～40d发育成为成虫，猪鞭虫寿命为4～5个月。

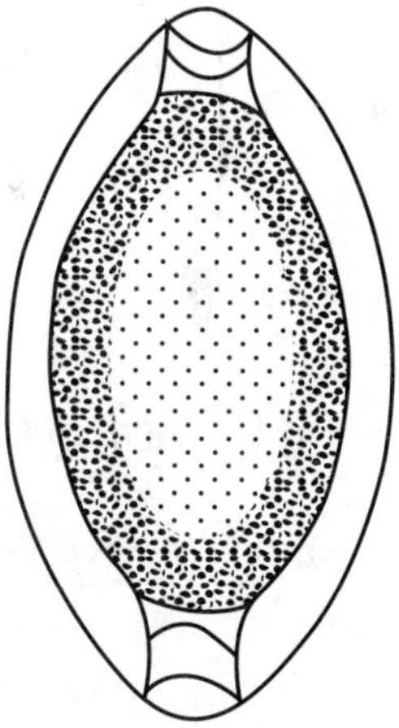

图2-14 猪鞭虫卵
(毛首线虫卵)

2.12.2 流行病学

猪和野猪是猪鞭虫的自然宿主，人也可感染猪鞭虫。尽管成年猪在应激条件下也可出现临诊症状，但6月龄以下的猪更易感并伴发临诊症状。1.5月龄的猪即可检出虫卵，4月龄的猪，虫卵数和感染率急剧增高，以后渐减，14月龄的猪极少感染。卫生条件差，一年四季均可发生感染，但夏季感染率最高。

2.12.3 临诊症状

轻度感染一般无明显症状。若寄生几百条即可出现症状，表现为轻度贫血、间歇性腹泻，影响生长，日渐消瘦，被毛粗乱。

严重感染虫体可达数千条，精神沉郁，食欲逐渐减少，结膜苍白，贫血，顽固性腹泻，粪便稀薄，有时夹有红色血丝或带棕色的血便。病猪极度衰弱，拱腰吊腹，行走摇摆，体温39.5~40.5℃，病程5~7d。死前数天排水样血色粪便，并有黏液，最后呼吸困难，脱水，体温降至常温以下，极度衰竭而死。

2.12.4 病理变化

病变主要局限于盲肠和结肠。严重病例，盲肠、结肠充血、出血，肠黏膜增厚，其上有大量虫体。虫体头部侵入黏膜层，黏膜上布满乳白色针尖样虫体，形成弥漫性坏死性结节，结肠内容物恶臭。

2.12.5 诊断

根据本病多发生于4月龄和不足4月龄的猪，夏季发生严重，14月龄的猪很少发生，腹泻，伴有贫血、消瘦，死前排出水样血色粪便等特征，结合粪检见到鞭虫虫卵，剖检见到相应的病理变化可做出初步诊断。临诊诊断应注意与猪姜片吸虫病、棘头虫病、结节虫病、球虫病等进行鉴别。

2.12.6 防制

仔猪断奶时驱虫，间隔1.5~2个月后再驱虫1次。做好猪舍及周围环境卫生，定期消毒，及时清除粪便。如发现病猪，可选用伊维菌素、阿苯达唑或左旋咪唑等药物进行治疗。

2.13 动物棘头虫病概述

2.13.1 棘头虫形态特征

2.13.1.1 外形和体壁

虫体一般呈椭圆形、纺锤形或圆柱形等不同形态。大小为1~65cm，多数在25cm左右。虫体由细短的前体和较粗长的躯干组成。体表常由于吸收宿主的营养，特别是脂类物质而呈现红、橙、褐、黄或乳白色。

体壁由5层固有体壁和2层肌肉组成。体壁分别由上角皮、角皮、条纹层、覆盖层、辐射层组成，各层之间均由结缔组织支持和粘连。角皮中密集的小孔具有从宿主肠腔吸收营养的功能。条纹层的小管作为运送营养物质的导管，将营养物质运送到覆盖层的腔隙系统。条纹层和覆盖层的基质可能具有支架作用。辐射层和其中的许多线粒体，具有深皱襞的原浆膜及其皱襞盲端的脂肪滴，是体壁之最有活力的部分，被吸收的化合物在那里进行代谢，原浆膜皱襞具有运送水和离子的功能。肌层里面是假体腔，无体腔膜。

2.13.1.2 排泄器官

排泄器官由一对位于生殖系统两侧的原肾组成，包含有许多焰细胞和收集管，收集管通过左右原肾管汇合成一个单管通入排泄囊,再连接于雄虫的输精管或雌虫的子宫而与外界相通。

2.13.1.3 神经系统

中枢部分是位于吻鞘内收缩肌上的中央神经节,从这里发出能至各器官组织的神经。在颈部两侧有一对感觉器官,即颈乳突。雄虫的一对性神经节和由它们发出的神经分布在雄茎和交合伞内。雌虫没有性神经节。

2.13.1.4 生殖系统

雄性生殖系统 雄虫含两个前后排列的圆形或椭圆形睾丸,包裹在韧带囊中,附着于韧带索上。每个睾丸连接一条输出管,两条输出管汇合成一条输精管。睾丸的后方有黏液腺、黏液囊和黏液管;黏液管与射精管相连。再下为位于虫体后端的一肌质囊状交配器官,其中包括有一个雄茎和一个可以伸缩的交合伞。

雌性生殖系统 雌虫的生殖器官由卵巢、子宫钟、子宫、阴道和阴门组成。卵巢在背韧带囊壁上发育,以后逐渐崩解为卵球或浮游卵巢。子宫钟呈倒置的钟形,前端为一大的开口,后端的窄口与子宫相连;在子宫钟的后端有侧孔开口于背韧带囊或假体腔。子宫后接阴道;末端为阴门。

2.13.2 基本发育过程

棘头虫为雌雄异体,雌雄虫交配受精。交配时,雄虫以交合伞附着于雌虫后端,雄虫向阴门内射精后,黏液腺的分泌物在雌虫生殖孔部形成黏液栓,封住雌虫后部,以防止精子逸出。卵细胞从卵球破裂出来以后,进行受精;受精卵在韧带囊或假体腔内发育。虫卵被吸入子宫钟内,未成熟的虫卵,通过子宫钟的侧孔流回假体腔或韧带囊中;成熟的虫卵由子宫钟入子宫,经阴道,自阴门排出体外。成熟的卵中含有幼虫,称为棘头蚴,其一端有一圈小钩,体表有小刺,中央部为有小核的团块。棘头虫的发育需要中间宿主,中间宿主为甲壳类动物和昆虫。排到自然界的虫卵被中间宿主吞食后,在肠内孵化,其后幼虫钻出肠壁,固着于体腔内发育,先变为棘头体,而后变为感染性幼虫——棘头囊。终末宿主因摄食含有棘头囊的节肢动物而受感染。在某些情况下,棘头虫的生活史中也有搬运宿主或储藏宿主,它们往往是蛙、蛇或蜥蜴等脊椎动物。

2.14 猪大棘头虫病

猪大棘头虫病(Acanthocephaliasis of swine)是由蛭形大棘吻棘头虫寄生于猪的小肠引起的。也可寄生于野猪、猫和犬,偶见于人。我国各地普遍流行。

2.14.1 病原

虫体外形似猪蛔虫。呈乳白色或淡红色,长圆柱形,前部较粗,后部较细。体表有横纹。雄虫长 70~150mm,呈长逗点状;雌虫长 300~680mm。卵呈长椭圆形,深褐色,两端稍尖,大小为 $(89\sim100)\mu m \times (42\sim56)\mu m$。

2.14.2 流行病学

棘头虫雌虫在猪小肠内产卵,一条雌虫每天可排卵25 000个以上,卵随粪便排出体外,虫卵对外界环境的抵抗力很强,在高温、低温以及干燥或潮湿的气候下均可长时间存活。卵被中间宿主金龟子等甲虫吞食后,在其体内发育至感染期,猪吞食金龟子后,虫体脱囊,以吻突固着于肠壁上,经3~4个月发育为成虫。

本病呈地方性流行,主要感染8~10个月龄猪,流行严重的地区感染率可高达60%~80%。感染季节与金龟子的活动季节一致。金龟子一般出现在早春至六七月,因此每年春夏为猪感染棘头虫的季节,放牧猪比舍饲猪感染率高。后备猪比仔猪感染率高。

2.14.3 临诊症状及病理变化

棘头虫的吻突固着于肠壁上,造成肠壁损伤、发炎和坏死。临诊可见患猪食欲减退,下痢,粪便带血,腹痛。若虫体固着部位发生脓肿或肠壁穿孔时,症状更为严重,出现全身症状。体温升高,腹痛,食欲废绝,卧地,多以死亡而告终。一般感染时,多因虫体吸收大量养料和虫体的排泄毒物,使患猪贫血,消瘦和发育迟缓。

剖检时,病变集中在小肠。在空肠和回肠的浆膜面可见灰黄色或暗红色的小结节。肠黏膜发炎,肠壁增厚,有溃疡病灶。肠腔内可见虫体。严重感染时可能出现肠壁穿孔,引起腹膜炎。

2.14.4 诊断

根据流行病学资料、临诊症状和粪便中检出虫卵即可确诊。

2.14.5 防制

治疗可用左咪唑和丙硫苯咪唑。用量参见猪蛔虫病。预防措施包括:定期驱虫,消灭感染源;对粪便进行生物热处理,切断感染源;改放牧为舍饲,消灭环境中的金龟子。

2.15 动物昆虫病概述

动物昆虫病所涉及的动物昆虫是指与动物医学有关的节肢动物。节肢动物是脊椎动物,是动物界中种类最多的一门,占已知120多万种动物的87%左右,大多数营自由生活,只有少数危害动物和植物而营寄生生活。这里主要是蛛形纲和昆虫纲的节肢动物。

2.15.1 节肢动物形态特征

节肢动物虫体左右对称,躯体和附肢(如足、触角、触须等)既分支,又是对称结构;体表由几丁质及其他无机盐沉着而成,称为外骨骼,具有保护内部器官和防止水分蒸发的功能,与内壁所附肌肉共同完成动作,虫体发育中体形变大时则必须蜕去旧表皮而产生新的表皮,这一过程称为蜕皮。

2.15.1.1 蛛形纲

躯体呈椭圆形或圆形，分头胸和腹两部，或者头、胸、腹融合。假头突出在躯体前或位于躯体前端腹面，由口器和假头基组成，口器由1对螯肢、1对须肢、1个口下板组成。成虫有足4对。有的有单眼。在体表一定部位有几丁质硬化而形成的板或颗粒样结节。以气门或书肺呼吸。

2.15.1.2 昆虫纲

主要特征是身体分为头、胸、腹三部，头上有触角1对，胸部有足3对，腹部无附肢。

头部 有眼、触角和口器。绝大多数是1对复眼，有许多六角形小眼组成，为主要的视觉器官。有的也为单眼。触角着生于头部前面的两侧。口器是昆虫的摄食器官，由于昆虫的采食方式不同，其口器的形态和构造也不相同。兽医昆虫主要有咀嚼式、刺吸式、刮舐式、舐吸式及刮吸式5种口器。

胸部 分前胸、中胸和后胸，各胸节的腹面均有足1对，分别称为前足、中足和后足。多数昆虫的中胸和后胸的背侧各有翅1对，分别称为前翅和后翅。双翅目昆虫仅有前翅，后翅退化为平衡棒。有些昆虫翅完全退化，如虱、蚤等。

腹部 由8节组成，但有些昆虫的腹节互相愈合，通常可见的节数没有那么多，如蝇类只有5~6节。腹部最后数节变为雌雄外生殖器。

内部 体腔为混合体腔，因其充满血液，所以又称为血腔。多数利用鳃、气门或书肺来进行气体交换。具有触、味、嗅、听觉及平衡器官，具有消化和排泄系统。雌雄异体，有的为雌雄异形。

2.15.2 基本发育过程

蛛形纲的虫体为卵生，从卵孵出的幼虫，经过若干次蜕皮变为若虫，再经过蜕皮变为成虫，其间在形态和生活习性上基本相似。若虫和成虫在形态上相同，只是体形小和性器官尚未成熟。

昆虫纲的昆虫多为卵生，极少数为卵胎生。发育具有卵、幼虫、蛹、成虫4个形态与生活习性都不同的阶段，这一类称为完全变态；另一类无蛹期，称为不完全变态。发育过程中都有变态和蜕皮现象。

2.16 猪疥螨病

猪疥螨病(Sarcoptes Scabiei var. suis)是由猪疥螨寄生于猪皮肤内引起的一种以皮肤病变为主的寄生虫病。

2.16.1 病原

疥螨(图2-15)属于不完全变态类，其发育过程包括卵、幼虫、若虫和成虫4个阶段。螨体小，成球形，有或无盾板，假头背面后方有1对粗短的垂直刚毛或刺。足短粗，足末端有爪间突吸盘或长刚毛，吸盘位于不分节的柄上。卵呈椭圆形，黄白色，长约 150μm。雌雄交配产卵，雄螨交配后不久死亡，雌螨寿命 4～5 周。整个发育过程为 8～22d，平均 15d。寄生于宿主的表皮层，引起剧烈的痒觉和各类皮肤炎。

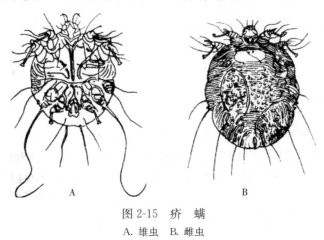

图 2-15 疥 螨
A. 雄虫　B. 雌虫

2.16.2　流行病学

猪疥螨的幼虫、稚虫（若虫）和成虫均寄生于皮肤内，生活史都是在皮肤内完成的。从卵发育为成虫需 8～15d。雌虫的寿命为 4～5 周。我国 100% 的猪场都有猪疥螨感染，感染率极高。在阴湿寒冷的冬季，因猪被毛较厚，皮肤表面湿度较大，利于疥螨发育，病情常较严重。在夏季，天气干燥，空气流通，阳光充足，病势即随之减轻，但感染猪仍为带虫者。

2.16.3　临诊症状及病理变化

猪疥螨感染通常起始于头部、眼下窝、面颊及耳部，以后蔓延到背部、躯干两侧及后肢内侧，尤以仔猪的发病最为严重。患猪局部发痒，常就墙角、饲槽、柱栏等处摩擦。可见皮肤增厚、粗糙和干燥，表面覆盖灰色痂皮，并形成皱褶。极少数病情严重者，皮肤的角化程度增强、干枯，有皱纹或龟裂，龟裂处有血水流出。病猪逐渐消瘦，生长缓慢，成为僵猪。

2.16.4　诊断

对有临诊症状表现的猪只，刮取病健交界处的新鲜痂皮直接检查。或放入培养皿中，置于灯光下照射后检查。虫体较少时，可将刮取的皮屑放入试管中，加入 10% 氢氧化钠（或氢氧化钾）溶液，浸泡 2h，或煮沸数分钟，然后离心沉淀，取沉渣镜检虫体。

2.16.5　防制

2.16.5.1　治疗

治疗可用下列药物：

①敌百虫、蝇毒磷、辛硫磷、二嗪农、双甲脒、溴氢菊酯、伊维菌素、多拉菌素和爱比菌素等均有效，一般情况下需反复用药才能彻底治愈。

②伊维菌素或爱比菌素：注射液，0.3mg/kg，一次皮下注射；饲料预混剂，每日 0.1mg/kg，连用 7d。

③多拉菌素：注射液，0.3mg/kg，一次肌肉注射。

2.16.5.2 预防措施

预防要定期按计划应用上述治疗药物，如在规模化养猪场，首先要对全场猪全部用药，以后公猪每年至少用药 2 次，母猪产前 1~2 周应用伊维菌素、多拉菌素或爱比菌素，仔猪转群时用药 1 次，后备猪于配种前用药 1 次，新进的猪用药后再和其他猪并群。

注意猪舍的清洁卫生，产房和猪舍在进猪前都需进行彻底清洗和消毒。

近年来，由于阿佛曼菌素类药物的广泛应用，猪疥螨的危害性正逐渐地减少。

2.17 动物原虫概述

原虫是单细胞动物，整个虫体由一个细胞构成。在长期的进化过程中，原虫获得了高度发达的细胞器，具有与高等动物器官相类似的功能。

2.17.1 原虫形态和构造

2.17.1.1 基本形态构造

原虫微小，多数在 1~30μm，有圆形、卵圆形、柳叶形或不规则等形状，其不同的发育阶段可有不同的形态。原虫的基本构造包括胞膜、胞质和胞核 3 部分。

胞膜 是由 3 层结构的单位膜组成，能不断更新，胞膜可保持原虫的完整性，参与摄食、营养、排泄、运动和感觉等生理活动。有些寄生性原虫的胞膜带有很多受体、抗原、酶类甚至毒素。

胞质 细胞中央区的细胞质称为内质，周围区的称为外质。内质呈溶胶状态，承载着细胞核、线粒体、高尔基体等。外质呈凝胶状，起着维持虫体结构刚性的作用。鞭毛、纤毛的基部及其相关纤维结构均包埋于外质中。原虫外膜和直接位于其下方的结构常称作表膜。表膜微管或纤丝位于单位膜的紧下方，对维持虫体完整性有作用。

胞核 除纤毛虫外，大多数均为囊泡状，其特征为染色质分布不均匀，在核液中出现明显的清亮区，染色质浓缩于核的周围区域或中央区域。有一个或多个核仁。

2.17.1.2 运动器官

原虫的运动器官有 4 种，分别是鞭毛、纤毛、伪足和波动嵴。

鞭毛 由中央的轴丝和外鞘组成。鞭毛可以做多种形式的运动，快与慢，前进与后退，侧向或螺旋形。轴丝起始于细胞质中的一个小颗粒，称基体。

纤毛 结构与鞭毛相似。纤毛与鞭毛唯一不同的地方是运动时的波动方式。

伪足 是肉足鞭毛亚门虫体的临时性器官，它们可以引起虫体运动以捕获食物。

波动嵴 是孢子虫定位的器官，只有在电镜下才能观察到。

2.17.1.3 特殊细胞器

一些原生动物还有一些特殊细胞器，即动基体和顶复体。

动基体 为动基体目原虫所有。动基体是一个重要的生命活动器官。

顶复合器 是顶复门虫体在生活史的某些阶段所具有的特殊结构,只有在电镜下才能观察到。顶复体与虫体侵入宿主细胞有着密切的关系。

2.17.2 原虫的生殖

原虫的生殖方式有无性生殖和有性生殖两种。

2.17.2.1 无性生殖

二分裂 即一个虫体分裂为两个。分裂顺序是先从基体开始,而后动基体、核,再细胞。鞭毛虫常为纵二分裂,纤毛虫为横二分裂。

裂殖生殖 也称复分裂。细胞核和其基本细胞器先分裂数次,而后细胞质分裂,同时产生大量子代细胞。裂殖生殖中的虫体称为裂殖体,后代称裂殖子。一个裂殖体内可包含数十个裂殖子。球虫常以此方式生殖。

孢子生殖 是在有性生殖配子生殖阶段形成合子后,合子所进行的复分裂。经孢子生殖,孢子体可以形成多个子孢子。

出芽生殖 即先从母细胞边缘分裂出一个小的子个体,逐渐变大。梨形虫常以这种方法生殖。

内出芽生殖 又称内生殖,即先在母细胞内形成两个子细胞,子细胞成熟后,母细胞被破坏。如经内出芽生殖法在母体内形成2个以上的子细胞,称为多元内生殖。

2.17.2.2 有性生殖

有性生殖首先进行减数分裂,由双倍体转变为单倍体,然后两性融合,再恢复双倍体。有两种基本类型:

接合生殖 多见于纤毛虫。两个虫体并排结合,进行核质的交换,核重建后分离,成为两个含有新核的虫体。

配子生殖 虫体在裂殖生殖过程中,出现性的分化,一部分裂殖体形成大配子体(雌性),一部分形成小配子体(雄性)。大小配子体发育成熟后,形成大、小配子。一个小配子体可以产生许多个小配子,一个大配子体只产生一个大配子。小配子进入大配子内,结合形成合子。合子可以再进行孢子生殖。

寄生性原虫在繁殖过程中只需要一个宿主,称为单宿主发育型;如果需要两个不同的宿主才能完成生活史,则为异宿主发育型。

2.18 猪球虫病

猪球虫病(Eimeria swine)是猪球虫寄生于猪肠道上皮细胞内引起的寄生虫病。猪等孢球虫是其中一个重要的致病种,引起仔猪下痢和增重降低。成年猪常为隐性感染或带虫者。艾美耳属有12个种可感染猪,我国北京地区发现有7个种。一般认为,蒂氏艾美耳球虫、粗糙艾美耳球虫和有刺艾美耳球虫致病力较强。

2.18.1 病原

猪等孢球虫的卵囊一般为球形或亚球形，囊壁光滑、无色、无卵膜孔，孢子化卵囊中有两个孢子囊，每个孢子囊内含4个子孢子，大小为(18.7～23.9)μm×(16.9～20.1)μm。而艾美耳球虫的孢子化卵囊中有4个孢子囊，每个孢子囊中有2个子孢子(图2-16～图2-18)。

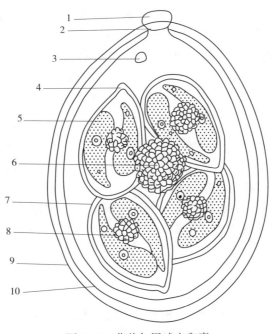

图 2-16　艾美尔属球虫卵囊

1. 极帽　2. 卵膜孔　3. 极粒　4. 斯氏体　5. 子孢子　6. 卵囊残体
7. 孢子囊　8. 孢子囊残体　9. 卵囊壁外层　10. 卵囊壁内层

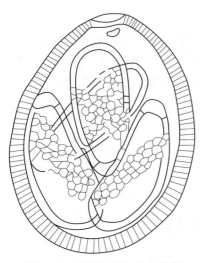

图 2-17　粗糙艾美尔球虫卵囊

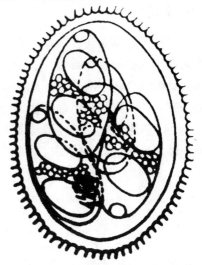

图 2-18　有刺艾美尔球虫卵囊

2.18.2 流行病学

除猪等孢球虫外，一般多为数种混合感染。受球虫感染的猪从粪便中排出卵囊，在适宜条件下发育为孢子化卵囊，经口感染猪。仔猪感染后是否发病，取决于摄入的卵囊的数量和虫种。仔猪群过于拥挤和卫生条件恶劣时便增加了发病的危险性。孢子化卵囊在胃肠消化液作用下释放出子孢子，子孢子侵入肠壁进行裂殖生殖及配子生殖，大、小配子在肠腔结合为合子，再形成卵囊随粪便排出体外。无论是规模化方式饲养的猪，还是散养的猪都有发生猪球虫病。猪等孢球虫流行于初生仔猪，5~10日龄猪最为易感，并可伴有传染性胃肠炎、大肠杆菌和轮状病毒的感染。被列为仔猪腹泻的重要病因之一。

2.18.3 临诊症状及病理变化

猪等孢球虫的感染以水样或脂样腹泻为特征，排泄物从淡黄到白色，恶臭。病猪表现衰弱、脱水，发育迟缓，时有死亡。组织学检查，病灶局限在空肠和回肠，以绒毛萎缩与变钝、局灶性溃疡、纤维素坏死性肠炎为特征，并在上皮细胞内见有发育阶段的虫体。

艾美耳属球虫通常很少有临床表现，但可发现于1~3月龄腹泻的仔猪。该病可在弱猪中持续7~10d。主要症状有食欲不振，腹泻，有时下痢与便秘交替。一般能自行耐过，逐渐恢复。

2.18.4 诊断

用漂浮法检查随粪便排出的卵囊，根据它们的形态、大小和经培养后的孢子化特征来鉴别种类。对于急性感染或死亡猪，诊断必须依据小肠涂片或组织切片，发现球虫的发育阶段虫体即可确诊。

2.18.5 防制

本病可通过控制幼猪食入孢子化卵囊的数量进行预防，目的是使其建立的感染能产生免疫力而又不致引起临床症状。这在饲养管理条件较好时尤为有效。新生仔猪应吃到初乳，保持幼龄猪舍环境清洁、干燥。饲槽和饮水器应定期消毒，防止粪便污染。尽量减少因断奶、突然改变饲料和运输产生的应激因素。在母猪产前2周和整个哺乳期的饲料内添加250mg/kg的氨丙啉，对等孢球虫病可达到良好的预防效果。

发生球虫病时，就应使用抗球虫药进行预防。磺胺类药物、莫能菌素、氨丙啉等对猪球虫有效。

2.19 猪弓形虫病

弓形虫病(Toxoplasmosis)是由刚地弓形虫寄生于猪的多种有核细胞中引起的寄生虫病。

2.19.1 流行病学

本病呈世界性分布。虫体的不同阶段，如卵囊、速殖子和包囊（图 2-19、图 2-20）均可引起感染。猪通过摄入污染的食物或饮水中的卵囊或食入其他动物组织中的包囊而感染。猫及其他猫科动物是唯一的终末宿主，在弓形体传播中起重要作用。如果母猪在怀孕期间被感染，仔猪也可能发生生前感染，母体血液中的速殖子可通过胎盘进入胎儿。临床期患畜的唾液、痰、粪、尿、乳汁、腹腔液、眼分泌物、肉、内脏、淋巴结及急性病例的血液中都可能含有速殖子，如外界条件有利其存在，猪就可以受到传染。病原体也可通过眼、鼻、呼吸道、肠道、皮肤等途径侵入猪体。

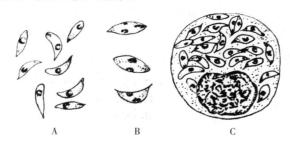

图 2-19　弓形虫速殖子
A. 游离的速殖子　B. 分裂中的速殖子　C. 细胞内的速殖子

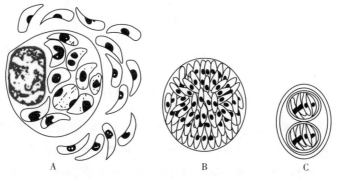

图 2-20　弓形虫速殖子与假包囊、包囊、卵囊
A. 速殖子与假包囊　B. 包囊　C. 卵囊

2.19.2 临诊症状及病理变化

许多猪对弓形虫都有一定的耐受力，故感染后多不表现临床症状，在组织内形成包囊后转为隐性感染。包囊是弓形虫在中间宿主体内的最终形式，可存在数月，甚至终生。故某些猪场弓形虫感染的阳性率虽然很高，但急性发病却很少。

弓形虫病主要引起神经、呼吸及消化系统的症状。急性猪弓形虫病的潜伏期为 3～7d，病初体温升高，可达 42℃以上，呈稽留热，一般维持 3～7d，精神迟钝，食欲减少，甚至废绝。便秘或拉稀，有时带有黏液和血液。呼吸急促，每分钟可达 60～80 次，咳嗽。视网膜、脉络膜炎，甚至失明。皮肤有紫斑，体表淋巴结肿胀。怀孕母猪还可发生流产或死胎。耐过急性期后，病猪体温下降，食欲逐渐恢复，但生长缓慢，成为僵猪，并长期带虫。

剖检可见肝有针尖大至绿豆大不等的小坏死点,呈米黄色。肠系膜淋巴结呈绳索状肿胀,切面外翻,有坏死点。肺间质水肿,并有出血点。脾脏有粟粒大丘状出血。

2.19.3 诊断

直接镜检 取肺、肝、淋巴结做涂片,用姬姆萨液染色后检查;或取患畜的体液、脑脊液做涂片染色检查;也可取淋巴结研碎后加生理盐水过滤,经离心沉淀后,取沉渣做涂片染色镜检。此法简单,但有假阴性,必须对阴性猪做进一步诊断。

动物接种 取肺、肝、淋巴结研碎后加 10 倍生理盐水,加入双抗后,室温放置 1h。接种前摇匀,待较大组织沉淀后,取上清液接种小鼠腹腔,每只接种 0.5~1.0mL。经 1~3 周,小鼠发病时,可在腹腔中查到虫体。或取小鼠肝、脾、脑做组织切片检查,如为阴性,可按上述方式盲传 2~3 代,可能从病鼠腹腔液中发现虫体。

血清学诊断 国内外已研究出许多种血清学诊断法供流行病学调查和生前诊断用。目前,国内常用的有 IHA 法和 ELISA 法。间隔 2~3 周采血,IgG 抗体滴度升高 4 倍以上表明感染处于活动期;IgG 抗体滴度不高表明有包囊型虫体存在或过去有感染。

2.19.4 防制

急性病例使用磺胺类药物有一定的疗效,如磺胺嘧啶、磺胺六甲氧嘧啶、磺胺氯吡嗪等。磺胺药与乙胺嘧啶合用有协同作用。也可试用氯林可霉素。

预防要防止饮水、饲料被猫粪直接或间接污染;控制或消灭鼠类;不用生肉喂猫,注意猫粪的消毒处理等。

2.20 猪隐孢子虫病

隐孢子虫病(Cryptosporidiosis of swine)是一种全世界性的人兽共患病。隐孢子虫可造成哺乳动物的严重腹泻,该病已被列入世界最常见的 6 种腹泻病之一。该病是一个严重的公共卫生问题,同时也给畜牧业造成巨大的经济损失,所以成为世界性的研究热点。寄生于哺乳动物的隐孢子虫有两种,小鼠隐孢子虫,寄生于胃黏膜上皮细胞;小隐孢子虫,寄生于小肠黏膜上皮细胞。

2.20.1 流行病学

隐孢子虫病的感染源是人和家畜排出的卵囊。隐孢子虫卵囊(图 2-21)对外界环境的抵抗力很强,在潮湿环境中能存活数月;卵囊对大多数消毒剂有明显的抵抗力,只有 50% 以上的氨水和 30% 以上的福尔马林作用 30min 才能杀死隐孢子虫卵囊。人和畜禽的主要感染方式是粪便中的卵囊污染食物和饮水,经消化道而发生感染。

隐孢子虫的宿主范围广泛。上述 2 种隐孢子虫除可感染猪、人、牛(黄牛、水牛、奶牛)、羊(山羊、绵羊)外,还可感染马、

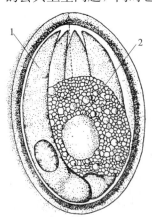

图 2-21 隐孢子虫卵囊
1. 子孢子 2. 卵囊残体

犬、猫、鹿、猴、兔、大鼠、小鼠、豚鼠等哺乳动物，而且血清学调查表明其阳性率很高。

2.20.2　临诊症状与病理变化

隐孢子虫常作为起始性的条件致病因子，与其他病原（传染病或寄生虫病等）同时存在。该病对幼龄动物危害较大，其中以犊牛、羔羊和仔猪的发病较为严重。本病主要是由小隐孢子虫引起的。潜伏期为3~7d。主要临床症状为精神沉郁，厌食，腹泻，粪便带有大量的纤维素，有时含有血液。患畜生长发育停滞，极度消瘦，有时体温升高。羊的病程为1~2周，死亡率可达40%；牛的死亡率可达16%~40%；猪的死亡率可达20%~40%；尤以4~30日龄的犊牛、3~14日龄的羔羊和5~30日龄的仔猪死亡率更高。病理剖检的主要特征为空肠绒毛层萎缩和损伤，肠黏膜固有层中的淋巴细胞、浆细胞、嗜酸性细胞和巨噬细胞增多，肠黏膜的酶活性较正常黏膜的低，呈现出典型的肠炎病变，在这些病变部位可发现大量的隐孢子虫内生发育阶段的各期虫体。

2.20.3　诊断

由于隐孢子虫感染多呈隐性经过，感染者可以只向外界排出卵囊，而不表现出任何临床症状。即使有明显的症状，也常常属于非特异性的，故不能用以确诊。另外，由于动物在发病时有许多条件性病原体的感染，因此，确切的诊断只能依靠实验室诊断。

生前诊断　第一种方法是采取粪便，用饱和蔗糖溶液漂浮法收集粪便中的卵囊，再用显微镜检查，往往需用放大至1 000倍的油镜观察。在显微镜下可见到圆形或椭圆形的卵囊，内含4个裸露的、香蕉形的子孢子和1个较大的残体。但由于隐孢子虫卵囊很小，往往容易被忽视，此种方法要求操作者要有丰富的经验，检出率低。第二种方法是把粪样涂片，用改良酸性染色法染色镜检，隐孢子虫卵囊被染成红色，此法较简单，检出率较高。第三种方法是采用荧光抗体染色法，用荧光显微镜检查，隐孢子虫卵囊显示苹果绿的荧光，容易辨认，敏感性高达100%，特异性97%，能检测出卵囊极少的样本，但需要一定的设备和试剂，此法目前已成为国外诊断隐孢子虫病最常用的方法之一。

死后诊断　刮取病变部位的消化道黏膜涂片染色；或采用病理切片，姬姆萨染色；或制成电镜样本，鉴定虫体以确诊。

2.20.4　防制

对免疫功能正常的猪、牛、羊采用对症治疗和支持疗法（止泻、补液、营养）可以达到治愈目的。但对免疫功能低下的仔猪、犊牛、羔羊或免疫缺陷的病人，感染隐孢子虫后常可发生危及生命的腹泻。

由于目前还没有特效药物，尚无可值得推荐的预防方案，因此只能从加强饲养管理和卫生措施，提高动物免疫力来控制本病的发生。对患病的猪、牛、羊要隔离治疗，严防其排泄物污染饲料和饮水，以切断粪口传播途径。

2.21 猪结肠小袋虫病

猪结肠小袋虫病(Pig colon worm)是由结肠小袋虫寄生于猪的大肠引起的。结肠小袋虫除感染猪以外,还可感染人,是一种人畜共患寄生虫病。

2.21.1 病原

结肠小袋虫(图 2-22)是单细胞寄生虫。在其发育过程中有滋养体和包囊 2 种形态。滋养体能运动,呈卵圆形或梨形,大小为(30～150)$\mu m \times$(25～120)μm。包囊不能运动,呈球形或卵圆形,直径约 40μm,外被两层囊膜,内含一个虫体。

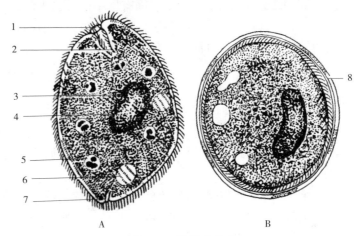

图 2-22 结肠小袋虫
A. 滋养体 B. 包囊
1. 胞口 2. 胞咽 3. 小核 4. 大核 5. 食物泡 6. 伸缩泡 7. 胞肛 8. 囊壁

2.21.2 流行病学

猪吞食了结肠小袋虫的包囊遭受感染。囊壁被胃肠消化液消化,滋养体逸出。利用血细胞、组织细胞、淀粉及细菌作为其营养来源。以横分裂法进行繁殖。当环境条件不适宜它的发育时,滋养体即形成包囊。滋养体和包囊随粪便排出体外,宿主吞食了环境中的包囊而遭受感染。本病呈世界性分布,以热带和亚热带地区多发。我国南方地区多发,主要危害仔猪。

2.21.3 临诊症状

结肠小袋虫侵害的主要部位是结肠,其次是直肠和盲肠。一般情况下,本病不表现临床症状。但当宿主消化功能紊乱、抵抗力下降,特别是并发细菌感染时,可造成溃疡性肠炎,患猪表现精神沉郁,食欲减退,喜卧,有些病猪体温升高;最常见的症状是腹泻,粪便恶臭,多带黏液和血。仔猪发病较严重,可在 2～3d 内死亡。成年猪多为带虫者。

2.21.4 诊断

在粪便中找到滋养体和包囊即可确诊。死后剖检可在肠黏膜涂片上查找虫体,观察直肠和结肠黏膜上有无溃疡。

2.21.5 防制

治疗可选用四环素类抗生素。预防应以搞好猪场内的环境卫生和粪便的发酵处理为重点。

第 3 章
猪的普通病

3.1 口 炎

口炎(Stomatitis)又名口疮，是口腔黏膜表层急性炎症，经常见到的有卡他性口炎，有时还会见到一些水疱性的口炎和溃疡性的口炎，这些口炎大都是口腔黏膜表层急症，严重时可波及颊黏膜、舌、齿龈、上腭等处。以食少，口腔黏膜潮红，出现小红疹、水泡、溃疡等为特征。

3.1.1 病因

①由于粗硬饲料与尖锐异物损伤口腔黏膜而致发炎。
②喂了过热的饲料和饮水，或猪食用了霉烂的饲料。
③误吃了有腐蚀性的强酸、强碱药物，刺激口腔黏膜而致发炎。
④某些传染病，如黏膜病、口蹄疫、猪水疱病等，均有口炎症状。

3.1.2 临诊症状及病理变化

拒食粗硬饲料，厌食，猪吃食缓慢或不敢吃食。炎症严重时，流涎。检查口腔时，可见黏膜潮红、肿胀，口温增高，感觉过敏，呼出气有恶臭。水疱性口炎时，可见到唇内、舌下、舌边缘、齿龈有大小不等的水疱。溃疡性口炎时，可见到黏膜上有糜烂、坏死或溃疡，流出带红色黏液。如果是传染病性口炎，常伴有体温升高。

3.1.3 防制

①加强饲养管理，饲料必须经过选择和检查，除去铁丝、铁钉、玻璃片等各种杂物以及霉烂饲料。
②正确使用和保管好腐蚀性化学药品和消毒药品。
③对病猪给予稀软、新鲜、富含营养的易消化饲料。如疑似某种传染病时，应迅速隔离，寻找病因，对症治疗。
④选用2%食盐液、2%～3%硼酸液、0.1%高锰酸钾液、2%～3%碳酸氢钠液、1%～

2%明矾溶液、10%醋酸溶液冲洗口腔。

⑤如有水疱或溃疡病灶时，在冲洗之后，用碘甘油溶液（碘 5%、碘化钾 10%、甘油 20%、蒸馏水 65%）、10%磺胺甘油乳剂、2%硝酸银水溶液、2%龙胆紫溶液、3%碘酊涂抹患处，每日涂抹 2 次。

⑥青霉素 80 万单位，磺胺粉 5g，蜂蜜适量，制成软膏状，涂患部，每日 2 次。

3.2 肠胃炎

肠胃炎（Gastroenteritis）是胃肠表层黏膜及深层组织的重剧性炎症。胃、肠的炎症多同时或相继发生，故合称肠胃炎。按其病因可分为原发性和继发性肠胃炎，按其炎症性质可分为黏液性、化脓性、出血性、纤维素性和坏死性肠胃炎，按其病程经过可分为急性和慢性肠胃炎。

3.2.1 病因

多因采食了腐败变质、发霉或冰冻腐烂饲料；污染的饮水；或采食蓖麻、巴豆等有毒植物或化学药物，如酸、碱、砷、磷、汞等；或暴食、暴饮等刺激胃肠所致。也可由于饲养管理不善、气候突变、卫生条件不良、运输应激等使机体抵抗力降低，容易受到条件性病原的侵袭而发生肠胃炎。滥用抗生素，使胃肠道菌群失调，而发生胃肠炎。也可见于各种病毒性传染病（猪瘟、传染性胃肠炎等）、细菌性传染病（沙门氏菌病、巴氏杆菌病等）、寄生虫病（蛔虫等）及一些内科疾病（肠变位、便秘等）引起的胃肠炎。

3.2.2 临诊症状

以少食，或食欲废绝，异嗜，呕吐，腹痛，腹泻，粪便带血或混有白色肠道黏膜等为特征。

急性肠胃炎 精神沉郁；食欲减退或废绝；脉搏增加，微弱；呼吸增数；舌苔重，口臭；腹泻时粪便较稀软，有恶臭或腥臭味，有时混有黏液、血液或脓性物；病初肠音高亢，逐渐减弱至消失；重症的猪肛门松弛、排便失禁或呈里急后重，尿量减少；腹痛和肌肉震颤，肚腹蜷缩；初期体温升高，病情严重时体温降低，四肢、耳尖等末梢冰凉；眼结膜先潮红后黄染；常呕吐，呕吐物中带有血液或胆汁的内容物；因机体脱水而血液浓稠、尿少，眼球下陷，皮肤弹性降低；后期发生痉挛、昏迷，因脱水而消瘦，衰竭而亡。

慢性肠胃炎 眼结膜颜色红中带黄色，食欲不定，舌苔黄厚；异嗜，喜食沙土、粪尿。便秘或者便秘与腹泻交替，肠音不整。

3.2.3 病理变化

肠内容物常混有血液，味腥臭。肠黏膜充血、出血、脱落、坏死，肠壁弹性下降，有时可见到肠黏膜上有假膜覆盖，揭开假膜后，见溃疡或烂斑，甚至肌层组织脱落。整个消化道变薄。

3.2.4 防制

加强饲养管理，禁喂发霉变质、冰冻或有毒的饲料；保证饮水清洁卫生；及时驱虫，减少各种应激因素。

处方1

①磺胺嘧啶钠(0.1～0.15g/kg)或10%增效磺胺嘧啶(0.2～0.3mL/kg)肌肉注射或口服痢特灵(10mg/kg)。

②5%葡萄糖溶液或生理盐水100～300mL，5%碳酸氢钠注射液30～50mL，静脉注射。

③次硝酸铋2～6g，内服。也可用鞣酸蛋白2～5g或木炭末、锅底灰10～30g内服。

④10%安钠咖或樟脑磺酸钠注射液5～10mL，肌肉注射。

⑤硫酸阿托品注射液2～4mg，皮下注射。

处方2

郁金散加味：郁金15g、诃子10g、黄连6g、黄芩10g、黄柏10g、栀子10g、大黄15g、白芍10g、罂粟壳6g、乌梅20g。用法：煎汁去渣，一次灌服。

处方3

槐花12g、地榆12g、黄芩20g、藿香20g、青蒿20g、茯苓12g、车前草20g。用法：煎汤去渣，一次灌服。此方用于有便血症状时。

3.3 感 冒

感冒(Cold)是由于寒冷侵袭所引起的，以上呼吸道黏膜炎症为主要症状的急性全身性疾病，本病无传染性，一年四季均可发生，但多发于早春和晚秋气候多变之时，仔猪更易发生。

3.3.1 病因

①突遇寒潮，风吹雨淋，贼风侵袭。

②猪舍寒冷潮湿，阴暗背光，过于拥挤，营养不佳。

③长途运输，体质下降，抵抗力减弱。

④天气突变，忽冷忽热，使上呼吸道的防御机能降低。

3.3.2 临诊症状

体温突然升高，精神沉郁，食欲减退、严重时食欲废绝；咳嗽，羞明流泪和流鼻涕；皮温不整，鼻盘干燥，耳尖、四肢末梢发凉；结膜潮红，畏寒怕冷，弓腰战栗；呼吸加快；腹泻。病程一般3～7d。

3.3.3 防制

本病应及时治疗，加强饲养管理，注意防寒保暖，给予清洁新鲜的饮水，可很快治愈；若治疗不及时，出现并发症，往往拖延时间较久。体质良好的患猪通过加强饲养管理，常经过 3~7d 可自愈。治疗要点：解热镇痛，祛风散寒，防止继发感染。

解热镇痛　内服阿司匹林或氨基比林 2~5g/次，或扑热息痛 1~2g/次，或 30% 安乃近液，或安痛定 5~10mL，每日 2 次肌肉注射。

防止继发感染　应用解热镇痛剂后，体温仍未下降，症状未见减轻时，可适当配合应用抗生素或磺胺类药物，以防继发感染。如用氨苄青霉素 0.5g 肌肉注射，每日 2 次，连用 2~3d。排粪迟滞时，可应用缓泻剂等。

祛风散寒　应用中药效果较好。柴胡注射液 3~5mL，肌肉注射。或穿心莲注射液 3~5mL，肌肉注射。或金银花 40g，连翘、荆芥、薄荷各 25g，牛蒡子、淡豆豉各 20g，竹叶、桔梗各 15g，芦根 30g，煎汤、灌服。或生姜 10g、大蒜 5g、葱 3 根，泡水后灌服。

3.4　支气管炎

支气管炎(Bronchitis)是各种致病因素引起的支气管黏膜表层和深层的炎症。临诊上以不定型热、咳嗽、呼吸困难、流鼻液、肺部听诊啰音为特征。猪支气管炎多发生于冬春季节及气温骤变季节，多见于幼龄猪以及营养不良、体弱猪只。

3.4.1　病因

感染　在冬春季节，猪舍温度控制较差，外界环境气候多变，因寒风侵袭、冷雨浸淋等，导致机体抵抗力降低，一方面病毒、细菌直接感染；另一方面呼吸道寄生菌或外源性非特异性病原菌乘虚而入，呈现致病作用。也可由急性上呼吸道感染的细菌和病毒蔓延引起。

物理、化学因素　吸入过冷空气、粉尘、刺激性气体可直接刺激支气管黏膜而发病。投药或吞咽障碍时由于异物进入气管，可引起吸入性支气管炎。过敏反应常见于吸入花粉、有机粉尘、真菌孢子等引起气管支气管的过敏性炎症。

继发性因素　流行性感冒、传染性胸膜肺炎、肺丝虫病等疾病过程中，常表现支气管炎的症状。另外，喉炎、肺炎及胸膜炎等疾病时，由于炎症扩展，也可继发支气管炎。

诱因　饲养管理粗放，如猪舍空间狭小、猪群拥挤、卫生条件差、通风不良、闷热潮湿以及饲料营养不平衡等，导致机体抵抗力下降，均可成为支气管炎发生的诱因。

3.4.2　临诊症状

猪支气管炎可分为急性和慢性支气管炎。

急性支气管炎　患猪咳嗽，初为干咳、短咳、痛咳，后逐渐转为湿咳，如细支气管炎则为短促、弱痛咳嗽。呼吸加快。大量流鼻液，初为浆液性，后为黏液、脓性。肺部听诊，初期可见肺泡音强、粗粝，后出现干性啰音，渗出物逐渐增多稀薄，则呈湿性啰音。如细支气管炎，则为捻发音。体温变化不定，颈部气管炎症不发热或呈微热，支气管炎症则多发中热至高热。X 线检查，可见肺纹理增粗，肺野模糊。后期疼痛减轻，伴有呼吸困难表现，可视黏膜发绀。

慢性支气管炎 病程较长，多在气候骤变季节或剧烈运动后发病。患猪长期咳嗽，多为干咳，听诊常有干性啰音。鼻液时多时少。病猪多生长缓慢，消瘦，被毛粗乱。

3.4.3 诊断

根据病猪频繁咳嗽，流大量鼻液，听诊有啰音，不定型热，肺部叩诊无明显变化，可进行初步诊断。临诊诊断上应与支气管肺炎相区别，后者全身症状明显，弛张热，肺部叩诊有散在性的浊音区。

3.4.4 防制

治疗 应采取加强护理、消除病因、祛痰镇咳、抑菌消炎等措施。

急性猪支气管炎的治疗需要抑菌消炎，可用抗生素或磺胺类药物，如氨苄西林、盐酸多西环素、氟苯尼考、盐酸环丙沙星、头孢拉定、氧氟沙星、磺胺嘧啶等进行抑菌消炎；祛痰可内服氯化铵，痛性咳嗽时应镇咳，可灌服复方樟脑酊，或复方甘草合剂；可注射氨茶碱或麻黄碱进行平喘。

慢性气管炎主要是消炎平喘，可用盐酸异丙嗪、盐酸氯丙嗪针剂注射，或呼肽奇肌注：一次量，每千克体重猪0.1mL；每日1次，连用2~3d，有较好的疗效。也可使用增强体质的一些药，如黄芪多糖、电解质及多种维生素等，以提高疗效。

预防措施 加强饲养管理，避免受冷、风、潮湿的侵袭，防止感冒。保持猪舍清洁卫生，空气新鲜，防止各种因素引起的应激。

3.5 肺　炎

肺炎(Pneumonia)是猪肺实质发炎，由于肺泡内渗出物增加，使呼吸机能障碍而引起的疾病。

3.5.1 病因

大叶性肺炎(也叫格鲁布性肺炎或称纤维素性肺炎) 主要由于天气寒冷、吸入刺激性气体、过劳、营养不良、猪体衰弱，使病原微生物侵入肺内，大量繁殖，造成大叶性肺炎。由于患猪链球菌病、猪流感、猪肺疫等，也会引起大叶性肺炎。

小叶性肺炎(也叫支气管炎或称卡他性肺炎) 饲养管理不当、卫生条件差、通风不良、过度疲劳、体弱、吸入刺激性气体等因素，呼吸道常在菌大量繁殖以及病原菌大量侵入而诱发。如果猪只患有猪传染性胸膜肺炎、支原体感染、肺疫、流感、蛔虫等，也可能继发本病。

3.5.2 临诊症状

大叶性肺炎 病猪精神沉郁，体温升高达41℃左右，持续6~9d，呈弛张热。脉搏增数。食欲减退或拒食。喜卧，怕冷。眼结膜潮红，皮温不匀。呼吸急促，呈腹式呼吸，气喘，咳嗽。鼻流出脓性、铁锈色鼻液。大便干燥。肺部听诊有啰音，或捻发音。

小叶性肺炎 病猪精神沉郁，体温升高 1.5~2℃，呈弛张热、间歇热。脉搏增数，每分钟达 100 多次。呼吸增数。食欲减少或不食。眼结膜发红或呈蓝紫色。鼻液呈浆液性、黏液性或脓性，恶臭。咳嗽为突出症状，初为干咳，后为湿咳，听诊时有干性或湿性啰音。胸部能听到捻发音、肺泡呼吸音。

3.5.3 病理变化

大叶性肺炎
①渗出期：肺叶增大；肺充血、水肿，为鲜红色，质地变实，弹性下降；切面呈红色，光滑湿润，指压时流出血样泡沫液体。
②红色肝变期：肺明显肿大，组织致密、坚实，表面呈紫红色，切面呈颗粒状突出，如花岗岩样外观。肺胸膜和肋胸膜增厚，覆有纤维蛋白假膜。肺膜胸膜粘连。
③灰色肝变期：由红色肝变期而来。由于脂肪变性和白细胞的渗入，肺外观呈灰色或灰黄色，切面如灰色花岗石样。
④溶解期：渗出物逐渐溶解、液化和吸收，损伤肺组织经再生而修复。此时，肺大小正常、色泽变淡、质地变软，切面有黏性或浆液性液体。

小叶性肺炎 肺小叶发炎，坚实，开始为暗红色后为灰红色。切面呈不同颜色，新的炎症区为红色，久的病变区为灰黄或灰白色。同时，有大小不等、颜色不同的病灶。挤压时流出红色或浆液性液体。病灶及周围组织炎性水肿。支气管黏膜充血、水肿。肺表面、切面，见有融合性、化脓性、腐败性肺炎。

3.5.4 诊断

大叶性肺炎 根据临诊症状，如高热稽留，铁锈色鼻液，咳嗽，呼吸困难，X 线检查大面积阴影。剖检变化，如肺有红色或灰色肝变区，切面如红色花岗岩外观、大理石样外观，可以确诊。

小叶性肺炎 根据临诊症状，如弛张热，间歇热，干咳或湿咳，流鼻液，胸部叩诊有局灶性浊音区，听诊为捻发音；剖检肺表面和切面有炎症变化；X 线检查，有散在的局灶性阴影，可以确诊。

3.5.5 防制

治疗
①大叶性肺炎：新胂凡纳明（九一四），每千克体重 0.015g，溶于葡萄糖盐水内，缓慢注射，但在用此药前半小时注射安钠咖为好。也可用青霉素、链霉素、土霉素肌肉注射，氨苯磺胺，磺胺二甲基嘧啶，长效磺胺内服。用 10% 氯化钙静脉注射，制止渗出。用利尿剂口服，促进炎性渗出物的排出。
②小叶性肺炎：青霉素 40~80IU，肌肉注射，6h 注 1 次；链霉素，也可用红霉素、磺胺二甲基嘧啶等进行治疗，效果也很好。10% 安钠咖 2~10mL，肌肉注射。50% 葡萄糖 10~100mL，生理盐水 200~300mL，静脉注射。

预防措施

①加强饲养管理，提高仔猪抗病力。要搞好舍内的清洁卫生和消毒工作。注意天气突变，冬季要做好防寒保暖工作。猪舍要通风良好，透光，保持干燥。

②对猪群要经常观察，注意防治猪瘟、猪流感、猪肺疫、蛔虫病等，可预防本病发生。

3.6 贫 血

3.6.1 病因

铁是动物体最必需的微量元素，是生命元素。造成猪贫血（Anemia）的原因很多，常见的是缺铁性贫血和营养代谢方面的原因，失血、寄生虫、附红细胞体病也会引起猪贫血。在这里重点介绍猪缺铁性贫血和仔猪贫血症。猪是最易发生缺铁性贫血症的动物，猪生长速度越快，饲料报酬越高的品种，越容易发生缺铁性贫血症。

母猪在怀孕过程中为保证胚胎造血机能有足够的铁供应，会尽量动用体内铁的储备，所以母猪产前和产后最容易得缺铁性贫血症。

仔猪出生时，从母体带来的形成血红素、肌红蛋白的铁非常少。仔猪每日生长发育所需的铁为8～10mg，而母猪的奶水每日只能供给仔猪1mg铁。单一饲料饲喂仔猪等，造成自主蛋白质、维生素及铁、铜、钴等不足。仔猪慢性消化不良、寄生虫病等也是导致仔猪贫血症发生的重要原因。

另外，一些自然因素也会影响铁的消化吸收：

①自然界中的铁一般都是三价铁，动物最难消化吸收利用。

②饲料中添加的二价铁极易氧化成三价铁。

③硫酸亚铁是无机铁，动物体只能消化吸收3%～10%。

④硫酸亚铁不能添加得太多。过多的硫酸亚铁会影响别的微量元素的消化吸收，更能氧化维生素造成维生素缺乏症。

⑤猪是一胎多仔的动物。母猪、仔猪吸收不到足够的铁，就会发生贫血症。

⑥维生素B_{12}缺乏使猪易得障碍性贫血。

⑦饲料中的草酸、植酸及过多的磷酸盐与铁形成不溶性的铁盐，均会阻碍饲料中铁的吸收利用。

⑧饲料中钙、磷配比不当会影响铁的消化吸收。

⑨高铜会影响铁的吸收。

⑩含有大量维生素E、维生素C等还原剂时，会影响铁的消化吸收。

3.6.2 临诊症状

仔猪缺铁性贫血症 表现皮肤苍白，皮毛粗糙、无光泽，食欲不振，生长发育缓慢。免疫力、抗病力低，抵抗外界各种不良刺激，特别是低温刺激的能力差。仔猪易发生各种传染性疾病。轻则形成僵猪，重则3～4周死亡。

肉猪缺铁性贫血症 生长发育缓慢，食欲不振，生长缓慢，日渐消瘦，倦怠喜卧，动辄呼吸紧迫，皮毛粗糙，皮肤干燥、缺乏弹性，有时轻度腹泻，粪便呈暗灰色、恶臭。血液携氧能力严重不足，猪出售时，猪肌肉会以无氧的异化作用(catabolism)造成大量乳酸堆积，胴体肌肉 pH 值下降形成水样肉(PSE)。

母猪缺铁性贫血症 贫血的母猪，肌肉收缩无力，产程延长；母猪生产无力，造成死产多发；死产的比例比正常母猪高出 3 倍。

3.6.3 诊断

仔猪血液有明显的变化，呈淡红色，稀薄如水，这是诊断仔猪贫血症的重要依据。另外，根据临诊症状完全可以诊断出猪只贫血。

3.6.4 防制

仔猪贫血 可采用以下治疗方式：

①仔猪生后 1 周，可用深层挖出的红土，撒在猪圈一角，让其自由舔食。或用硫酸亚铁 2.5g，硫酸铜 1g，氯化钴 2.5g 与开水 1 000mL 混合，涂擦在母猪乳头上，让仔猪吸乳时吮食，每日 1~2 次。

②补饲铁铜合剂，配方为硫酸亚铁 21g，硫酸铜 7g 溶于 100mL 水内，混合后用纱布过滤，每头仔猪每日 4mL，喂至 20 日龄。

③注射铁钴针，生后 3~4d，每头仔猪肌注右旋糖酐铁钴注射液 2mL(每毫升含铁 50mg)隔周 1 次；或生后 3d 肌注牲血素 1mL(每毫升含铁 150mg)。

育肥猪缺铁性贫血 可采用以下治疗方式：

①在饲料中添加硫酸亚铁。但分娩前后给母猪补饲硫酸亚铁并不能增加胎儿体内铁的储备及显著增加奶水中的含铁量，因而不能防止仔猪贫血。

②在饲料中添加葡聚糖铁。但是给妊娠和哺乳母猪注射葡聚糖铁也几乎看不到通过胎盘和乳汁转移给仔猪铁的结果。

母猪缺铁性贫血 可采用以下治疗方式：

①在饲料中添加甘氨酸螯合铁。构成胎儿体蛋白质的氨基酸很容易通过母猪的胎盘屏障而转移给胎儿，也容易通过乳汁转移给仔猪。实验证明，铁被吸收进入黏膜细胞前，必须和肝脏所产生的脱铁蛋白(Apoferritin)结合成铁蛋白(Ferritin)，才能进入黏膜细胞。甘氨酸是脱铁蛋白上与铁结合的唯一氨基酸。世界有多位科学家的实验均证明铁必须先与氨基酸形成螯合物才能吸收。甘氨酸与铁螯合位置最多，性质最稳定，分子量最小，故研究发现甘氨酸螯合铁，动物几乎可以完全吸收利用。若给妊娠母猪口服甘氨酸螯合铁，在分娩前母猪便可将铁迅速转移并蓄积在胎儿的体内，也可通过乳汁将铁转移给仔猪。用甘氨酸螯合铁预防仔猪贫血的实验表明：按 150×10^{-6} 铁的甘氨酸螯合铁添加在临产母猪的日粮中，饲喂 5 周，生后仔猪不采取任何补铁措施，可以达到防治仔猪贫血的目的。同时，仔猪可以从母乳中获得高于同等无机铁几倍的生物活性铁，使仔猪血红蛋白量、体增重、成活率方面均比注射铁钴针优秀，而且成本低，可节省大量人力。

②加强运动，可在圈舍内放置红壤土，任其自由舔食。

③也可用碳酸钙 52g、骨粉 30g、食盐 15g、硫酸铁 2g、硫酸铜 0.5g，混于饲料中饲喂。

3.7　脑膜脑炎

脑膜脑炎(Meningoencephalitis)主要是受到传染性或中毒性因素的侵害，首先软脑膜及整个蛛网膜下腔发生炎性变化，继而通过血液和淋巴途径侵害到脑，引起脑实质的炎性反应；或者脑膜与脑实质同时发炎。本病呈现一般脑病症状或灶性脑病症状，是一种伴发严重的脑机能障碍的疾病。

3.7.1　流行病学

链球菌、葡萄球菌、肺炎球菌、双球菌、巴氏杆菌、化脓杆菌、坏死杆菌、李氏杆菌、猪流感嗜血杆菌以及沙门氏杆菌等，当机体防卫机能降低，微生物毒力增强时，即能引起本病的发生。又如中耳炎、化脓性鼻炎、额窦炎、眼球炎、腮腺炎以及外伤、骨质坏疽等蔓延至颅腔；或因感染创、褥疮等过程中转移至脑而发生本病。猪囊虫以及血液原虫病等的侵袭，导致脑膜及脑炎的发生和发展。铅中毒、食盐中毒、霉玉米中毒等过程中也可出现该病。

3.7.2　临诊症状

急性脑膜及脑炎，通常突然发病，多呈现一般脑病症状，病情发展急剧。猪只神智障碍，精神沉郁，闭目垂头，站立不动；目光无神，不听呼唤，直到呈现昏睡状态，其中有时突然兴奋发作。病猪尖声喊叫，磨牙空嚼，口流泡沫。由传染因素引起的，病初体温升高，颅顶骨灼热，颅内压升高。继发感染，往往伴发菌血症或毒血症现象。病程中，体温呈高热稽留。具有兴奋期与抑制期交替发作现象。兴奋期，猪只敏感，皮肤感觉异常，甚至轻轻触摸，即引起剧烈反应，个别有举尾现象；瞳孔缩小，视觉扰乱；反射机能亢进，容易惊恐。抑制期，呈现嗜眠、昏睡状态，呈现各种强迫姿势；瞳孔散大，视觉障碍，反射机能减弱乃至消失。

呼吸与脉搏变化：兴奋期，呼吸加快，脉搏增数。抑制期，呼吸缓慢而深长，脉搏减慢。但在末期，濒于死亡前，多呈现潮式呼吸，或毕欧氏呼吸（间断呼吸），脉微欲绝。

饮食状态：食欲减退或废绝，采食、饮水异常，咀嚼缓慢，常常中止；偶有呕吐现象。腹壁紧张，肠蠕动音微弱，排粪迟滞；尿量减少，尿中含有蛋白质、葡萄糖。

此外，由于脑组织的病变部位不同，特别是脑干受到侵害时，所表现的灶性症状也不一样，主要是痉挛和麻痹两种表现。

①眼肌痉挛，眼球震颤，斜视，瞳孔左右不同（散大不均匀），瞳孔反射机能消失。
②咬肌痉挛，牙关紧闭，磨牙。
③唇、鼻、耳肌痉挛。
④项肌和颈肌痉挛或麻痹，项和颈部的肌肉强直，头向后上方或一侧反张；倒地时，四肢做有节奏的游泳样运动。
⑤咽和舌肌麻痹，吞咽障碍，舌脱垂。
⑥面神经和三叉神经麻痹，唇歪向一侧或弛缓下垂。

⑦眼肌和耳肌麻痹，斜视、上眼睑下垂；耳弛缓下垂。

⑧单瘫与偏瘫，一组肌肉或某一器官麻痹，或半侧机体麻痹。

上述病症，不一定同时出现，有时某一器官或某一组肌肉痉挛，或麻痹比较明显。其他，视觉、听觉、味觉与嗅觉有时发生障碍。因此，在实践中应注意观察。

3.7.3 病理变化

本病的病理学变化为软脑膜小血管充血、淤血，轻度水肿，有的具有小出血点。切面、蛛网膜下腔和脑室内的脑脊液增多、混浊，含有蛋白质絮状物；脉络丛充血，灰质与白质充血，可见散在小出血点。有的病例，大脑皮层、基底核、丘脑、中脑、脑桥等部位，见有针尖大至小米粒大的灰白色坏死灶，脑实质疏松软化。

病毒性与中毒性的病例，脑组织与脑膜的血管周围淋巴细胞浸润。结核性脑膜及脑炎，见脑底和脑膜具有胶样或化脓性浸润。猪食盐中毒所致的病例，脑组织血管周围有大量嗜酸性粒细胞浸润。

慢性病例，软脑膜肥厚，呈乳白色，并与大脑皮层紧密连接；镜检，脑实质软化灶周围，有星状胶质细胞增生。

3.7.4 诊断

如果临诊症状明显，结合病史调查、现症观察及病情发展过程进行分析和论证可以确诊。临诊特征不十分明显时，可进行穿刺，采取脑脊液检查，其中蛋白质与细胞的含量显著增多；脑脊髓液中的沉淀物除嗜中性白细胞外，尚有病原微生物；若因病毒或中毒性因素引起的，则有淋巴细胞，所以确诊也不难。

鉴别诊断：在临诊实践中，有些病例，往往由于脑功能紊乱，特别是某些传染病或中毒性疾病所引起的脑功能障碍，则容易误诊，必须注意鉴别。

急性热性传染病，通常由于受到病原微生物及其毒素的侵害，往往引起中枢神经系统机能紊乱，有时与本病容易混同。但一般脑症状不明显，也无强迫运动和麻痹现象，故与本病容易区别。

李氏杆菌病的神经型，其临诊症状与本病很类似。猪多发于春秋两季，有时呈地方性流行，伴发下痢、咳嗽以及败血症现象，故与本病容易鉴别。

3.7.5 防制

由于本病多因伴发急性脑水肿，颅内压升高，脑循环障碍，故用10%～25%葡萄糖溶液100～500mL，静脉注射，以降低脑压；如果血液浓稠，同时可用10%氯化钠溶液200～300mL，静脉注射。但最好用脱水剂，通常用20%甘露醇溶液，或25%山梨醇溶液，按每千克体重1～2mL，静脉注射，应在30min内注射完毕，降低颅内压，改善脑循环。若于注射后2～4h内大量排尿，中枢神经系统紊乱现象即可好转。种猪急救也可以考虑应用ATP和辅酶A等药物，促进新陈代谢，改善脑循环。

镇静安神：当猪只狂躁不安时，可用2.5%盐酸氯丙嗪溶液，2～4mL，肌肉注射。

消炎解毒：用青霉素、链霉素或者磺胺肌肉注射。

根据病情发展，当猪只精神沉郁，心脏机能衰弱时，应强心利尿，可以用高渗葡萄糖溶液，小剂量，多次静脉注射；同时用安钠咖、氨茶碱，皮下注射；也可以用40%乌洛托品溶液，10~20mL，加适量维生素C和维生素B_{12}配合葡萄糖生理盐水，静脉注射，均可。

3.8 中 暑

中暑（Heatstroke）是日射病和热射病的总称，是猪在外界光或热作用下或机体散热不良时引起的机体急性体温过高的疾病。日射病是指猪受到日光照射，引起大脑中枢神经发生急性病变，导致中枢神经机能严重障碍的现象。

3.8.1 病因

日射病是指猪受到日光照射，引起大脑中枢神经发生急性病变，导致中枢神经机能严重障碍的现象。热射病为猪在炎热季节及潮湿闷热的环境中，产热增多，散热减少，引起严重的中枢神经系统功能紊乱现象。在炎热的夏季，日光照射过于强烈，且湿度较高，猪受日光照射时间长，猪圈狭小且不通风，饲养密度过大；长途运输时运输车厢狭小，过分拥挤，通风不良，加之气温高、湿度大，引起猪心力衰竭等发生中暑。

3.8.2 临诊症状

本病发病急剧，病猪可在2~3h内死亡。病初呼吸迫促，心跳加快，体温升高，四肢乏力，走路摇摆；眼结膜充血，精神沉郁，食欲废绝，饮欲增加，常出现呕吐。严重时体温升高到42℃以上。最后昏迷，卧地不起，四肢乱划，因心肺功能衰竭而死。

3.8.3 病理变化

剖检可见脑及脑膜充血、水肿、广泛性出血，脑组织水肿，肺充血、水肿，胸膜、心包膜以及肠系膜都有淤血斑和浆液性炎症。日射病时可见到紫外线所致的组织蛋白变性、皮肤新生上皮的分解。

3.8.4 诊断

根据临诊症状和剖检变化，以及天气情况，可以做出明确诊断。

3.8.5 防制

应将发病猪只立即移至阴凉处，用冷水浇头或灌肠，并结合清热解暑疗法。
①10%樟脑磺酸钠注射液4~6mL，用法：一次肌肉注射，每日2次。
②5%葡萄糖生理盐水200~500mL，用法：耳静脉放血100~300mL后一次静脉注射，4~6h后重复一次。
③鱼腥草100g、野菊花100g、淡竹叶100g、陈皮25g，用法：煎水1 000mL，一次灌服。

④生石膏 25g、鲜芦根 70g、藿香 10g、佩兰 10g、青蒿 10g、薄荷 10g、鲜荷叶 70g，用法：水煎灌服，每日 1 剂。

3.9 肾 炎

肾炎（Nephritis）是指肾小球、肾小管或肾间质组织发生炎症的统称。临诊上以肾区敏感与疼痛，尿量减少，尿液中含多量肾上皮细胞和各种管型，严重时伴有全身水肿为特征。

3.9.1 病因

感染性因素 多继发于某些传染病的经过之中，如猪瘟、猪丹毒、流行性感冒、链球菌病等，此外，本病也可由肾盂肾炎、膀胱炎、子宫内膜炎、尿道炎等邻近器官炎症的蔓延和致病菌通过血液循环进入肾组织而引起。重症胃肠炎也可继发、并发肾炎。

中毒性因素 由于内源性毒素或外源性毒素等有毒物质，经肾脏排出时产生强烈刺激而发病。内源性毒素主要是重症胃肠炎、肺炎、代谢障碍性疾病、大面积烧伤等疾病中所产生的毒素与组织分解产物；外源性毒素主要是摄食有毒植物、霉变的饲料、被农药和重金属（如砷、汞、铅、镉等）污染的饲料及饮水或错误应用有强烈刺激性的药物（如松节油、石碳酸、水杨酸等）。

诱发因素 机体受寒感冒、营养不良、过劳、创伤，均可成为肾炎的诱发因素。

3.9.2 临诊症状

急性肾炎 患猪食欲减退，精神沉郁，消化不良，体温升高。

肾区敏感、疼痛，患猪不愿走动，站立时腰背拱起，后肢叉开或集于腹下。多卧少立，强迫行走时腰背弯曲，僵硬，步样强拘，后肢举步不高，严重时，后肢拖拽前进。外部压迫肾区时，敏感性增高，表现疼痛不安，甚至躺下。患猪病初频频排尿，但每次尿量少，严重者无尿。尿色脓暗，相对密度增高，甚至出现血尿。尿中蛋白质含量增加。尿沉渣中可见管型、白细胞、红细胞、肾上皮细胞、脓球及病原菌等。动脉血压增高，主动脉第二心音增强，脉搏强硬。由于血管痉挛，眼结膜呈淡白色。病程延长时，可出现血液循环障碍和全身性淤血现象。病程后期在眼睑、颌下及前胸和腹下、四肢下半部、阴囊等处发生水肿。严重时，可发生喉水肿、肺水肿或体腔积液。重症患猪血液中非蛋白氮含量增高，出现尿毒症症状，表现嗜睡、昏迷，全身肌肉阵发性痉挛，并伴有腹泻及呼吸困难等症状。

慢性肾炎 其症状与急性肾炎基本相同，但病情发展缓慢，病程较长，且症状不明显。病初表现易疲劳，食欲减退，消化不良或伴有胃肠炎，逐渐消瘦。血压升高，脉搏增数，主动脉第二心音增强。后期，眼睑、颌下、胸腹下或四肢末端出现水肿，重症患猪出现肺水肿或体腔积液。尿量不定，尿相对密度增高，尿中蛋白质含量增加，尿沉渣中可见肾上皮细胞、红细胞、白细胞及管型。重症患猪由于血肿非蛋白氮含量增高，最终导致慢性氮质血症性尿毒症，患猪倦态，消瘦，贫血，抽搐及出血倾向，甚至死亡。

间质性肾炎 初期尿量增多,后期减少,尿液中可见少量红细胞、白细胞及肾上皮细胞,有时可发现透明或颗粒管型。血压升高,心脏肥大,主动脉第二心音增强,随着病情发展,出现心脏衰弱,皮下水肿。

3.9.3 诊断

本病多发生于某些传染病或中毒之后;临诊上表现少尿或无尿,肾区敏感,主动脉第二心音增强,水肿;实验室检查有蛋白尿、血尿,尿沉渣中有多量肾上皮细胞和各种管型等,综合这些特征可做出诊断。

3.9.4 防制

治疗 进行消除病因,加强护理,消炎利尿,抑制免疫反应及对症治疗。

①改善饲养管理:将患猪置于温暖、阳光充足,且通风良好的畜舍内,防止受寒感冒。病初可施行1~2d的饥饿或半饥饿疗法。以后给予富有营养、易消化且无刺激性的糖类饲料,减少高蛋白质饲料。为缓解水肿,适当限制食盐和饮水。

②消除感染:可选用抗菌类药物进行治疗,但不能使用对肾损害大的药物。

③免疫抑制疗法:使用一些免疫抑制剂治疗肾炎,具有一定的效果。可使用肾上腺皮质激素类或抑制肿瘤药物。

④利尿消肿:当有明显水肿时,可酌情选用利尿剂,如氢路噻嗪、乙酸钾、速尿等。

⑤对症治疗:当心脏衰弱时,可应用强心剂,如安钠咖、樟脑或洋地黄制剂;当有大量血尿时,可应用止血剂,如止血敏或维生素K;当有大量蛋白尿时,可应用蛋白质合成药物,如苯丙酸诺龙或丙酸睾丸素;当出现尿毒症时,可应用碳酸氢钠注射液或乳酸钠注射液缓解中毒症状。

⑥偏方:玉米须150g、红糖200g,煎水内服。

预防措施 加强饲养管理,不饲喂霉变或有刺激性的饲料,防止受寒,防止各种感染和毒物中毒。

3.10 膀胱炎

膀胱炎(Cystitis)是指猪膀胱黏膜及黏膜下层的炎症。临诊特征为疼痛性频尿和尿液中出现较多的膀胱上皮细胞、炎性细胞、血液和磷酸铵镁结晶为特征。按膀胱炎的性质,可分为卡他性、纤维蛋白性、化脓性和出血性膀胱炎4种。临诊上以卡他性膀胱炎较为常见。

3.10.1 病因

膀胱炎的发生与细菌感染、机械性刺激或损伤、毒物影响或某种矿物质元素缺乏及邻近器官炎症的蔓延有关。

细菌感染 除了某些传染病的特异性细菌继发感染之外,主要是化脓杆菌和大肠杆菌,其次是葡萄球菌、链球菌、绿脓杆菌等,经过血液循环或尿路感染而致病。

机械性刺激或损伤 膀胱结石、膀胱内赘生物、尿潴留时的分解产物以及带刺激性药物，如松节油、酒精、斑蝥等的强烈刺激。

毒物影响或某种矿物质元素缺乏 缺碘可引起动物的膀胱炎。还有人认为，霉菌毒素也是猪膀胱炎的病因。

邻近器官炎症的蔓延 肾炎、输尿管炎、尿道炎，尤其是母猪的阴道炎、子宫内膜炎等，极易蔓延至膀胱而引起本病。

3.10.2 临诊症状

急性膀胱炎 典型的临诊特征性是排尿频繁和疼痛。频频排尿，或屡做排尿姿势，但每次排出尿量较少或无尿液排出，病猪尾巴翘起，阴户区不断抽动，有时出现持续性尿淋漓，痛苦不安等症状。若膀胱括约肌受炎性产物刺激，长时间痉挛性收缩时可引起尿闭，由于膀胱（颈部）黏膜肿胀或膀胱括约肌痉挛收缩，严重者可导致膀胱破裂。此时，表现极度疼痛不安（肾性腹痛），呻吟。公畜阴茎频频勃起，母猪摇摆后躯，阴门频频开张。

尿液成分变化：卡他性膀胱炎时，尿液浑浊，尿中含有大量黏液和少量蛋白；化脓性膀胱炎时，尿中混有脓液；出血性膀胱炎时，尿中含有大量血液或血凝块；纤维蛋白性膀胱炎时，尿中混有纤维蛋白膜或坏死组织碎片，并具氨臭味。

尿沉渣镜检，可见到多量膀胱上皮细胞、白细胞、红细胞、脓细胞和磷酸铵镁结晶、尿酸铵结晶以及组织碎片及病原菌等。

全身症状通常不明显，若炎症波及深部组织，可有体温升高，精神沉郁，食欲减退。

慢性膀胱炎 由于病程长，病畜营养不良，消瘦，被毛粗乱、无光泽，其排尿姿势和尿液成分与急性者略同。若伴有尿路梗塞，则出现排尿困难，但排尿疼痛不明显。

3.10.3 诊断

急性膀胱炎可根据疼痛性频尿、排尿姿势变化等临诊特征以及尿液检查有大量的膀胱上皮细胞和磷酸铵镁结晶、尿酸铵结晶，进行综合判断。

在临诊上，膀胱炎与肾盂炎、尿道炎有相似之处，但只要仔细检查分析和全面化验是可区分的。肾盂炎，表现为肾区疼痛，肾脏肿大，尿液中有大量肾盂上皮细胞。尿道炎，镜检尿液无膀胱上皮细胞。

3.10.4 防制

治疗 治疗原则是加强护理，抑菌消炎，防腐消毒及对症治疗。

抑菌消炎是本病的主要疗法，可选用抗生素或磺胺类药物。尿路消毒，可选用呋喃类药物或乌洛托品等。利尿药物既能清洗尿路，又可加速尿路中不良物质的排出，对膀胱炎有显著疗效。

预防措施 应注意清洁卫生，如阴户周围发现粪污，立即清除，防止微生物侵入。在需导尿时，阴户周围及器械应严格消毒，并小心操作，以免损伤膀胱和引起感染。如其他泌尿器官或生殖器官发生疾病时，应及早治疗，防止其蔓延至邻近器官，饲喂时应限喂高蛋白饲料，经常给清洁饮水。

3.11 猪尿石症

3.11.1 病因

尿石症(Urolithiasis)是由于矿物质盐类，在肾盂、输尿管、膀胱结晶析出，并形成凝结物。临诊上以结石刺激肾盂、输尿管、膀胱以及阻塞尿道性腹痛、血尿、淋漓、尿闭为特征。尿石症是尿道出现结石障碍引起的疾病。

饲料中钙、磷的不平衡和代谢障碍引起的代谢异常、尿道器官的异常、磺胺剂、盐、胶体、激素的影响、pH的变化、肾脏障碍及饮水量少均可引起发病。

3.11.2 临诊症状

发病猪有尿频，排尿时弓背，呈弯腰姿势，抖尾，有时病猪横卧，少量尿液排出等症状。这样的排尿障碍症状反复表现，有时可见血尿，尤其以公猪症状表现明显。发生疝痛症状，表现不安，沉郁，也有少数因发生尿毒症和膀胱破裂造成急性死亡。由于反复排尿障碍，猪只食欲不振，发育迟缓，一般表现为群间发育不整齐。排出的尿液干燥后，呈灰白色晶状现于地面。用试管接取尿液，可呈现乳白色混浊。在尿道手术取出结石后，则排尿流畅。

3.11.3 病理变化

解剖可见尿结石和尿结石引起的机械障碍造成的病变。尿结石呈块状、沙粒状及粉状，颜色因尿结石的成分而异。尿结石多见于肾脏、膀胱及尿道。因结石栓塞可引起膀胱破裂，腹腔内出血。尿结石长时间刺激可引起膀胱壁显著肥厚、黏膜充血、出血，还可见到肾脏褪色、肾盂结石。组织学变化可见膀胱平滑肌变性，石灰沉着，出现异物型巨细胞及淋巴细胞浸润，肌间结缔组织显著增殖。黏膜上皮细胞呈屑状、块状，黏膜固有层呈蘑菇状增殖。此外，可见上皮细胞剥离、脱落。膀胱破裂可见固有层及肌层显著的出血灶。

3.11.4 诊断

本病特征性表现是排尿障碍引起的尿少、尿频、弯腰姿势、疝痛症状、血尿及尿呈乳白色混浊。出现这些症状时可疑为本病。尿液检查pH 7~8，呈弱碱性，蛋白质阳性，潜血反应阳性及尿中钙阳性等。可以结合病理学及X线检查确诊。

类症鉴别：

①膀胱麻痹或弛缓，相似处：有排尿姿势，滴尿或不尿等；不同处：较久不尿，后腹部有膨胀坚硬感，按摩施压有尿滴出或排出，尿道未发现结石。

②膀胱炎，相似处：常做排尿姿势，滴尿或不尿等；不同处：按压后腹部有疼痛，滴出尿液有臊臭气味，尿道无结石。

3.11.5 防制

预防措施 应改变以前的饲料结构,如果发现不均衡,即可疑为本病原因,进一步做尿道的化学分析,若查明尿结石成分,即可弄清是否和饲料中的成分有因果关系。如果怀疑与药剂投给有关,应立即终止投药。因尿结石可生理排出体外,可给予多量饮水,促使排出。为此应经常检查饮水设施,保持饮水畅通,多喂青绿色饲料,保障饮水,是防止本病的有效措施。对富含矿物质的饲料,注意合理配合,避免饮用含矿物质多的饮水。泌尿系统有炎症时应及早治疗,多补充饲料中维生素 A,以防止结石核心的形成。

治疗 如已确诊,应及早手术治疗。

①先从尿鞘拉出阴茎龟头,使阴茎 S 状弯曲(在阴囊前方)拉直,再从龟头循尿道向会阴部仔细检查(由指面抚摸尿道)结石部位。

②如结石在龟头附近,可将露出尿鞘的龟头握住结石的后方,使结石向前固定,接近龟头尿道口,注入润滑剂,向前用力结石即可取出。

③结石如在尿道的中部,在结石部位剪毛消毒,切开皮肤,露出尿道的结石部位,切开尿道取出结石(切口尽量小些,有利于愈合)。

④如结石在距膀胱颈附近,则在会阴部上方、肛门下方切开皮肤,循阴茎剥离周围结缔组织,将结石小心而耐心地向会阴部移动,再切开尿道取出结石即可。

⑤手术后用细丝线缝合尿道浆膜和肌层,不缝合尿道黏膜。

⑥缝合皮肤后,调整好两侧皮肤切口吻合,再在创面覆盖碘酒纱布,将四角缝于皮肤上,以保护创口,避免污染。

⑦如自龟头至膀胱颈均查不出有结石,有可能膀胱结石阻塞膀胱颈。可在耻骨前缘的腹部剪毛消毒,在距白线左侧或右侧 2cm 切开皮肤、腹肌、腹膜,如膀胱太大,则先用带胶管的针头刺入膀胱,排出 1/2 或 2/3 尿后,将膀胱取至创口或创口外,在膀胱顶部切一小口排出尿液,伸指摸膀胱颈部有无结石,最后用导尿管伸入膀胱颈部,将雷佛奴尔液注入,如能流畅由龟头排出,证明无残余结石阻塞。而后撒布青霉素、链霉素粉于膀胱,再用肠线缝合膀胱的浆膜肌层,用油剂青霉素 150 万~300 万国际单位注入腹腔,再依次缝合腹膜、腹肌、皮肤。

⑧用青霉素、链霉素各 80 万~160 万国际单位肌注,12h 1 次,连用 3~5d。

3.12 仔猪白肌病

白肌病(White myopathy)是以仔猪骨骼肌和心肌发生变性、坏死为主要特征的营养代谢病。原因是饲料中缺乏微量元素硒和维生素 E 所致。多发于 1 周到 3 月龄营养良好、体质健壮的仔猪。

3.12.1 病因

病因尚未明确,有的认为与维生素 E 缺乏有关,有的认为与微量元素硒不足有关,不过总的认为是营养不全,饲料单一而致病。通过给予维生素 E 和(或)微量元素硒可预防和治疗本病。

3.12.2 临诊症状

本病常发生于体质健壮的仔猪,有的病程较短,突然发病。发病初期表现精神不振,食欲减少,猪体迅速衰退,怕冷,喜卧,往往出现起立困难的病状,病势再发展,则四肢麻痹。呼吸不匀、频数,呼吸困难。心跳加快,体温无异常变化。病程为 3~8d,最后倒毙。也有的病例不出现任何病状,即迅速死亡。病程较长的,表现后肢强硬、拱背、站立困难,常呈前腿跪立或犬坐姿势。严重者坐地不起,后躯麻痹。有的表现神经症状,如转圈运动,头向一侧歪等,呼吸困难,心脏衰弱,最后死亡。

3.12.3 病理变化

腰、背、臀等肌肉变性,色淡,似煮肉样外观,而得名白肌病。死猪尸体剖检时,可见骨骼肌上有连片的或局灶性大小不同的坏死,肌肉松弛,颜色呈现灰红色,如煮熟的鸡肉。此种灰红色的熟肉样变化,时常是对称性的,常发现在四肢、背部、臀部等肌肉,此类病变也可见于膈肌。心内膜上有淡灰色或淡白色斑点,心肌明显坏死、心脏容量增大、心肌松软,有时右心室肌肉萎缩,外观呈桑葚状。心外膜和心内膜有斑点状出血。肝脏淤血、充血、肿大,质脆易碎,边缘钝圆,呈淡褐色、淡灰黄色或黏土色。常见肝脏有脂肪变性,横断面肝小叶平滑,外周苍白,中央褐红。常发现针头大的点状坏死灶和实质弥漫性出血。

3.12.4 诊断

发病与流行特点 以 7 日龄到 3 月龄仔猪幼猪发病为多见,常呈地方性发生。

临诊特征 其共同症状有运动机能障碍(喜卧、起立困难、跛行、四肢麻痹);心力衰竭(心跳加快、呼吸不匀、频数);消化机能紊乱(腹泻);贫血;黄疸;生长缓慢等全身症状;严重的有渗出性素质(由于毛细血管细胞变性、坏死,通透性增强,造成胸、腹腔和皮下等处水肿)。

剖检病变 病死猪的腰、背、臀部等骨骼肌松弛、变性,色淡,似煮肉样外观,呈灰黄色、黄白色的点状、条状、片状不等。心脏横径增大,似球形,右心室肌肉萎缩。肝脏淤血、充血、肿大,质脆易碎,边缘钝圆,呈淡褐色、淡灰黄色或黏土色。

3.12.5 防制

①对于 3 日龄仔猪,0.1%亚硒酸钠注射液 1mL,肌肉注射,有预防作用。母猪日粮中应添加亚硒酸钠和维生素 E。

②对发病猪可用 0.1%亚硒酸钠注射液,每头仔猪肌肉注射 3mL,20d 后重复 1 次;同时应用维生素 E 注射液,每头仔猪 50~100mg,肌肉注射。

③注意妊娠母猪的饲料搭配,保证饲料中硒和维生素 E 等添加剂的含量。还应配合使用亚硒酸制剂,如对泌乳母猪,可在饲料中加入一定量的亚硒酸钠(每次 10mg),可防止哺乳仔猪发病。有条件的地方,可饲喂一些含维生素 E 较多的青饲料,如种子的胚芽、青饲料和优质豆科干草。

3.13 猪维生素 A 缺乏症

维生素 A 缺乏症(Vitamin A deficiency)是猪维生素缺乏的常见病之一。该病主要是因为猪发生慢性肠道疾病时而发生维生素 A 缺乏症。该病主要表现为明显的神经症状,头颈向一侧歪斜,步样蹒跚,共济失调,不久即倒地并发出尖叫声。治疗可以直接补充维生素 A,保持饲料中有足够的维生素 A 原。

3.13.1 病因

猪维生素 A 缺乏症是体内维生素 A 或胡萝卜素长期摄入不足或吸收障碍所引起的一种慢性营养缺乏症,以夜盲、干眼病、角膜角化、生长缓慢、繁殖机能障碍及脑和脊髓受压为特征,仔猪及育肥猪易发,成猪少发。饲料中胡萝卜素或维生素 A 受日光暴晒、酸败、氧化等,饲料单一或配合日粮中维生素 A 的添加量不足均会引起本病的发生。母乳中维生素 A 含量低下,过早断奶可引起仔猪维生素 A 缺乏。机体维生素 A 或胡萝卜素的吸收、转化、储存、利用发生障碍是内源性病因。妊娠、哺乳期母猪及生长发育快速的仔猪对维生素 A 需要量增加,或长期腹泻、患热性疾病,维生素 A 排出和消耗增多,均可引起维生素 A 缺乏。

各种青绿饲料中,特别是胡萝卜、南瓜和精料玉米中都含有丰富的维生素 A 原,维生素 A 原能转变成维生素 A。而柿子、亚麻籽、萝卜、谷中几乎不含维生素 A 原。维生素 A 原是在肠上皮中转变为维生素 A 的。因此,猪发生慢性肠道疾病时,或饲喂大量不含维生素 A 原的饲料时,都容易发生维生素 A 缺乏症。

3.13.2 临诊症状

呈现明显的神经症状,头颈向一侧歪斜,步样蹒跚,共济失调,不久即倒地并发出尖叫声。目光凝视,瞬膜外露,继发抽搐,角弓反张,四肢呈游泳状。有的表现皮脂溢出,周身表皮分泌褐色渗出物,可见夜盲症。视神经萎缩及继发性肺炎。育成猪后躯麻痹,步态蹒跚。后躯摇晃,后期不能站立,针刺反应减退或丧失。母猪发情异常、流产、死产、胎儿畸形,如无眼、独眼、小眼、腭裂等。公猪睾丸退化缩小,精液质量差。皮肤角化增厚,骨骼发育不良,眼结膜干燥,乳头水肿,视网膜变性,怀孕母猪胎盘变性。

3.13.3 诊断

根据饲养管理状况、病史、临诊症状、维生素 A 治疗效果,可做出初步诊断。确诊需进行血液、肝脏、维生素 A 和胡萝卜素含量测定及脱落细胞计数、眼底检查。

临诊检查血浆、肝脏、饲料维生素 A 降低,其正常值:血浆 0.88mol/L,临界值为 0.25mol/L,低于 0.18mol/L 可出现临诊症状。肝脏维生素 A 和 β-胡萝卜素分别为 60μg/g 和 4μg/g 以上,临界值分别为 2μg/g 和 0.5μg/g,低于临界值即可发病。

3.13.4 防治措施

治疗 饲喂富含维生素 A 的饲料，添加胡萝卜素，内服鱼肝油，仔猪 5mL、育成猪 20mL，每日 1 次，连用数日。也可肌肉注射维生素 A，仔猪 2 万 IU，每日 1 次，连用 5d。注意当确诊猪只维生素 A 缺乏时，补充适量的维生素 A 是正确的，但不能大剂量地补充维生素 A，如果大剂量地给猪只补充维生素 A，会引起猪只维生素 D 缺乏，这样容易造成猪只瘫痪，损失更大。

预防措施 主要是保持饲料中有足够的维生素 A 原或维生素 A，日粮中应有足量的青绿饲料、优质干草、胡萝卜、块根类等富含维生素 A 的饲料。妊娠母猪需在分娩前 40～50d 注射维生素 A 或内服鱼肝油、维生素 A 浓油剂，可有效地预防初生仔猪的维生素 A 缺乏。同样要注意剂量，补充太多极易造成母猪瘫痪。

3.14 猪维生素 B 缺乏症

维生素 B 缺乏症(Vitamin B deficiency)是一种猪常见病，主要是因在日粮中长期缺乏青绿饲料，饲料单一或配合不当，都会造成维生素 B 缺乏。预防原则为调整日粮组成，添加复合维生素饲料添加剂，补充富含维生素 B 的全价饲料或青绿饲料。

3.14.1 病因

维生素 B 族是一组多种水溶性维生素，包括维生素 B_1、维生素 B_2、维生素 B_6、维生素 B_{12}、叶酸、泛酸等。猪长时间摄入不足，可致缺乏。维生素 B 在青绿饲料、酵母、麸皮、米糠及发芽的种子中含量最高，但有些饲料中缺乏一种或几种维生素，如玉米中维生素 B_1、维生素 B_2、泛酸、烟酸、胆碱等 B 族维生素含量极低，如果饲料单一，长时间饲喂可造成维生素 B 的不足或缺乏。动物患慢性肠胃病，长期腹泻或患有高热等消耗性疾病，B 族维生素吸收减少，消耗增加；长期、大量应用抗生素等能抑制维生素 B 合成的药物；妊娠、哺乳期母畜，仔猪代谢旺盛，维生素 B 需求增加；仔猪由于初乳、母乳中维生素 B 含量不足或缺乏等，均可造成维生素 B 缺乏症。

3.14.2 临诊症状

维生素 B_1(硫胺素)缺乏 猪病食欲减退，严重时可呕吐、腹泻，生长发育缓慢，尿少色黄，病猪喜卧少动，有见跛行，甚至四肢麻痹，严重者目光斜视，转圈，阵发性痉挛，后期腹泻。仔猪表现腹泻、呕吐、生长停滞、心动过速、呼吸迫促，突然死亡。

维生素 B_2(核黄素)缺乏 病猪厌食，生长缓慢，经常腹泻，被毛粗乱无光，并有大量脂性渗出，惊厥，眼周围有分泌物，运动失调，昏迷，死亡。鬃毛脱落，由于跛行，不愿行走，眼结膜损伤，眼睑肿胀，卡他性炎症，甚至晶体混浊、失明。怀孕母猪缺乏维生素 B_2，仔猪出生后不久死亡。

维生素 B_3(泛酸)缺乏 猪在用全玉米日粮时可自然产生泛酸缺乏症病例，典型特点是后腿踏步动作或成正步走，高抬腿，鹅步，并常伴有眼、鼻周围痂状皮炎，斑块状秃毛，毛色素减退呈灰色，严重者可发生皮肤溃疡、神经变性，并发生惊厥。渗出性鼻黏膜炎发展到支气管肺炎，肝脂肪变性，腹泻，有时肠道有溃疡、结肠炎，并伴有神经鞘变性。肾上腺有出血性坏死，并伴有虚脱或脱水，低色素性贫血，可能与琥珀酰辅酶 A 合成受阻、不能合成血红素有关。有时会出现胎儿吸收、畸形、不育。

维生素 B_5（烟酸）缺乏 猪食欲下降，严重腹泻；皮屑增多性发炎，呈污秽黄色；后肢瘫痪；胃、十二指肠出血，大肠溃疡，与沙门氏菌性肠炎类似；回肠、结肠局部坏死，黏膜变性。用抗烟酰胺药产生的烟酸缺乏症，还出现平衡失调，四肢麻痹，脊髓的脊突，腰段腹角扩大，灰质损伤，软化，尤其是灰质间呈明显损伤。

维生素 B_6（吡哆醇）缺乏 猪呈周期性癫痫样惊厥，呈小细胞性贫血和泛发性含铁血黄素沉着，骨髓增生，肝脂肪浸润。

维生素 B_7 缺乏 缺乏生物素时表现为耳、颈、肩部、尾巴、皮肤炎症、脱毛、蹄底蹄壳出现裂缝，口腔黏膜炎症、溃疡。

维生素 B_{12} 缺乏 厌食，生长停滞，神经性障碍，应激增加，运动失调，后腿软弱，皮肤粗糙，背部有湿疹样皮炎，偶有局部皮炎，胸腺、脾脏以及肾上腺萎缩，肝脏和舌头常呈现肉芽瘤组织的增殖和肿大，开始发生典型的小红细胞性贫血（仔猪中偶有腹泻和呕吐），成年猪繁殖机能紊乱，易发生流产、死胎，胎儿发育不全、畸形，产仔数减少，仔猪活力减弱，生后不久死亡。

3.14.3 防制

治疗 根据缺乏不同的 B 族维生素，应用不同的药物：

①维生素 B_1 缺乏，按每千克体重 0.25～0.5mg，采取皮下、肌肉或静脉注射维生素 B_1，每日 1 次，连用 3d。也可内服丙硫胺或维生素 B_1 片。

②维生素 B_2 缺乏，每吨饲料内补充核黄素 2～3g，也可采用口服或肌肉注射维生素 B_2，每头猪 0.02～0.04g，每日 1 次，连用 3～5d。

③泛酸缺乏，可肌肉注射泛酸。对生长阶段猪饲料每千克加入 11～13.2mg 泛酸，繁殖泌乳阶段的猪饲料中每千克加 3.2～16.5mg，能起到很好的预防作用。

④维生素 B_5 缺乏，口服烟酸 100～200mg。

⑤维生素 B_6 缺乏，每日口服维生素 B_6 每千克体重 60mg。饲喂酵母和糠麸。

⑥维生素 B_7 缺乏，口服生物素每千克体重 200mg。

⑦维生素 B_{12} 缺乏，可肌肉注射维生素 B_{12} 每千克体重 50mg。也可配合铁钴针注射。

预防措施 调整日粮组成，添加复合维生素饲料添加剂，补充富含维生素 B 的全价饲料或青绿饲料。

3.15 佝偻病

佝偻病（Rickets）是生长期的仔猪由于维生素 D 及钙、磷缺乏或饲料中钙、磷比例失调所致的一种骨营养不良性代谢病，特征是生长骨的钙化不足，并伴有持久性软骨肥大与骨骺增大。临诊特征是生长发育迟缓，消化紊乱，异食癖，软骨钙化不全，跛行及骨骼变形。

3.15.1 病因

佝偻病主要是由于骨质缺乏钙和磷等无机盐类,以及维生素 D 不足,缺少日光照晒,引起猪体钙磷代谢紊乱,影响骨骼中磷酸钙的合成。造成佝偻病的因素之一是饲料配合不当,偏喂了一种食物,如长期饲喂酒糟、豆腐渣、糖渣等,以致钙磷和维生素 D 的缺乏,或钙磷比例失调。猪舍潮湿缺乏阳光照射,也能使幼猪身体逐渐缺乏钙磷和维生素,而发生佝偻病。另外,由于肠胃病、寄生虫病、先天性发育不良等因素阻碍了对维生素的吸收和利用,也能诱发佝偻病。

3.15.2 临诊症状

先天性佝偻病,仔猪出生后衰弱无力,经过数天仍不能自行站立。扶助站立时,腰背拱起,四肢弯曲不能伸直。

后天性佝偻病的仔猪 1~3 个月才出现明显症状。病猪表现发育停滞,精神沉郁,食欲减退,消化不良,出现异食癖(舔食土墙、砖墙、粪便),消瘦,贫血,出牙时间延长,齿形不规则,齿质钙化不足,面骨、躯干骨和四肢骨变形,腕部弯曲,以腕关节爬行,后肢则以跗关节着地。喜卧不愿站立和运动,强行站立和运动时表现强拘、肢体软弱,四肢呈"X"或"O"形,肋骨与肋软骨处肿大呈串珠状。在仔猪尚可见到嗜睡,步态蹒跚,突然卧地和短时间痉挛等神经症状。

3.15.3 诊断

根据猪发病日龄(幼龄仔猪)、饲养管理条件(日粮中维生素 D 及钙磷缺乏或钙磷比例失调,光照和户外运动不足)、病程经过(慢性经过)、生长迟缓、异食癖、运动困难以及牙齿和骨骼变化等,可以进行初步诊断。必要时结合血液学检查、X 线检查、饲料成分分析等。X 线检查可见骨密度降低,长骨末端呈现"羊毛状",骨骺变宽。

3.15.4 防制

治疗 发病的猪可使用 10% 葡萄糖酸钙、维丁胶性钙、维生素 D 等药物进行治疗。

预防措施 加强饲养管理。供给全价饲料,补充足够的维生素 D,尤其注意钙磷的平衡。给予适当的运动,多晒太阳。

3.16 骨软症

骨软症(Soft bone disease)是成年猪的一种营养代谢病,是由于机体吸收钙磷元素不足或者钙磷比例失调造成的骨质疏松症。

3.16.1 病因

骨软症是由于钙磷缺乏或钙磷比例失调,而发生于成年猪的一种骨营养不良病。日粮中磷含量的不足是发生骨软症的重要原因；钙磷比例不当也是骨软症的病因之一，当磷不足时，高钙日粮可加重缺磷性骨软症的发生；维生素D缺乏可促进骨软症的发生。影响钙磷吸收利用的因素有年龄、妊娠、哺乳等。日粮中蛋白质、脂类的缺乏或过剩，以及锌、铜、铁、镁等其他矿物质的缺乏或过剩，常可对骨软症的发生产生间接影响。

3.16.2 临诊症状

病猪跛行，站立困难，异食癖（喜啃骨头、嚼瓦砾、吃胎衣等）。母猪躲藏不动，做匍匐姿势，产后跛行加剧，后肢瘫痪。X线检查可见骨密度不均，生长板边缘不整，干骺端边缘和深部出现不规则的透亮区。

3.16.3 诊断

根据日粮组成中的钙磷含量、日粮的配合方法、饲料来源及地区自然条件，病猪年龄、妊娠、泌乳情况、临诊症状、实验室化验和特殊检查（X线骨密度测定）等，可进行诊断。

3.16.4 防制

治疗 对患有骨软病猪，应多垫干草，防止发生褥疮，同时用以下方法治疗：早期不用药，将牲畜骨头放在火中煅烧后，研成细末，调入猪饲料中喂食，也可在饲料中添加适量鱼粉和杂骨汤；肌肉注射维丁胶性钙注射液；静脉注射3%次磷酸钙溶液、10%葡萄糖酸钙溶液或10%氯化钙溶液。

预防措施 应加强饲养管理，日粮中给予充足的钙磷并调整好二者的比例，适当补充维生素D。避免长期饲喂单一饲料，注意合理搭配适量的骨粉。适当增加运动，保持猪舍的温暖、清洁和充足光线。

3.17 亚硝酸盐中毒

亚硝酸盐中毒（Nitrite poisoning）是由于饲料富含硝酸盐，在饲喂前的调制中或采食后在体内转化形成亚硝酸盐，吸收入血后使血红蛋白氧化为高铁血红蛋白而失去携氧能力，导致组织缺氧，而引起的中毒。临诊上以发病突然，黏膜发绀，血液褐变，呼吸困难，神经功能紊乱，经过短急为特征。多种动物均可发生，常见于猪和反刍动物，俗称"猪饱潲病""烂菜叶中毒"等。

3.17.1 病因

蔬菜性饲料煮后焖放或腐败、霉变 是猪亚硝酸盐中毒的常见病因，鲜青菜约含硝酸盐0.1mg/kg，焖放5~6h即有危险，12h毒性最高；鲜青菜腐烂6~8d硝酸盐含量可达340mg/kg。甜菜含硝酸盐0.04mg/kg，煮后焖放可增至25.7mg/kg，为原来的500倍。霉变食品中，亚硝胺的含量可增高25~100倍，而亚硝酸盐的毒性比硝酸盐大6~10倍。20世纪60年代在南方报道的"猪饱潲病"就是此原因所致亚硝酸盐中毒。

误投药品 硝酸盐肥料、工业用硝酸盐（混凝土速凝剂）或硝酸盐药品等酷似食盐，被误投混入饲料或误食而中毒。

饮水 经常饮入含过量硝酸盐的水。

腌制食品 伴侣动物食入腌制不良的食品。

其他 当动物营养不良、饥饿，维生素A、维生素E缺乏，饲料中碳水化合物不足时，亚硝酸盐蓄积，同时动物对亚硝酸盐中毒的耐受性也降低。

亚硝酸盐和硝酸盐的毒性：不同动物对亚硝酸盐的敏感性不同，猪最敏感，其次为牛、羊、马、家禽，兔与经济动物也可发生。猪的亚硝酸钠中毒量为每千克体重48～77mg，致死量为每千克体重88mg；牛的亚硝酸钠最小致死量为每千克体重88～110mg，羊为每千克体重40～50mg。硝酸钾以每千克体重4～7g可引起猪的致死性胃炎；硝酸钾对牛的最小致死量是每千克体重600mg。

3.17.2 临诊症状

亚硝酸盐中毒多为急性中毒。猪一次食入大量含外源性生成的亚硝酸盐饲料后，多在0.5h内发病。

猪最急性中毒常无前驱症状即突然死亡。

猪急性中毒，初期表现沉郁，呆立不动，食欲废绝，轻度肌肉颤动，呕吐，流涎，呼吸、心跳加快；继而不安，转圈，呼吸困难，口吐白沫，体温低于正常，末梢发凉，黏膜发绀。严重中毒，皮肤苍白，瞳孔散大，肌肉震颤，衰弱，卧地不起，有时呈阵发性抽搐，惊厥，窒息而死。

猪慢性中毒时，表现的症状多种多样。表现有流产，分娩无力，受胎率低等综合征。较低或中等量的硝酸盐还可引起维生素A缺乏症和甲状腺肿等。而虚弱，发育不良，增重缓慢，泌乳量少，慢性腹泻，步态强拘等，则是常见的症状。

猪只一次摄入大量的硝酸盐，可直接刺激消化道黏膜引起急性胃肠炎，表现为流涎、呕吐、腹泻及腹痛。

3.17.3 病理变化

亚硝酸盐中毒的特征性剖检变化是血液呈咖啡色或黑红色、酱油色，凝固不良。其他表现有皮肤苍白，发绀，胃肠道黏膜充血，全身血管扩张，肺充血，水肿，肝、肾淤血，心外膜和心肌有出血斑点等。

一次性过量硝酸盐中毒胃肠黏膜充血、出血，胃黏膜容易脱落或有溃疡变化，肠管充气，肠系膜充血。

3.17.4 诊断

亚硝酸盐急性中毒的潜伏期为0.5～1h，3h达到发病高峰，之后迅速减少，并不再有新病例出现。

病史调查 如饲料种类、质量、调制等资料，提出怀疑诊断。

临诊检查 根据可视黏膜发绀，呼吸困难，血液褐色，抽搐，痉挛等特征性临诊症状,结合病理剖检实质脏器充血、浆膜出血,血色暗红至酱油色变化等,即可做出初步诊断。

毒物分析及变性血红蛋白含量测定 有助本病的诊断。美蓝等特效解毒药进行抢救治疗,疗效显著时即可确诊。

急性硝酸盐中毒可根据急性胃肠炎与毒物检验做出诊断。

诊断鉴别 依据发病急,群体性发病的病史,饲料储存状况,临诊见黏膜发绀及呼吸困难,剖检时血液呈酱油色等特征,可以做出诊断。可根据特效解毒药美蓝进行治疗性诊断,也可进行亚硝酸盐检验、变性血红蛋白检查。

3.17.5 治疗措施

特效解毒 特效解毒药为美蓝(亚甲蓝)和甲苯胺蓝,可迅速将高铁血红蛋白还原为正常血红蛋白而达解毒目的。

①美蓝:是一种氧化还原剂,其在低浓度小剂量时为还原剂,先经体内还原型辅酶Ⅰ(NADPH)作用变成白色美蓝,再作为还原剂把高铁血红蛋白还原为正常血红蛋白。而在高浓度大剂量时,还原型辅酶Ⅰ不足以将其还原为白色美蓝,于是过多的美蓝则发挥氧化作用,反使正常血红蛋白变为高铁血红蛋白,加重亚硝酸盐中毒的症状,故治疗亚硝酸盐中毒时须严控美蓝剂量。美蓝的标准剂量为每千克体重1～2mg;使用浓度为1%,配制时先用10mL乙醇溶解1g美蓝,后加灭菌生理盐水至100mL。用药途径为静脉注射或深部肌肉分点注射。

②甲苯胺蓝:可用于各种动物,剂量为每千克体重5mg,配成5%溶液进行静脉注射或肌肉注射。

③还可用25%维生素C静脉注射作为还原剂进行解毒治疗,剂量为10～15mL。

其他疗法

①剪耳放血与泼冷水治疗,对轻症病畜有效。

②市售蓝墨水,以40～60mL/头剂量给猪分点肌肉注射,同时肌肉注射安钠咖,在偏远乡村应急解毒抢救有一定疗效。

③中毒时灌服0.1%高锰酸钾溶液10～50mL,可减轻中毒症状。

④中药疗法:雄黄30g,小苏打45g,大蒜60g,鸡蛋清2个,新鲜石灰水上清液250mL,将大蒜捣碎,加雄黄、小苏打、鸡蛋清,再倒入石灰水,每日灌服2次。

急性硝酸盐中毒可按急性胃肠炎治疗即可。

对症治疗 以上药物解毒治疗需重复进行,同时配合以催吐、下泻、促进胃肠蠕动和灌肠等排毒治疗措施,以及高渗葡萄糖输液治疗。对重症病畜还应采用强心、补液和兴奋中枢神经等支持疗法。

3.17.6 预防措施

①为防止饲用植物中硝酸盐蓄积,在收割前要控制无机氮肥的大量施用,可适当使用钼肥以促进植物氮代谢。

②青绿菜类饲料切忌堆积放置而发热变质,使亚硝酸盐含量增加,应采取青贮方法或

摊开敞放以减少亚硝酸盐含量。

③提倡生料喂猪，除大豆和甘薯外，多数饲料经煮熟后营养价值降低，尤其是几种维生素被破坏，且增加燃料费。若要熟喂，青饲料在烧煮时宜大火快煮，并及时出锅冷却后再饲喂，切忌小火焖煮或煮后焖放过夜饲喂。对已经生成过量亚硝酸盐的饲料，或弃之不用，或以每15kg猪饲料加入化肥碳酸氢铵15~18g，据介绍可消除亚硝酸盐。

④禁止饮用长期潴积污水，粪池与垃圾附近的积水和浅层井水，或浸泡过植物的池水与青贮饲料渗出液等，也不得用这些水调制饲料。

3.17.7　知识拓展

机体摄入亚硝酸盐并吸收入血后，交换进入红细胞，使含氧血红蛋白(HbO)迅速氧化为高铁血红蛋白(MtHb)，致血红蛋白(Hb)中的二价铁(Fe^{2+})转变为三价铁(Fe^{3+})，此时Fe^{3+}同个羟基(—OH)稳定结合，不能还原为Fe^{2+}，使血红蛋白(Hb)丧失了携氧的能力，其结果引起全身性缺氧。在缺氧过程中，中枢神经系统最为敏感，出现一系列神经症状，最终发生窒息，甚至死亡。

亚硝酸盐可松弛血管平滑肌，扩张血管，使血压降低，导致血管麻痹而使外周循环衰竭。此外，亚硝酸盐还有致癌和致畸作用。亚硝酸盐、氮氧化物、胺和其他含氮物质可合成强致癌物——亚硝胺和亚硝酸胺，其不仅引起成年动物癌肿，还可透过胎盘屏障使子代动物致癌；亚硝酸盐可通过母乳和胎盘影响幼畜及胚胎，故常有死胎、流产和畸形。

一次性大量食入硝酸盐后，硝酸盐及其与胃酸释放的二氧化氮对消化道产生的腐蚀刺激作用，可直接引起胃肠炎。

3.18　食盐中毒

食盐(Salt)是畜禽日粮所必需的营养成分，饲喂适量的食盐，既可保证血液的电解质平衡而维持正常的生理功能，也可提高饲料的适口性而增强食欲，一般动物食盐需求量为饲料的0.25%~0.5%。如在饮水不足的情况下，过量摄入食盐或含盐饲料而引起以消化紊乱和神经症状为特征的中毒性疾病，主要的病理学变化为嗜酸性粒细胞(嗜伊红细胞)性脑膜炎。各种动物均可发病，主要见于猪和家禽，其次为牛、马、羊和犬等。中毒量：牛、马、猪，1~2.2g/kg；绵羊，3~6g/kg；鸡，1~1.5g/kg。致死量：猪，125~250g/次；犬，30~60g/次；牛，1 500~3 000g/次。

本病的发生与水密切相关，又被称为"缺水-盐中毒"或"水-钠中毒"。其他如乳酸钠、丙酸钠和碳酸钠等钠盐引起的实验和自然中毒，剖检变化和临诊症状与食盐中毒基本相同，故又统称为"钠盐中毒"。

3.18.1　病因

钠离子的毒性与饮水量直接相关，当水的摄入被限制时，猪饲料中含0.25%的食盐即可引起钠离子中毒。如果给予充足的清洁饮水，日粮中含13%的食盐也不至于造成中毒。又如"盐水治结"时，1%~6%食盐不会引起口服中毒。有报道认为，动物在饮水充足的情况下，日粮中的食盐含量不应超过 0.5%，含量过高会引起肠胃炎和脱水。

舍饲 中毒多见于配料疏忽，误投过量食盐或对大块结晶盐未经粉碎和充分拌匀，或饲喂含盐分高的泔水、酱渣、咸菜及腌菜水和卤咸鱼水等。

放牧 多见于供盐时间间隔过长，或长期缺乏补饲食盐的情况下，突然加喂大量食盐，加上补饲方法不当，如在草地撒布食盐不匀或让猪只在饲槽中自由抢食。

饮水不足 在炎热的季节限制饮水，或寒冷的天气供给冰冷的饮水，容易发生钠离子中毒。

诱发因素 当缺乏维生素 E 和含硫氨基酸、矿物质时，对食盐的敏感性增高；环境温度高而又散失水分时，敏感性升高；幼龄猪较成年猪，易发生食盐中毒。

各种动物的食盐内服急性致死量为：牛、猪、马约每千克体重 2.2g，羊每千克体重 6g，犬每千克体重 4g，家禽每千克体重 2~5g。动物缺盐程度和饮水的多少直接影响致死量。

3.18.2 临诊症状

猪只急性中毒主要表现神经症状和消化紊乱。

猪因中毒量不同，症状有轻、有重。体温 38~40℃，因痉挛而升到 41℃，也有的仅 36℃，食欲减退或消失，渴欲增加、喜饮水，尿少或无尿。不断空嚼，大量流涎、白沫、呕吐。出现便秘或下痢，粪中有时带血。口腔黏膜潮红、肿胀，有的有腹疼。腹部皮肤发紫、发痒，肌肉震颤；心跳每分钟 100~120 次，呼吸加快，发生强直痉挛，后驱不完全麻痹或完全麻痹，约 5~6d 死亡。最急性中毒，兴奋奔跑，肌肉震颤，继则好卧昏迷，2d 内死亡。急性中毒，瞳孔散大，失明耳聋，不注意周围事物，步态不稳，有时向前直冲，遇障碍而止，头靠其上向前挣扎，卧下时四肢做游泳动作，偶有角弓反张，有时癫痫发作，或做圆圈运动，或向前奔跑，7~20min 发作一次。慢性中毒，主要是长时间缺水造成慢性钠潴留，出现便秘、口渴和皮肤瘙痒，突然暴饮大量水后，引起脑组织和全身组织急性水肿，表现与急性中毒相似的神经症状，又称"水中毒"。

3.18.3 病理变化

剖检见肝肿大、质脆，小肠有不同程度的炎症，肠系膜淋巴结充血、出血，心内膜有出血点，肺水肿，胃肠黏膜充血、出血，尤以胃底部最严重，直至有溃疡。死亡的猪，尸僵不全，血液凝固不全成糊状，脑脊髓有不同程度的充血、水肿。组织学变化为嗜酸性粒细胞性脑膜脑炎，即脑和脑膜血管周围有嗜酸性粒细胞浸润，血管扩张，充血与透明血栓形成，血管内皮细胞肿胀、增生，核空泡化；血管外周的间隙水肿增宽，有大量的嗜酸性粒细胞浸润，形成明显的"管套"或"套袖"；若已存活 3~4d 的病例，则嗜酸性粒细胞返回血液循环，看不到所谓的"管套"现象，但是仍然可观察到大脑皮层和白质间区形成的空泡。同时肉眼观察，可见脑水肿、软化和坏死病变。

3.18.4 诊断

根据病畜有摄入大量食盐或其他钠盐，同时饮水不足的病史，结合神经和消化机能紊乱的典型症状，病理组织学检查发现特征性的脑与脑膜血管嗜酸性粒细胞浸润，可做出初步诊断。

确诊需要测定体内氯离子、氯化钠或钠盐的含量。尿液氯含量大于1‰为中毒指标。血浆和脑脊髓液钠离子浓度大于160mmol/L，尤其是脑脊液钠离子浓度超过血浆时，为食盐中毒的特征。大脑组织(湿重)钠含量超过1 800mg/kg即可出现中毒症状。猪胃内容物氯含量大于5.1g/kg，小肠内容物氯含量大于2.6g/kg，大肠内容物和粪便氯含量大于5.1g/kg，即疑为中毒。正常血液氯化钠含量为(4.48±0.46)mg/mL，当血中氯化钠含量达9.0mg/mL时，即为中毒的标志。另外，中毒猪耳朵氯化钠含量超过5.9mg/g。

本病的突发脑炎症状与伪狂犬病、乙型脑炎、马属动物霉玉米中毒、中暑及其他损伤性脑炎容易混淆，应借助微生物学检验、病理组织学检查进行鉴别。表现的胃肠道症状还应与有机磷中毒、重金属中毒、胃肠炎等疾病进行鉴别诊断。

3.18.5 病程及预后

急性食盐中毒的病程一般为1～2d，往往在24h内死亡。有的病程相对较长，从数小时至3～4d。具体中毒病例的病程与治疗时机、饮水限制等因素有关。

预后判断取决于血中氯化钠浓度变化，正常血液氯化钠含量为(4.48±0.46)mg/mL，当血中氯化钠含量达9.0mg/mL时即出现中毒症状，达13.0mg/mL时，为严重中毒，达15.2mg/mL时提示预后不良。

3.18.6 治疗措施

尚无特效解毒剂。对初期和轻症中毒病畜，可采用排钠利尿、双价离子等渗溶液输液及对症治疗。

发现早期，立即供给足量饮水，以降低胃肠中的食盐浓度 猪可灌服催吐剂(硫酸铜0.5～1g或吐酒石0.2～3g)。若已出现症状时则应控制为少量多次饮水，主要是防止脑水肿。

应用钙制剂 可用5%氯化钙明胶溶液(明胶1%)，每千克体重0.2g分点皮下注射。

利尿排钠 可用双氢克尿塞，以每千克体重0.5mg内服。

解痉镇静 5%溴化钾、25%硫酸镁静脉注射；或盐酸氯丙嗪肌肉注射。

缓解脑水肿，降低颅内压 25%山梨醇或甘露醇静脉注射；也可用25%～50%高渗葡萄糖溶液进行静脉或腹腔(猪)注射。

其他对症治疗 口服石蜡油以排钠；灌服淀粉黏浆剂保护胃肠黏膜；如排尿液少或无尿，用10%葡萄糖250mL与速尿40mL混合静注，每日2次，连用3～5d，排出尿液时停用。如病猪出现牙关紧闭不能进食，用0.5%的普鲁卡因10mL，两侧牙关、锁口穴封闭注射；也可针耳尖、太阳、山根、百会穴，剪耳、尾放血。

3.18.7 预防措施

日粮中应添加占总量0.5%的食盐，或以每千克体重0.3～0.5g补饲食盐，以防因盐饥饿引起对食盐的敏感性升高。限用咸菜水、面浆喂猪，在饲喂含盐分较高的饲料时，严格控制用量的同时供以充足的饮水。食盐治疗肠阻塞时，在估计体重的同时要考虑猪只的体质，掌握好口服用量和水溶解浓度（1%～6%）。

①利用含盐残渣废水时，必须适当限量，煮沸并不能削减盐分，并配合其他饲料。食槽的底部往往有食盐结晶沉淀，因此必须经常清洗食槽。

②严格控制饲料中食盐添加量：不得超过 0.5%。

③日常供给充足的饮水：特别是炎热的夏季。对中毒严重的病猪则一定要控制饮水，防止一次大量给水而导致组织严重水肿，宜间隔 1～2h 有限地供给清洁饮水。

④适当补充矿物质及多种维生素，以降低对盐的敏感性。

⑤饲料盐要注意保管存放，不要让动物接近，以防偷食。

3.18.8　知识拓展

食盐的毒性作用主要表现在两个方面，即氯化钠对胃肠道的局部刺激作用和钠离子潴留对组织，尤其脑组织的损害作用。

局部刺激作用　大量高浓度的食盐进入消化道后，刺激胃肠黏膜而发生炎症过程，同时因渗透压的梯度关系吸收肠壁血液循环中的水分，引起严重的腹泻、脱水，进一步导致全身血液浓缩，机体血液循环障碍，组织相应缺氧，机体的正常代谢功能紊乱。

组织损害作用　经肠道吸收入血的食盐，在血液中解离出钠离子，造成高钠血症，高浓度的钠进入组织细胞中积滞形成钠潴留。高钠血症既可提高血浆渗透压，引起细胞内液外溢而导致组织脱水，又可破坏血液中一价阳离子与二价阳离子的平衡，而使神经应激性升高，出现神经反射活动过强的症状。钠潴留于全身组织器官，尤其脑组织内，引起组织和脑组织水肿，颅内压升高，脑组织供氧不足，使葡萄糖氧化供能受阻。同时，钠离子促进三磷酸腺苷转为一磷酸腺苷，并通过磷酸化作用降低一磷酸腺苷的清除速度，引起一磷酸腺苷蓄积而又抑制葡萄糖的无氧酵解过程，使脑组织的能量来源中断。

另外，钠离子可使脑膜和脑血管吸引嗜酸性粒细胞在其周围积聚浸润，形成特征性的嗜酸性粒细胞套袖现象，连接皮质与白质间的组织连续出现分解和空泡形成，发生脑皮质深层及相邻白质的水肿、坏死或软化损害，故又称为"嗜酸性粒细胞性脑膜炎"。

3.19　菜籽饼粕中毒

菜籽饼中毒是其所含芥子油苷可水解生成异硫氰酸烯酯和硫氰酸盐，畜禽采食过多时引起肺、肝、肾及甲状腺等多器官损害，临诊上以急性肠胃炎、肺气肿和肾炎为特征的中毒性疾病。以猪、禽中毒多见，其次为羊、牛，马属动物较少发病。

3.19.1　病因

油菜为十字花科芸薹属，一年生或越年生的草本植物，是我国大部地区主要的油料作物之一。油菜籽榨油后的副产品为菜籽饼，仍含有丰富的蛋白质（32%～39%），其中可消化蛋白质为 27.8%，而且所含氨基酸比较完全，是畜禽的一种重要的高蛋白质饲料。但油菜饼与油菜全株含有毒物质，若不经去毒处理而大量饲喂，则可引起猪只中毒。

菜籽饼和油菜籽中含有芥子苷或黑芥子酸钾，其本身虽无毒，但是在芥子酶的催化下，可分解为有毒的丙烯基芥子油或异硫氰酸丙烯酯、恶唑烷硫酮等物质。菜籽饼的毒性，亦即有毒物质的含量随油菜的品系、加工方法、土壤含硫量而有所不同，菜籽型含异硫氰酸丙烯酯较高，甘蓝型含恶唑烷硫酮较高，而白菜型二者都较低。

本病的发生是猪只长期饲喂未去毒处理的菜籽饼，或突然大量饲喂未减毒的菜籽饼。猪只采食多量鲜油菜或芥菜，尤其开花结籽期的油菜或芥菜也可引起中毒。在大量种植油菜、甘蓝及其他十字花科植物的地区，以这些植物的根、茎、叶及其种子为饲料，或利用油菜种子的粉或饼作为猪只饲料时，常常发生该病的流行。

菜籽饼的毒性，猪一次采食150~200g未处理的菜籽饼即有可能中毒。猪日粮中菜籽饼超过20%，即出现中毒症状。

3.19.2 临诊症状

猪只表现为卧地不起，张口呼吸，驱赶起立后，四肢震颤无力，走几步又倒地喘息，叫声嘶哑，食欲废绝，呕吐、拉稀，大便呈黑褐色，部分猪的粪便带有血液、恶臭难闻，排尿频繁，尿液落地后可溅起棕红色泡沫；少数严重病例口角及鼻孔有粉红色泡沫液体，鼻唇发紫，瞳孔散大，结膜发绀，体温39.5~40.5℃，呼吸48~62次/min，心率86~105次/min。慢性病例，仔猪表现生长缓慢，甲状腺肿大；妊娠猪只孕期延长；新生仔猪死亡率升高。由于感光过敏而猪只表现背部、面部和体侧皮肤红斑、渗出及类湿疹样损害，因皮肤发痒而不安、摩擦，会导致进一步的感染和损伤。结膜苍白，表现为严重贫血。有些病例还可能伴有亚硝酸盐或氢氰酸中毒的症状。

3.19.3 病理变化

多见皮下脂肪淤血，胸、腹膜有出血点，心肌弛缓，右心室充满凝固不良的血液，血液稀薄，暗褐色；肺表现严重的破坏性气肿，伴有淤血和水肿，切面流出多量紫黑色泡沫状液体；肝脏实质变性，斑状坏死，呈黑色，质地硬脆；胆囊萎缩，胆汁浓稠呈深黑色；肾呈蓝紫色，切面皮髓界限不清；膀胱充盈，外观呈紫色，切开后尿液呈红褐色，黏膜有出血点；胃内充满褐色食糜，胃底黏膜脱落，胃壁呈黑褐色；肠黏膜脱落，肠壁呈紫红色；脑膜有出血点；组织学检查，肺泡广泛破裂，小叶间质和肺泡隔有水肿和气肿，肝小叶中心性细胞广泛性坏死。

3.19.4 诊断

初步诊断 根据病史调查，结合贫血、呼吸困难、便秘、失明等临诊症状即可初步诊断。

毒物检验 菜籽饼中异硫氰酸丙烯酯含量的测定为确诊提供依据。

鉴别诊断 本病的症状与许多疾病有相似之处，应注意鉴别诊断，如溶血性贫血型病例应与其他病因所致溶血性贫血症相区别；急性肺气、水肿病例和猪传染性胸膜肺炎相鉴别；感光过敏性皮炎伴随肝损害病例应与其他光敏物质中毒、肝毒性植物中毒等相区别；四肢震颤病例要与食盐中毒、有机磷中毒及其他具有神经症状的疾病相区别。

3.19.5 病程与预后

急性中毒,病程短,发展快,一般在10h内死亡。溶血性病例,严重者常突然发病,很快虚脱死亡。慢性病例,需几周或更长时间,但一般预后良好。

3.19.6 治疗措施

目前尚无特效解毒药物。猪只应立即停喂可疑饲料,尽早应用催吐、洗胃和下泻等排毒措施,如用硫酸铜或吐酒石给猪催吐,高锰酸钾液洗胃,石蜡油下泻。

中毒初期,已出现腹泻时,用2%鞣酸洗胃,内服牛奶、蛋清或面粉糊以保护胃肠黏膜。

甘草煎汁加食醋内服有一定解毒效果,甘草用量为20~30g,煎成汁,醋用量为50~100mL,混合一次灌服。

对肺水肿和肺气肿病例可试用抗组织胺药物和肾上腺皮质类固醇激素,如盐酸苯海拉明和地塞米松等肌肉注射。

另外,对严重中毒的猪只还应采取包括强心、利尿、补液、平衡电解质等对症治疗措施。

3.19.7 预防措施

控制猪只日粮中菜籽饼所占的比例,一般不应超过饲料总量的20%。对孕、仔猪最好不喂菜籽饼和油菜类饲料。即使控制用量的菜籽饼,也应去毒后再行饲喂,常用的去毒方法有以下几种:

碱处理法 用15%石灰水喷洒浸湿粉碎的菜籽饼,闷盖3~5h,再笼蒸40~50min,然后取出炒干或凉散风干,此法可去毒85%~95%。

坑埋法 将菜籽饼按1∶1比例加水泡软后,置于干燥土坑上,上盖以干草并覆盖适量干土,待30~60d后取出饲喂或晒干贮存。此法可去毒70%~98%。

蒸煮法 用温水浸泡粉碎菜籽饼一昼夜,再蒸煮1h以上,则可去毒。

3.19.8 知识拓展

异硫氰酸丙烯酯对消化道黏膜具有很强的刺激性,与芥子酸、芥子碱等成分共同作用,引起胃肠道发生炎症。异硫氰酸丙烯酯与恶唑烷硫酮经胃肠道被吸收入血后,可使微血管扩张,严重时导致血容量下降,心率减缓,同时损害肝脏和肾脏。异硫氰酸丙烯酯还能干扰甲状腺对碘的摄取,导致甲状腺肿,影响动物的生长发育。

菜籽饼中还含有一种经瘤胃细菌转化后产生的二甲基半胱氨酸二亚砜毒物,能促使红细胞中血红蛋白分子形成Heinz-Ehrlich小体,该小体再从红细胞中被驱出,并通过脾脏而从血液循环中被清除时,导致溶血性贫血的发生。此外,芥籽饼中尚有感光过敏物质,可引起黄疸,血红蛋白尿和肝细胞广泛性坏死等感光过敏综合征。

菜籽饼和油菜中还有诸多毒素,如亚硝酸盐、氢氰酸,能引起肺脏、心脏、肝脏、中枢神经系统等多种损害,出现不同的综合症状。

3.20 氟中毒

长期以来，人们是以有毒元素对氟进行研究的，直到20世纪70年代初才确定氟为动物所必需的元素。氟中毒（Fluorosis）是长期食含氟过多的饲料，氟会积累在机体组织中，使骨骼变厚、变软，强度降低，牙珐琅质出现斑点，严重的形成锐状齿，影响采食。

3.20.1 病因

地质环境原因 氟在地壳表面分布不均，许多国家的一些自然高氟地区的植物、饮水含氟量较高，长期饲用这种植物、饮水易引起动物氟中毒。

饲料加工因素 据报道，大多数磷矿石含氟量高达9 000~14 000mg/kg，用高氟地区的动物加工的骨粉，其含氟量达4 000mg/kg。饲用磷酸盐生产厂家在生产过程中不脱氟或脱氟不彻底的产品，是造成目前动物氟中毒的主要原因。

工业污染 工业生产所排放的"三废"含有大量的氟化物，可对周围环境造成严重的污染，该地区的饲用植物等含氟量都较高。当植物被污染浓度达到40×10^{-6}以上时，可对饲喂动物构成潜在威胁。污染水域生产的鱼含氟量高达1 000mg/kg，大约为非污染区的5倍。

动物对氟的耐受性因动物种类、品种、年龄、氟化物的类型不同而不同。动物日摄入氟的最大安全量为：牛2mg/kg、猪8mg/kg、兔11mg/kg、禽35mg/kg。

3.20.2 临诊症状

急性中毒 在生产中较少见到。如果一次性大剂量地摄入氯化物后，氟可立即与胃酸作用，产生氟氨酸，直接刺激胃肠道黏膜，引起炎症。大量氟被吸收后迅速与血浆中的钙离子结合形成氟化钙，猪由此会出现低血钙症，其临诊表现为呼吸困难、肌肉震颤、抽搐、虚脱和血凝障碍。猪一般在中毒数小时内死亡。

慢性中毒 临诊上常见的多为慢性氟中毒。氟中毒的猪体温正常，初期食欲减退，拉干粪，四肢无力，强行站立，东摇西晃，很快卧倒，怕与人接触，见人尖叫；后期食欲废绝，腿骨肿大；泌乳母猪产乳量下降，怀孕母猪流产、早产或产弱胎、死胎，最后瘫痪、消瘦而死。

3.20.3 病理变化

牙齿无光泽，齿釉质部分呈淡黄色，腿部骨骼变形，骨关节肿大，骨质疏松、易折，胸骨、肋骨变形，肾脏稍肿，肠黏膜出现不同程度的水肿，肌肉色淡，肠内充满干粪。

3.20.4 诊断

骨骼、牙齿的异常变化及骨氟含量的测定是诊断中毒的可靠指标，血氟、尿氟、指（趾）氟含量是早期诊断慢性氟中毒的主要参考指标；生化指标中，血、尿中SA、葡聚糖胺含量及血清中磷酸肌酸激酶活性变化可作为慢性氟中毒的早期比较可靠的敏感指标，并结合流行病学进行调查及临诊观察。

3.20.5 治疗措施

本病主要以预防为主。使人畜断绝氟源,或控制氟摄入量。

目前所试用的拮抗剂如 Ca、Mg、Fe、Zn、Al、Se、B 等,在临诊上并没有明显解决氟中毒的主要问题。真正能缓解氟中毒的办法是补充营养,从蛋白质、能量以及一些微量物质综合考虑,实践证明效果比任何其他非限氟摄入的办法显著。整体上营养改善可明显降低氟的毒性作用。

3.20.6 预防措施

自然高氟区的预防
①划区放牧,采取轮牧制:植物含氟量平均超过 60mg/kg 者为高氟区,应严格禁止散放;30~40mg/kg 者为危险区,只允许成年猪只做短期散放。在低氟区和危险区采取轮牧,危险区散放不得超过 3 个月。

②寻找低氟水源(含氟量低于 1mg/kg)供猪只饮用:如无低氟水源,可采取简便的脱氟方法(如用熟石灰、明矾沉淀氟等)。

③改良草地,使高氟草地面积缩小,安全区逐渐扩大:可利用自然低氟水源或抽取低氟地下水供猪只饮用,广泛栽种优质牧草。

科学饲养,减少氟病对猪只的影响 人们提出引进氟安全区的母猪,使之在高氟区繁殖,即把低氟区永久齿已发育好的母猪(2 岁)引进高氟区。由于牙齿再很少受氟的影响,存活时间比高氟区出生的猪长得多。而把高氟区出生的猪作为商品猪,在育肥末期出售或屠宰。

氟拮抗剂
①钙盐及富钙矿石:疏松型和软化型氟骨症的病理学基础是氟影响了钙的吸收,出现低血钙、骨盐溶解等剖检变化,因此补钙有助于缓解氟的症状。

②蛇纹石:蛇纹石又称硅酸镁,分子式为 $Mg_6[SiO_4O_{10}](OH)_{18}$,是一种天然的偏硅酸盐。对于有神经系统损害的氟病有效果。

③铝制剂:主要指氢氧化铝、硫酸铝、无机铝硅酸盐类。但摄入铝过多可造成机体的损害。

④硼制剂:硼进入体内后,一方面与消化道氟结合减少氟的吸收,另一方面与组织中的氟络合形成 BF_4^- 随尿排出。二者相加,减少了氟在体内的损害作用。

3.20.7 知识拓展

氟是哺乳动物骨骼和牙齿的结构成分,微量的氟是牙齿、骨骼生长、保健所必需的。由于有些地区土壤含有较多的氟或环境的污染,易出现氟中毒。氟中毒对机体的影响主要表现以下几方面:

对机体钙磷代谢的影响 过量的氟在肠道中与钙离子形成难溶的氟化钙,影响动物对钙离子的吸收。大量的氟离子进入血液后也能与血钙结合形成氟化钙,使血钙含量下降。

低血钙刺激甲状分腺分泌甲状旁腺素,使钙从骨组织中游离出来,促使血钙水平保持正常。随着氟中毒时间的延长,将导致机体钙代谢异常。低血钙所引起的甲状旁腺素分泌增多会抑制肾小管对磷的再吸收,使尿磷上升。大量的氟使肾脏受到损害,从而影响钙磷的再吸收。

对骨骼代谢的影响 慢性氟中毒的基本病变是骨质硬化、骨质疏松和骨质软化。骨硬化是氟骨症最主要、最常见的现象,主要表现为骨小梁增粗、融合、紊乱和密度增高等。氟中毒主要是胶原纤维受到损害,表现为肿胀、断裂、着色不匀、排列紊乱等。当矿物质成分沉积于变形、疏松的胶原纤维上时,牙齿的釉质就失去原有的半透明外观,变得易折断和磨损,同时骨骼也会出现各种可见的剖检变化。据报道,氟骨症不同的表现型主要取决于动物品种、摄氟时间及个体敏感性,动物的年龄和日进食量尤为重要,小剂量可引起骨质硬化,大剂量可引起骨质疏松。

对胃肠道的损害 氟化物对消化道的影响主要取决于氟化物的剂量、浓度及动物对氟的耐受性。剂量大、浓度高时,动物易出现急性氟中毒。氟化物可与胃内盐酸作用生成氟化氢刺激胃肠道黏膜,引起出血性炎症。长时间投喂含氟量高的饲料会加重对胃肠道的毒害。

对肝的损害 动物氟中毒后生成自由基消耗抗氧化剂,引起肝脏脂质过氧化损害。

对肾脏的损害 氟不仅经肾排泄,而且还在肾脏内蓄积。氟主要导致肾小球的过滤、肾小管分泌与重吸收障碍。

对内分泌腺的损害 甲状腺是对氟最敏感的器官。氟对甲状腺的毒性首先是干扰甲状腺摄入碘的功能,降低血浆结合碘的作用。氟使甲状腺滤泡细胞形成增生性结节,进而发生甲状腺肿,影响甲状腺的正常形态和功能。

对脑的损害 脑是脂质过氧化易发生的部位,因此是氟中毒最易受损的靶组织。

对生殖系统的损害 动物氟中毒会造成生殖器官、精子、卵损伤,使生殖内分泌系统紊乱,并具有遗传毒性作用,可造成生育力下降或不育。

对酶活性的影响 氟过量时对机体内多种酶有抑制作用。这主要是因为氟夺取了酶的活性成分,使动物体内产生许多病理过程,影响动物的生长发育。

对胶原蛋白代谢的影响 大量研究证明,氟中毒可干扰动物机体胶原蛋白的正常代谢,抑制胶原蛋白的合成,促进其分解。

3.21 砷中毒

砷化合物可分为无机砷和有机砷两大类。无机砷化物依其毒性可分为剧毒和强毒两类:剧毒类砷化物有三氧化二砷(俗称砒霜或白砒)、砷酸钠、亚砷酸钠、砷酸钙、亚砷酸等;强毒类有砷酸铅等。有机砷化物则有甲基砷酸锌(稻谷青)、甲基砷酸钙(稻宁)、甲基砷酸铁铵(出安)、新砷凡钠明(914)、乙酰亚砷酸铜(巴黎绿)等。亚砷酸钠的口服平均致死量为:马1~3g,牛1~4g,绵羊、山羊0.2~0.5g,猪0.05~0.10g,狗0.05~0.15g,禽0.01~0.10g;三氧化二砷的口服平均致死量为:马10~45g,牛15~45g,羊3~10g,猪0.5~1.0g,狗0.1~1.5g,禽0.05~0.30g。

3.21.1 病因

农药污染 采食含砷农药处理过的种子、喷洒过的农作物(谷物、蔬菜、青草),或者饮用被砷化物污染的饮水;同时农药厂及化学制剂厂、金属冶炼厂和其他工厂排放的废气、烟尘、废水等污染农作物、牧草及水源,可引起人畜慢性砷中毒。

误食 误食含砷的灭鼠毒饵。以砷剂作为药浴驱除体外寄生虫时,因药液过浓、浸泡时间过长、皮肤有破损或吞饮药液等引起砷中毒。

防治疾病使用不当 内服或注射某些含砷药物治疗疾病以及作为硒中毒的解毒药时,用量过大或用法不当;含有对氨基苯砷酸及其钠盐的猪饲料添加剂,使用不当可导致砷中毒。

3.21.2 临诊症状

急性中毒 发病突然,主要表现重剧的胃肠炎症状,病猪表现流涎、口黏膜充血、出血、肿胀、脱落,可视黏膜发绀,皮肤黑色素沉着,呕吐、呻吟,腹痛不安,腹泻,粪便腥臭,混有黏液、血液,呼吸迫促,脉搏快、弱,四肢末梢厥冷,后肢瘫痪,体温正常或偏低,通常经数小时,死于循环衰竭。

亚急性中毒 病程可持续2~7d,临诊仍以胃肠炎为主。表现拒食,腹泻,口渴喜饮,严重脱水,初期尿多,后排尿减少,腹痛,心率加快,脉搏快而弱,可视黏膜发绀,皮肤黑色素沉着。后期出现神经症状,肌肉震颤,共济失调,甚至后肢偏瘫,体温偏低,末梢发凉,阵发性痉挛,昏迷而死。

慢性中毒 消瘦,消化不良,发育迟缓,被毛粗糙,易脱落。可视黏膜呈砖红色,结膜和眼睑水肿,口腔、鼻唇部黏膜红肿和溃疡,慢性消化不良,皮肤黑色素沉着。流产或死胎。大多数伴有神经麻痹症状,且以感觉神经麻痹为主。猪有机砷中毒,临诊上表现神经症状尤为明显,如运动失调,视力减退,乃至失明。

3.21.3 病理变化

慢性病例,除胃肠炎,胃和大肠有陈旧性溃疡或瘢痕,咳嗽和支气管黏膜炎症及全身水肿变化。急性病例,死后剖检见肠道变化十分突出,胃、小肠、盲肠黏膜充血、出血、水肿乃至糜烂、坏死,产生假膜。肝、肾、心脏等呈脂肪变性,脾增大、充血。胸膜、心内膜、心外膜、肾、膀胱有点状或弥漫性出血。

3.21.4 诊断

依据消化机能紊乱,严重胃肠炎症状,神经功能障碍,结合接触砷的病史诊断,必要时可采集饲料、饮水、乳汁、尿液、被毛及肝、肾、胃肠及其内容物,肝和肾砷含量(湿重)超过10~15μg/g,即可确定为砷中毒。

3.21.5 治疗措施

初期用温水或2%氧化镁溶液反复洗胃。灌服木炭末、牛奶、蛋清、豆浆等,以减少毒物的吸收。并投服盐类泻剂，应尽快应用解毒剂。

急性中毒时，首先应用2%氧化镁溶液或0.1%高锰酸钾溶液，或5%～10%药用活性炭液反复洗胃。

为防止毒物进一步吸收，可将40g/L硫酸亚铁溶液和60g/L氧化镁溶液等量混合，振荡成粥状，每4h灌服1次，30～60mL。也可使用硫代硫酸钠5～10g溶于水中灌服。

应用巯基酶复活剂、二巯基丙醇(BAL)，2～5mL/kg，分点肌肉注射，第1天每隔4h用药1次，以后每天注射1次，连用6d为一疗程。也可应用二巯基丙磺酸钠或二巯基丁二酸钠，肌肉或静脉注射，剂量为3～5mg/kg，第1天注射3～4次，以后酌减。根据病情实施补液、强心、保肝、利尿、缓解腹痛等对症疗法。为保护胃肠黏膜，可用黏浆剂，但忌用碱性药剂，以免形成易溶性亚砷酸盐，利于砷的吸收，使症状恶化。

3.21.6　预防措施

严格执行农药管理和使用制度，防止污染，防止被猪只误食。喷洒农药的农作物、蔬菜谨慎饲用。严格掌握含砷添加剂和砷制剂的用量和使用时间，大群饲喂时应搅拌均匀。

3.21.7　知识拓展

砷制剂可由消化道、呼吸道及皮肤进入机体，首先且最易在肝脏聚积，然后由肝脏慢慢释放到其他组织，储存于骨骼、皮肤及角化组织(被毛)等。砷可通过尿、粪便、汗及乳汁排泄。

砷化物为原生质毒，对体内蛋白质分子中的巯基有很强的亲和性，由之产生一系列变化：使许多含巯基酶活性降低或丧失，如丙酮酸氧化酶、磷脂酶、6-磷酸葡萄糖脱氢酶、乳酸脱氢酶、琥珀酸脱氢酶、细胞色素氧化酶等，直接损害细胞的正常代谢、呼吸及氧化过程；使得血管运动中枢麻痹，毛细血管扩张，渗透性增加，血压下降；血液循环中的砷95%以上与血红蛋白结合，影响氧的运输，可视黏膜发绀；砷增强酪氨酸酶活性，增加黑色素合成与沉着；易在胃肠壁、肝、肾、脾、肺、皮肤和神经系统沉积而造成损害；使染色体结构和功能发生改变；砷能拮抗硒的毒性，即使在饲料硒不太低时，过量砷可造成硒缺乏。

3.22　有机磷农药中毒

有机磷农药中毒(Organophosphorus poisoning)是由于有机磷化合物进入动物体内，抑制胆碱酯酶的活性，导致乙酰胆碱大量积聚，引起以流涎、腹泻和肌肉痉挛等为特征的中毒性疾病。各种动物均可发病。有机磷农药根据大鼠经口的急性半数致死量(LD_{50})可分为3类，即：高毒类(LD_{50}<50mg/kg)，如对硫磷(1605，一扫光)、甲拌磷(3911)、特普、内吸磷(1059)、甲基对硫磷(甲基1605)、甲胺磷等；中毒类(LD_{50}=50～500mg/kg)，敌敌畏、倍硫磷、乙硫磷(1240)、杀螟硫磷、乐果、亚胺硫磷、乙硫磷、甲基1059、芬硫

磷、甲乙丙拌磷等；低毒类(LD_{50}＞500mg/kg)，敌百虫、马拉硫磷(4049)、甲基嘧啶磷、杀螟腈、增效磷、乙酰甲胺磷、皮蝇磷、溴硫磷等。

3.22.1　病因

有机磷化合物主要用于农作物杀虫剂、环卫灭蝇、动物驱虫及灭鼠，在保管不当、应用不慎或造成环境、饲料及水源污染时，易引起动物中毒。常见的原因有：

动物饲养管理粗放　动物采食、误食或偷食喷洒过农药不久的农作物、牧草等，或误食拌、浸有农药的种子。

农药管理与使用不当　农药如在运输过程和保管中，包装破损漏出农药而污染地面，甚或污染饲料和饮水。在同一库房储存农药和饲料，或在饲料库中配制农药或拌种，造成农药污染饲料。

饮水污染　如在水源上风处或在池塘、水槽、涝池等饮水处配制农药，或洗涤有机磷农药盛装器具和工作服等，使饮水被污染而致中毒。

空气污染　农业、林业及环境卫生防疫工作中喷雾或农药厂生产的有机磷杀虫剂废气可污染局部或较远距离的环境空气，动物吸入挥发的气体或雾滴可致中毒。

作为兽药用量过大　有些有机磷化合物防治动物疾病引起中毒，如滥用或过量应用敌百虫、乐果、敌敌畏等治疗皮肤病和内外寄生虫病而引起中毒。

蓄意投毒　蓄意投毒虽不常发生，但因破坏严重，应提高警惕。

3.22.2　临诊症状

猪只主要以毒蕈碱样症状为主。表现不安，流涎，鼻液增多，肌肉痉挛，眼球震颤，结膜发绀，瞳孔缩小。进而步态不稳，身躯摇摆，不能站立，病猪侧卧或伏卧。呼吸困难或迫促，心跳加快，脉搏增数，肢端发凉，听诊肺部有广泛湿啰音。最后因呼吸肌麻痹循环衰竭而窒息死亡。

3.22.3　病理变化

最急性中毒在10h内死亡者，尸体剖检一般无肉眼和组织学病变，经消化道中毒者，胃肠内容物呈蒜臭味，同时消化道黏膜充血。中毒后较长时间死亡的病例，胃肠黏膜大片充血、肿胀或出血，有的糜烂和溃疡，黏膜极易剥脱。肝脏肿大、淤血，胆囊充盈。肾肿大，切面紫红色，层次不清晰。心脏有小出血点，内膜可见有不整形白斑。肺充血、水肿，气管、支气管内充满泡沫状黏液，有卡他性炎症。全身浆膜均有广泛性出血点、斑。脑和脑膜充血、水肿。

3.22.4　诊断

根据动物接触有机磷农药的病史，结合流涎、腹痛、腹泻、瞳孔缩小、肌肉震颤、呼吸困难等临诊症状，胃内容物有蒜臭味、消化道黏膜充血、出血、脱落和溃疡等剖检变化，血液胆碱酯酶活性降低等，可初步诊断。胃内容物、可疑饲料和饮水等样品有机磷化合物的定性或定量分析，可为诊断提供依据。另外，通过阿托品和解磷定进行的治疗试验，可验证诊断。

3.22.5 治疗措施

猪只应立即停止饲喂可疑饲料和饮水，让其迅速脱离被农药污染的环境，并积极采取以下抢救措施。

清除毒物和防止毒物继续吸收

①清洗皮肤和被毛：如果是经皮肤用药或受农药污染体表时，可用微温水或凉水、淡中性肥皂水清洗局部或全身皮肤，但不能刷拭皮肤。

②洗胃和催吐：如果经口接触，时间小于2h，可用催吐疗法，0.5%~1.0%的硫酸铜溶液50mL催吐。硫特普、敌百虫中毒可用1%乙酸或食醋等酸性溶液洗胃，其他有机磷除对硫磷禁用高锰酸钾外，均可用2%的碳酸氢钠、0.2%~0.5%高锰酸钾或生理盐水、1%过氧化氢溶液洗胃。

③缓泻与吸附：可灌服硫酸镁、硫酸钠或人工盐等盐类泻剂轻泻胃肠内容物，用量以30~50g为宜。灌服活性炭(每千克体重3~6mg)可吸附有机磷，并促进其从粪便中排出。注意禁用油类泻剂，其可加速有机磷溶解而被肠道吸收。

特效解毒剂 有机磷中毒的特效解毒剂包括生理颉颃剂和胆碱酯酶复活剂两类，二者常配合使用。

①生理颉颃剂：抗胆碱药阿托品可与乙酰胆碱竞争胆碱能神经节后纤维所支配的器官组织受体，阻断乙酰胆碱和M型受体相结合，故可颉颃乙酰胆碱的毒蕈碱样作用，从而解除支气管平滑肌痉挛，抑制支气管腺体分泌，保证呼吸道畅通，防止肺水肿发生。其对中枢神经系统也有治疗效果，但对烟碱样症状和恢复胆碱酯酶活力没有作用。

硫酸阿托品的常用解毒剂量为，一次总量5~10mg，首次静脉注射，经30min后未出现瞳孔散大、口干、皮肤干燥、心率加快、肺湿啰音消失等"阿托品化"表现时，应重复用药，给药途径可改为皮下或肌肉注射，直至出现明显的"阿托品化"为止，后减少用药次数和剂量，以巩固疗效。在治疗过程中，如出现瞳孔散大、神志模糊、烦躁不安、抽搐、昏迷和尿潴留等，提示阿托品中毒，应立即停药。

②胆碱酯酶复活剂：肟类化合物能使被抑制的胆碱酯酶复活。兽医临诊上常用的肟类化合物制剂有解磷定、氯磷定、双复磷和双解磷等。胆碱酯酶复活剂对解除烟碱样症状较为明显，但对各种有机磷农药中毒的疗效并不完全相同。解磷定和氯磷定对内吸磷、对硫磷、甲胺磷、甲拌磷等中毒的疗效好，对敌百虫、敌敌畏等中毒疗效差，对乐果和马拉硫磷中毒疗效可疑。双复磷对敌敌畏和敌百虫中毒效果较解磷定好。胆碱酯酶复活剂对已老化的胆碱酯酶无复活作用，因此对慢性胆碱酯酶抑制的疗效不理想。

解磷定按每千克体重20~50mg，溶于葡萄糖溶液或生理盐水100mL中，静脉注射或皮下注射或注入腹腔。对于严重的中毒病例，应适当加大剂量，给药次数同阿托品。解磷定在碱性溶液中易水解成剧毒的氰化物，故忌与碱性药剂配伍使用。解磷定对内吸磷、对硫磷、甲基内吸磷等大部分有机磷农药中毒的解毒效果确实，但对敌百虫、乐果、敌敌畏、马拉硫磷等小部分制剂的作用则较差。

氯磷定可做肌肉注射或静脉注射，剂量同解磷定。氯磷定的毒性小于解磷定，对乐果中毒的疗效较差,且对敌百虫、敌敌畏、对硫磷、内吸磷等中毒经48~72h的病例无效。

双复磷的作用强而持久,能通过血脑屏障对中枢神经系统症状有明显的缓解作用(具有阿托品样作用)。对有机磷农药中毒引起的烟碱样症状、毒蕈碱样症状及中枢神经系统症状均有效。对急性内吸磷、对硫磷、甲拌磷、敌敌畏中毒的疗效良好;但对慢性中毒效果不佳。剂量为每千克体重40~60mg。因双复磷水溶性较高,可供皮下、肌肉或静脉注射用。

对症治疗

①输液疗法:常用高渗葡萄糖溶液和维生素C静脉注射,可加强肝脏解毒机能和改善肺水肿状况。

②镇静解痉:当猪只狂暴不安、痉挛抽搐时,应用苯巴比妥类镇静解痉药物,但禁用吗啡、氯丙嗪等安定药,因前者可造成呼吸麻痹,后者会加重胆碱酯酶的抑制。

③强心和兴奋呼吸:为了维护心脏功能和防治呼吸困难,应用10%安钠咖注射液、25%尼可刹米、樟脑磺酸钠,但禁用洋地黄、肾上腺素。

④防治肺水肿:若出现肺水肿症状,可应用地塞米松等肾上腺皮质激素治疗,也可用高渗葡萄糖、山梨醇或甘露醇溶液等。

3.22.6 预防措施

严格按照有机磷农药说明的操作规程使用,不能任意加大浓度,以免增加人和动物中毒的危险性。农药要妥善保管,以免混入饲料。喷洒过有机磷农药的农田或牧草,应设立明显的标志,7d内禁止动物采食。加强农药厂废水的处理和综合利用,对环境进行定期检测,以便有效地控制有机磷化合物对环境的污染。

3.22.7 知识拓展

有机磷农药主要经胃肠道、呼吸道、皮肤和黏膜吸收,吸收后迅速分布于全身各脏器,其中以肝脏浓度最高,其次是肾脏、肺脏、脾脏等,肌肉和大脑最低。有机磷进入体内后,可抑制许多酶的活性,但毒性主要表现在抑制胆碱酯酶的活性。

有机磷中毒时,进入体内的有机磷化合物与乙酰胆碱酯酶的酯解部位结合,形成比较稳定的磷酰化胆碱酯酶,失去分解乙酰胆碱的能力,导致内源性乙酰胆碱积聚,强烈、长时间地作用于胆碱受体,引起胆碱能神经传导功能紊乱,导致先兴奋后衰竭的一系列毒蕈碱样、烟碱样和中枢神经系统紊乱等症状。

毒蕈碱样症状 是乙酰胆碱作用于胆碱能神经节后纤维所支配的器官组织(心脏、血管、平滑肌、腺体等,即M受体分布的内脏组织)所呈现的内脏效应,其作用与毒蕈碱相似,表现为心跳减慢、呕吐、腹泻、支气管腺体分泌增加、呼吸困难、大量流涎、瞳孔缩小等。

烟碱样症状 是乙酰胆碱作用于植物神经节、肾上腺髓质、骨骼肌(即N受体分布之处)时所呈现的骨骼肌效应,其作用与烟碱相似,即小剂量时对这些器官组织起兴奋作用,发生肌肉震颤甚至痉挛,大剂量时发生抑制作用,如中毒晚期的肌麻痹和呼吸窒息等。

神经症状 乙酰胆碱在脑内大量积聚,使中枢神经细胞之间的兴奋传递发生障碍,造成中枢神经系统的机能紊乱，表现为先兴奋不安、体温升高，后抑制、昏睡、惊厥或昏迷等神经症状。

3.23 黄曲霉毒素中毒

黄曲霉毒素中毒（Aflatoxicosis）是人畜共患疾病之一。此病以肝脏受损，全身性出血，腹水，消化机能障碍和神经症状等为特征。世界各国对黄曲霉毒素的产生、分布和毒害等方面进行了全面、系统、深入的研究，发表的研究论文、综述和专著等文献资料已超过3 000篇。我国的江苏、广西、贵州、湖北、黑龙江、天津、北京等省（自治区、直辖市）也都有畜禽发生此病的报道。

3.23.1 病因

黄曲霉毒素的分布范围很广，凡是污染了能产生黄曲霉的粮食、饲草饲料等，都有可能存在黄曲霉毒素。甚至在没有发现真菌、真菌菌丝体和孢子的食品和农副产品上，也找到了黄曲霉毒素。畜禽中毒就是由于大量采食了这些含有多量黄曲霉毒素的饲草饲料和农副产品而发病的。由于性别、年龄及营养状态等情况，其敏感性是有差异的。其敏感顺序是：鸭雏＞火鸡雏＞鸡雏＞日本鹌鹑；仔猪＞犊牛＞肥育猪＞成年牛＞绵羊……家禽是最为敏感的，尤其是幼禽。

根据国内外普查，以花生、玉米、大豆、棉子等作物，以及它们的副产品，最易感染黄曲霉，含黄曲霉毒素量较多。世界各国和联合国有关组织都制定了食品、饲料中黄曲霉毒素最高允许量标准。

3.23.2 临诊症状

黄曲霉毒素是一类肝毒物质。猪只中毒后以肝脏损害为主，同时还伴有血管通透性破坏和中枢神经损伤等，因此临诊特征性表现为黄疸、出血、水肿和神经症状。由于猪只的品种、性别、年龄、营养状况及个体耐受性、毒素剂量大小等的不同，黄曲霉毒素中毒的程度和临诊表现也有显著差异。

采食霉败饲料后，中毒可分急性、亚急性和慢性3种类型。急性型发生于2～4月龄的仔猪，尤其是食欲旺盛、体质健壮的猪发病率较高。多数在临诊症状出现前突然死亡。亚急性型体温升高1～1.5℃或接近正常，精神沉郁，食欲减退或废绝，口渴，粪便干硬呈球状，表面被覆黏液和血液；可视黏膜苍白，后期黄染；后肢无力，步态不稳，间歇性抽搐；严重者卧地不起，常于2～3d内死亡。慢性型多发生于育成猪和成年猪，病猪精神沉郁，食欲减少，生长发育缓慢或停滞，贫血，腹泻、消瘦；可视黏膜黄染，皮肤表面出现紫斑；随着病情的发展，病猪呈现神经症状，如兴奋、不安、痉挛、角弓反张等。种猪长期食用可诱发肝癌。

3.23.3 病理变化

特征性的病变在肝脏。急性型，肝脏肿大，广泛性出血和坏死。慢性型，肝细胞增生、纤维化，硬变，体积缩小。病程一年以上者，多发现肝细胞癌或胆管癌，甚至两者都有发生。

急性病例，除表现全身性皮下脂肪不同程度的黄染外，主要病变为贫血和出血。全身黏膜、浆膜、皮下和肌肉出血；肾、胃弥漫性出血，肠黏膜出血、水肿，胃肠道中出现凝血块；肝脏黄染，肿大，质地变脆；脾脏出血性梗死；心内、外膜明显出血。慢性型主要是肝硬变、脂肪变性和胸、腹腔积液，肝脏呈土黄色，质地变硬；肾脏苍白、变性，体积缩小，肺脏上有白色的粟粒性结节。

3.23.4 诊断

初步诊断 首先要调查病史，检查饲料品质与霉变情况，吃食可疑饲料与猪只发病率呈正相关，不吃此批可疑饲料的猪只不发病，发病的猪只也无传染性表现。然后，结合临诊症状、血液化验和剖检变化等材料，进行综合性分析，排除传染病与营养代谢病的可能性，并且符合真菌毒素中毒病的基本特点，即可做出初步诊断。

血液检验 猪只血清蛋白质组分都较正常值为低，表现出重度的低蛋白血症；红细胞数量明显减少，白细胞总数增多，凝血时间延长。急性病例的谷-草转氨酶、瓜氨酸转移酶和凝血酶原活性升高；亚急性和慢性型的病例，异柠檬酸脱氢酶和碱性磷酸酶活性也明显升高。

毒物检验 见技能 13。

3.23.5 治疗措施

目前尚无治疗本病的特效药物。发现畜禽中毒时，应立即停喂霉败饲料，改喂富含碳水化合物的青绿饲料和高蛋白饲料，减少或不喂含脂肪过多的饲料。

一般轻型病例，不给任何药物治疗，可逐渐康复。重度病例，应及时投服泻剂（如硫酸钠、人工盐等），加速胃肠道毒物的排出。同时，采用保肝和止血疗法，可用 20%～50%葡萄糖溶液、维生素 C、葡萄糖酸钙或 10%氯化钙溶液。心脏衰弱时，皮下或肌肉注射强心剂。为了防止继发感染，可应用抗生素制剂，但严禁使用磺胺类药物。

3.23.6 预防措施

本病主要在于预防，预防中毒的根本措施是不喂发霉饲料，淘汰发霉饲料。现时生产实践中不能完全达到这种要求，搞好预防的关键是防霉与去毒工作，防霉和去毒两个环节应以防霉为主。

防止饲草、饲料发霉 防霉是预防饲草、饲料被黄曲霉菌及其毒素污染的根本措施。引起饲料霉变的因素主要是温度与相对湿度，因此在饲草收割时应充分晒干，切勿雨淋；饲料应置阴凉干燥处，勿使受潮、淋雨。为了防止发霉，还可使用化学熏蒸法或防霉剂，常用丙酸钠、丙酸钙，每吨饲料中添加 1～2kg，可安全存放 8 周以上。

霉变饲料的去毒处理 霉变饲料不宜饲喂畜禽，若直接抛弃，则将造成经济上的很大浪费，因此，除去饲料中的毒素后仍可饲喂畜禽。常用的去毒方法有：

①连续水洗法：此法简单易行，成本低，费时少。具体操作是将饲料粉碎后，用清水

反复浸泡漂洗多次，至浸泡的水呈无色时可供饲用。

②化学去毒法：最常用的是碱处理法。在碱性条件下，可使黄曲霉毒素结构中的内酯环破坏，形成香豆素钠盐且溶于水，再用水冲洗可将毒素除去。也可用5%～8%石灰水浸泡霉败饲料3～5h后，再用清水淘净，晒干便可饲喂；每千克饲料拌入12.5g的农用氨水，混匀后倒入缸内，封口3～5d，去毒效果达90%以上，饲喂前应挥发去残余的氨气；还可用0.1%漂白粉水溶液浸泡处理等。

③物理吸附法：常用的吸附剂为活性炭、白陶土、黏土、高岭土、沸石等，特别是沸石可牢固地吸附黄曲霉毒素，从而阻止黄曲霉毒素经胃肠道吸收。猪饲料中添加0.5%沸石，不仅能吸附毒素，而且还可促进生长发育。

④微生物去毒法：据报道，无根根霉、米根霉、橙色黄杆菌对除去粮食中黄曲霉毒素有较好效果。

定期监测饲料，严格实施饲料中黄曲霉毒素最高容许量标准 许多国家都已经制定了饲料中黄曲霉毒素容许量标准。日本规定饲料中$AFTB_1$的容许量标准为0.01～0.02mg/kg。我国1991年发布的饲料卫生标准(GB 13078—1991)规定黄曲霉毒素B_1的允许量(mg/kg)为：玉米≤0.05，花生饼、粕≤0.05，生长肥育猪配、混合饲料≤0.02。另有人建议猪日粮中黄曲霉毒素B_1的容许量(mg/kg)应≤0.05。

3.23.7 知识拓展

目前已经确定出结构的黄曲霉毒素有B_1、B_2、B_{2a}、B_3、D_1、G_1、G_2、G_{2a}、M_1、M_2、P_1、Q_1、R_0等18种，并且已经用化学方法合成出来。其中，B_1、B_2、G_1和G_2是4种最基本的黄曲霉毒素，其他种类都是由这4种衍生而来。它们的化学结构十分相似，都含有一个双呋喃环和一个氧杂萘邻酮(又称香豆素)。结晶的黄曲霉毒素B_1非常稳定，高温(200℃)、紫外线照射，都不能使之破坏。加热到268～269℃，才开始分解。5%的次氯酸钠，可以使黄曲霉毒素完全破坏。在C_{12}、NH_3、H_2O_2和SO_2中，黄曲霉毒素B_1也被破坏。

大量的实验资料证明，黄曲霉毒素不仅对动植物、微生物和人都有很强的毒性，而且对家禽、多种动物和人还具有明显的致癌能力。黄曲霉毒素B_1是目前发现的最强的化学致癌物质，B_1还能引起突变和导致畸形。黄曲霉毒素能抑制标记的前体物质参与脱氧核糖核酸(DNA)、核糖核酸(RNA)和蛋白质合成。特别是抑制标记的前体物质参与诱导的酶蛋白。黄曲霉毒素的致癌作用及其他毒害作用的分子机制就在此。学者们进一步的研究证实，黄曲霉毒素对核酸合成的抑制，可能是由黄曲霉毒素直接作用于核酸合成酶引起的，或是由于黄曲霉毒素和DNA的结合，改变了DNA模板引起的。电子显微镜的研究结果证实，在给予黄曲霉毒素后30min所观察到的最初的细胞变化，发生在核仁内，包括其内含物的重新分配。继之而来的细胞质的变化，有核糖核蛋白体的减少和解聚，内质网的增生，糖原的损失和线粒体的退化。

3.24 风湿病

风湿病(Rheumatism)在中兽医上又称痹症，是一种变态反应性疾病，主要是湿气侵害猪背、腰、四肢的肌肉和关节，同时也侵害蹄真皮、心脏以及其他组织器官，引起急性或慢性非化脓性炎症。

3.24.1　病因

风湿病多发生于寒、湿地区和冬季。风、寒、潮湿、过劳等因素在风湿病的发生上起着重要的作用。主要的发病因素：一是猪舍潮湿、阴冷、受贼风特别是穿堂风的侵袭；二是运动量不足，肌肉组织机械性损伤或饲养管理不当，营养不良造成机体抵抗力下降；三是溶血性链球菌感染产生毒素和酶类，由抗原-抗体反应所致的过敏性反应。

3.24.2　临诊症状

该病的共同症状是突然发病，肌肉或关节疼痛，有转移游走性，症状随运动而减轻。

按病程的长短可分为急性、慢性风湿；根据发病的组织分为肌肉风湿及关节、心脏、蹄风湿。而肌肉风湿又分为颈、肩、臂、背腰、臀股风湿。

肌肉风湿症　急性型风湿，突然发病，触诊患部肌肉表现疼痛不安，肌肉紧张有坚实感。病猪体温升高，脉搏稍快，口色红，食欲减退。慢性型风湿，持续时间较长，患部肌肉弹性降低、萎缩，患部肌肉疼痛不如急性型敏感。肌肉风湿症常有游走性，时而一个肌群好转而另一个肌群又发病。

颈部风湿症　病猪颈部一侧肌肉发病时，健侧头颈部向患侧方向弯曲，呈现斜颈。两侧肌肉同时发病时，头颈僵硬，低头困难。

背腰风湿症　病猪腰强拘，背腰僵硬不灵活。多呈现拱腰，后躯强拘，步幅短缩，常以蹄尖擦地前进，起立困难。

四肢风湿症　病猪运步僵硬，患肢迈步困难，步幅短缩，呈现黏着步样。两肢以上发病时，病猪喜卧地，起立困难，患肢跛行有时转移到另一肢体，跛行症状特征是随运动量的增加和时间的延长而又减轻或消失的趋势。

关节风湿症　通常突然发生或以转移形式发生于关节，前肢多发生于肩关节和肘关节，后肢多发生于膝关节和跗关节。急性发作时常伴有剧烈疼痛。

3.24.3　诊断

根据病猪临诊表现，初运动时跛行，强拘明显，持续运动时跛行减轻或消失，休息后再运动时跛行又明显，触诊关节疼痛，肌肉僵硬疼痛等，结合发病的季节环境，可以进行初步诊断。

3.24.4　防制

治疗　猪风湿病的治疗原则是：去除病因，加强护理，解热镇痛，消除炎症。除应改善病畜的饲养管理以增强抗病能力外，一般采用综合性疗法。治疗参考使用的药物有：水杨酸钠注射液、安乃近、复方氨基比林以及抗菌（链球菌）药物等。

预防措施　风湿病的流行季节及分布地区，常与溶血性链球菌所致的疾病流行与分布有关。在链球菌感染流行后，常继而出现风湿病发病率的增高。抗菌药物的广泛应用，不仅能预防和治疗呼吸道细菌性感染，而且明显地减少风湿病的发生和复发。链球菌感染后及时应用敏感的抗菌药物可以预防急性风湿病的发生。

预防本病缺乏行之有效的方法，主要是加强平时饲养管理，增强猪只抵抗力；对溶血性链球菌感染引起的疾病应及时治疗；注意防止机体过劳、受冷、受潮、雨淋及圈舍贼风。保持猪体及圈舍的清洁卫生，尤其是冬春季节。早春、晚秋及冬季要做好防寒措施，避免猪只感冒。提供全价性的饲料，饲料中要有足够的蛋白质、矿物质、微量元素和维生素。

3.25 猪阉割术

猪阉割术（Pig castration）是指摘除或破坏公猪的睾丸、母猪的卵巢使其丧失繁殖机能的手术。公猪的阉割术又称为猪去势术。

3.25.1 公猪的阉割术

小公猪的阉割，以 1～2 月龄或体重 5～10kg 为宜，大公猪的阉割术不受年龄限制。阉割前，对猪进行检查，如患有隐睾或阴囊疝，按隐睾和阴囊疝手术方法进行。在传染病流行期和阴囊肿胀时可暂缓手术。

3.25.1.1 小公猪阉割术

保定：左侧卧保定，术者右手提右后肢跖部，左手捏住右侧膝襞部使猪左侧卧于地面，背向术者，随即用左脚踩住猪颈部，右脚踩住猪的尾根。

消毒：术部常规消毒。

固定睾丸：术者左手腕部及手掌外缘将猪的右后肢压向前方紧贴腹壁，中指屈曲压在阴囊颈前部，同时用拇指及食指将睾丸固定在阴囊内，使阴囊皮肤紧张，将睾丸纵轴与阴囊纵缝平行固定。

切开阴囊及总鞘膜：术者右手持刀，沿阴囊缝际的外侧 1～1.5cm 处平行切开阴囊皮肤及总鞘膜 2～3cm，显露并挤出睾丸。

摘除睾丸：术者以左手握住睾丸，食指和拇指捏住阴囊韧带与睾丸连接部，剪断或用手撕断附睾韧带，并将韧带和总鞘膜推向腹壁，充分显露精索后，刮锉睾丸上方 1～2cm 处的精索，一直到断离并去掉睾丸。然后再在阴囊缝际的另一侧重新切口（也可在原切口内用刀尖切开阴囊中隔显露对侧睾丸）以同样方法摘除睾丸。阴囊创口涂碘酊消毒，切口可以不缝合。

3.25.1.2 大公猪阉割术

保定：地面或手术台上侧卧保定（多为右侧卧），用木杠压住猪的颈部，四蹄用短绳捆缚。

消毒：用 1%～2%来苏儿液擦洗阴囊并拭干后涂擦 5%碘酊，再用 75%酒精脱碘。

切开阴囊除去睾丸：用手握住阴囊颈部或用纱布条捆住阴囊颈部固定睾丸，在阴囊底部缝际旁 1～2cm 处与缝际平行切开阴囊皮肤及总鞘膜，露出睾丸，剪断鞘膜韧带并分离之，漏出精索，在睾丸上方 2～3cm 处结扎精索后，切断精索除去睾丸。以同样的方法除去另一侧睾丸。精索断离后涂碘，两侧阴囊内撒抗生素。最后对切口适当缝合（将上边创口可做几道结节缝合，下边则留一小创口，防止创口感染且利于创液流出）。

3.25.2 母猪阉割术

3.25.2.1 小母猪阉割术（小挑花）

小母猪阉割术又称卵巢子宫摘除术。适用于1~3月龄、体重为5~15kg的小母猪。术前禁饲8~12h。

保定：右侧卧保定，术者用左手握住猪左后肢的跖部，右手捏住猪左侧膝襞部，将猪右侧卧于地面，背向术者。术者右脚踩住猪颈部，左脚踩住充分向后伸展的左后肢的跖部。使猪的前驱侧卧、后躯仰卧，下颌部、左后肢的膝部至蹄部构成一斜的直线。

术部：左手中指顶住左侧髋结节，大拇指朝着髋结节垂直下压，二指尽可能接近，使二指连线与地面垂直，此时拇指按压部即为术部。此部位相当于髋结节向猪左列乳头方向引一垂线，切口在距离左列乳头2~3cm处的垂线上。

手术方法：术部剃毛、消毒，将皮肤稍向术者方向牵引，再用力下压腹壁，右手持小挑花刀，用拇指、食指和中指控制刀刃深度，用刀尖在左手拇指按压处前方垂直切开皮肤，切口长0.5~1cm，然后用刀柄以45°角，斜向前方刺入切口，借助猪嚎叫时，随腹压升高而适当用力"点"破腹壁肌肉和腹膜，或术者用食指控制好刀身的长度，在左手拇指按压处前方一次性刺破腹壁。此时，有少量腹水流出，有时子宫角也随着涌出。若子宫角没出来，左手拇指继续紧压，右手用刀柄在腹腔内做弧形划动，并稍扩大切口，在猪嚎叫时腹压增大，子宫角便从腹腔涌出切口之外；或以刀柄轻轻引出。右手拇、食二指捏住子宫角并用指背下压腹壁，左手拇、食二指与右手的二指交替向体外导出子宫角、卵巢和子宫体。用手指捻挫断子宫体，撕断卵巢悬韧带，将两侧卵巢和子宫角一同除去。切口不缝合，涂碘酊。提起猪的后肢稍稍摆动一下，即可放开。

3.25.2.2 大母猪阉割术（大挑花）

大母猪阉割术又称单纯卵巢摘除术。适用于3月龄以上、体重为15kg以上的母猪。在发情期不宜进行手术，术前禁饲6h以上。

保定：猪右侧卧保定，背向术者，两后肢向后拉直固定。

术部：手术部位在髋结节前下方5~10cm处，相当于胁部三角区的中央，指压抵抗力小的部位为手术最佳点。

手术方法：术部常规处理后，术者左手捏起猪左侧膝前皱褶，使术部皮肤紧张，右手持刀将皮肤做3~5cm长的半月形切口。用右手食指或刀柄垂直戳破腹部肌肉及腹膜。手指伸入腹腔，沿腹壁向背侧由前向后探摸卵巢，摸到时将其用指尖压在腹壁上向外钩出，钩卵巢的同时，用屈曲的中指、无名指及小指按压腹壁，使卵巢不致滑脱。拉出左侧卵巢后结扎卵巢系膜及血管，摘除卵巢。然后用右手食指在对侧骨盆腔入口处髂结附近探摸右侧卵巢，同样的方法固定并摘除之。也可在摘除左卵巢后，边还纳左侧子宫角，边导出右侧子宫角、输卵管及卵巢。结扎除去卵巢。将子宫角还纳回腹腔。

最后，腹壁全层连续或结节缝合。对体大的母猪应先对腹膜进行连续缝合，再将肌肉和皮肤进行结节缝合，最后做创口常规消毒。

3.26 疝

疝(Hernia)是指腹腔脏器从自然孔道或病理性破裂孔脱到皮下或邻近的解剖腔内，又称赫尔尼亚。按解剖部位可分为腹壁疝、脐疝、腹股沟阴囊疝。

3.26.1 腹壁疝

腹腔脏器经腹肌的破裂孔脱至皮下形成的疝，称为腹壁疝。

3.26.1.1 病因

本病主要是强大钝性暴力所引起(如角顶撞、踢伤、木桩和车辕杆冲撞等)，其次是因腹内压力过大(如妊娠分娩中难产强烈努责等)。因皮肤的韧性及弹性较大，仍能保持其完整性，但皮肤下的腹肌和腱膜直至腹膜易被外力造成损伤。

3.26.1.2 临诊症状

腹壁受伤后局部突然出现一个局限性扁平、柔软的肿胀(形状、大小不同)，触诊有疼痛，常为可复性，多数可摸到疝轮。伤后2d，炎性症状逐渐发展，形成越来越大的扁平肿胀并逐渐向下、向前蔓延。发病2周内常因大面积炎症反应而不易摸清疝轮，疝内容物常与疝孔缘腹膜、腹肌或皮下纤维组织发生粘连。但很少发生嵌闭，在肿胀部位常可听诊到肠蠕动音。嵌闭性腹壁疝虽然发病比例不高，但一旦发生均将出现程度不一的腹痛。有的猪嵌闭性腹壁疝继发肠坏死，因抢救不及时而死亡。

3.26.1.3 诊断

根据病史及症状，结合临诊检查即可做出诊断，但应注意与腹壁脓肿、血肿、蜂窝组织炎、淋巴外渗等相鉴别。

3.26.1.4 治疗

治疗原则：还纳内容物，密闭疝轮，消炎镇痛，严防腹膜炎和疝轮再次裂开。

绷带压迫法 适用于刚发生的、较小的，疝轮位于腹侧壁的1/2以上，为可复性，尚不存在粘连的病例。根据疝囊的大小，用竹片编一个竹帘，用绷带卷连接，或较厚而韧性好的胶皮制成压迫绷带，另外准备一个厚棉垫。装着压迫绷带时，先在患部涂消炎剂，待将疝内容物送回腹腔后，把棉垫覆盖在患部。将压迫绷带压在棉垫上。再用绷带将腹部缠绕固定。也可用橡胶轮胎制成压迫绷带进行压迫固定，随着炎性肿胀的消退，疝轮即可自行修复愈合。随时检查压迫绷带使其保持在正确的位置上，经固定15d后，如已愈合即可解除压迫绷带。

手术疗法 为本病的根治疗法。做好术前准备及麻醉。

切开疝囊，还纳内容物：局部按常规处理，在疝囊纵轴上将皮肤捏起形成皱襞切开疝囊，手指探查疝内容物是否粘连、坏死。将正常的疝内容物还纳腹腔。如脱出物与疝囊发生粘连时，需要细心剥离，用温生理盐水冲洗，撒上青霉素粉或涂油剂青霉素，再将脱出物送回腹腔。对嵌闭性腹壁疝，切开疝囊后，用温生理盐水清洗温敷肠管，如肠管颜色很快恢复正常，出现蠕动，可将肠管还纳腹腔。如已坏死，切除坏死肠管，然后进行肠管吻合术，再将其还纳腹腔。

闭锁疝轮：依据具体病例而异，先缝合腹膜，然后缝合腹肌。如腹膜缝合困难时，可将腹膜和腹横肌一起缝合。对较小的腹壁破裂孔，可采取腹壁各层一起缝合。对较大的疝轮则常用纽孔状缝合法，对陈旧性腹壁疝闭合，如果疝轮瘢痕化，肥厚而硬固，先创造为新鲜创后缝合。

3.26.2 脐疝

腹腔脏器经扩大的脐孔脱至脐部皮下，称为脐疝。多发生于仔猪。分为先天性和后天性两种。

3.26.2.1 病因

先天性脐疝多因脐孔发育闭锁不全或没有闭锁，脐孔异常扩大，同时因腹压增加以及内脏本身的重力等因素致病。后天性脐疝多因出生后脐孔闭锁不全，断脐时过度牵引、脐部化脓以及因腹内压增大（如便秘时的努责，肠臌气或用力过猛的跳跃等），肠管等容易通过脐孔进入皮下形成脐疝。

3.26.2.2 临诊症状

脐部呈现局限性球形肿胀，质地柔软，也有的紧张，但缺乏红、热、痛等炎性反应。病初多数能在挤压疝囊或改变体位时疝内容物还纳到腹腔，并可摸到疝轮，仔猪在饱腹或挣扎时脐疝可增大。听诊可听到肠蠕动音。脱出的网膜常与疝轮粘连，或肠壁与疝囊粘连，也有疝囊过大，皮肤与地面摩擦而形成肠瘘。嵌闭性脐疝虽不多见，一旦发生就有显著的全身症状，动物极度不安，出现不同程度的疼痛，食欲废绝，有的猪可见呕吐现象。

3.26.2.3 诊断

根据病史及症状，结合临诊检查即可做出诊断，但应注意与脐部脓肿和肿瘤等相鉴别，必要时可慎重地做诊断性穿刺。

3.26.2.4 治疗

保守疗法 适用于刚发生的、较小的，疝轮位于腹侧壁的1/2以上，为可复性，尚不存在粘连的病例。根据疝囊的大小，用竹片编一个竹帘，用绷带卷连接，或较厚而韧性好的胶皮制成压迫绷带，另外准备一个厚棉垫。装着压迫绷带时，先在患部涂消炎剂，待将疝内容物送回腹腔后，把棉垫覆盖在患部。将压迫绷带压在棉垫上。再用绷带将腹部缠绕固定。也可用橡胶轮胎制成压迫绷带进行压迫固定，随着炎性肿胀的消退，疝轮即可自行修复愈合。随时检查压迫绷带使其保持在正确的位置上，经固定15d后，如已愈合即可解除压迫绷带。

较小的脐疝可用绷带压迫患部，使疝轮缩小、组织增生而痊愈。也可用95%酒精、碘溶液或10%～15%氯化钠溶液在疝轮四周分点注射，每点3～5mL，对促进疝轮愈合有一定效果。

手术疗法 手术疗法比较可靠，术前禁食，按常规无菌技术施行手术。

可复性脐疝：仰卧保定，局部常规处理并局部麻醉，在疝囊基部靠近脐孔处纵向切开皮肤(最好不切开腹膜),稍加分离,还纳内容物,在靠近脐孔处结扎腹膜,将多余部分剪除对疝轮做纽孔状或袋口缝合,切除多余皮肤并结节缝合。涂碘酊,装保护绷带。哺乳仔猪可行皮外疝轮缝合法,即将疝内容物还纳腹腔,皱襞提起疝轮两侧肌肉及皮肤,用纽孔状缝合法闭锁脐孔。对病程较长,疝轮肥厚、光滑而大的脐疝,在闭锁疝轮时,应先用手术刀轻轻划破疝轮边缘肌膜,造成新创面再缝合。

嵌闭性脐疝:先在患部皮肤上切一小口,手指探查内容物种类及是否粘连、坏死等。按需要剪开疝轮,暴露疝内容物,剥离粘连部分。如肠管坏死即切除并做肠管吻合术,再将肠管送回腹腔并注入适量抗生素,用荷包缝合或纽孔状缝合疝轮,结节缝合皮肤,装压迫绷带。

3.26.3 腹股沟阴囊疝

当脏器经腹股沟管口脱入鞘膜管内,或脱出至腹股沟处形成局限性隆起,称为腹股沟疝,多见于母猪。当脏器经腹股沟管脱出并下降至阴囊鞘膜腔内,称为腹股沟阴囊疝(鞘膜内疝或假性阴囊疝);当脏器经腹股沟前方腹壁破裂孔脱入阴囊肉膜与总鞘膜之间,称为鞘膜外阴囊疝(真性阴囊疝)。临诊上以鞘膜内疝较为多见,常发生于公猪。

3.26.3.1 病因

先天性的是由于腹股沟管口过大引起。后天性的是腹压增高,使腹股沟管扩大所致(爬跨、跳跃、后肢滑走或过度开张及努责等)引起。

3.26.3.2 临诊症状

可复性腹股沟阴囊疝 多为一侧性,患侧阴囊皮肤紧张、增大、下垂、无热痛、柔软、有弹性,压迫时肿胀缩小,内容物能还纳腹腔,可摸到腹股沟外环,腹压增大时阴囊部膨大,如肠管进入阴囊部,此处可听见肠蠕动音。

嵌闭性阴囊疝 患畜突然腹痛,患侧阴囊肿大、皮肤紧张、水肿、发凉,触摸不到睾丸。运步时患侧后肢向外伸展,步样强拘。随着炎症的发展,全身出汗,呼吸困难,体温升高,预后不良。

3.26.3.3 诊断

根据病史及症状,结合临诊检查即可做出诊断,但应注意与阴囊积液、睾丸炎与附睾炎等区别诊断。

3.26.3.4 治疗

腹股沟管外环切开法 局部剪毛消毒及麻醉,先在患部表面将疝内容物送回腹腔;然后在患侧外环处与体轴平行切开皮肤,漏出总鞘膜,将其剥离至阴囊底,提起睾丸及总鞘膜;再将睾丸向同一方向捻转数圈,在靠近外环处贯穿结扎总鞘膜及精索,在结扎线下方1~2cm处剪断总鞘膜,除去睾丸及总鞘膜;将断端塞入腹股沟管内,然后缝合外环,使其密闭;清理创部,撒消炎粉,缝合皮肤,涂碘酊。为防止创液潴留,可在阴囊底部切一小口。

阴囊底部切开法 先还纳内容物,纵行切开阴囊底部皮肤,剥离总鞘膜至外环处,提起睾丸,捻转数圈,闭锁外环。用上述方法摘除睾丸和闭锁腹股沟外环。

疝内容物发生箝闭性时,可切开疝囊或总鞘膜,按外伤性腹壁疝的箝闭或粘连的治疗方法进行处理,然后再用上述方法闭锁腹股沟外环。

3.27 猪胎衣不下

胎衣一般在胎儿产出后1h左右即可排出。如果产后经2～3h未排出胎衣,或者只排出一部分,叫作胎衣不下(Mazischesis)。临诊表现为产后不见胎衣排出而长时间排出恶露,或部分胎衣悬垂于阴户外。猪胎衣不下在一般情况下不会导致猪死亡,但容易导致母猪的子宫内膜炎。

3.27.1 病因

产后子宫收缩无力 饲料单一,缺乏矿物质、维生素,消瘦、过肥、老龄可导致产后子宫收缩无力;胎儿过大,分娩时间过长,难产、流产等也可导致产后子宫收缩无力;缺乏运动也可造成胎衣不下。

胎盘炎症 胎盘炎症可以导致胎盘结缔组织增生,使胎儿胎盘与母体胎盘发生粘连,从而导致胎衣不下。在妊娠期间感染布氏杆菌、沙门氏菌、霉菌以及胎儿弧菌等可能引起母猪胎盘炎。

3.27.2 临诊症状

分娩后数小时胎衣部分或全部滞留在子宫内,有的部分悬垂于阴门外。母猪不断努责,表现不安,从阴道流出暗红色有恶臭气味的液体。有的猪胎衣不下伴发子宫内膜炎,可见体温升高,精神不振,食欲减退或废绝等。猪胎衣不下一般预后良好。

3.27.3 防制

治疗 胎衣不下的治疗原则是:抑菌消炎,促进胎衣排出。

①药物疗法:为防止胎衣腐败、延缓腐败物溶解吸收,可以向子宫内投注抗生素;为促进胎盘绒毛脱水收缩,促进母体胎盘和胎儿胎盘分离,可以向子宫内灌注10%氯化钠溶液;使用催产素、氯前列烯醇等促进子宫收缩药物,增强子宫收缩力,促进母体胎盘和胎儿胎盘分离,促进胎衣排出;必要时注射抗生素类药物,预防或控制子宫感染。

②手术剥离胎衣:如药物治疗无效,可采用手术剥离。剥离时注意消毒和避免损伤母体。剥离前应先消毒母猪外阴,术者手和手臂要消毒并戴长臂乳胶或塑料手套,然后伸入子宫内,剥离和拉出胎衣,最后投入抗菌药物防止感染。

预防措施 应从加强怀孕母猪的饲养管理入手,饲喂全价饲料,每天要有适当时间的运动,防止母猪过瘦、过肥,控制布氏杆菌、沙门氏菌等的感染等。

3.28 猪子宫脱

子宫脱出(Uterine detachment)是指子宫的部分或全部从子宫颈内脱出到阴道或阴门

外,多发生于难产及经产母猪,此病常发生于产后数小时内。

3.28.1 病因

关于子宫脱出的病因不完全清楚,多认为与产后强烈努责、外力牵引以及子宫弛缓有关。

产后强烈努责 子宫脱出主要发生在胎儿排出后不久、部分胎儿胎盘已从母体胎盘分离。此时只有腹肌收缩的力量能使沉重的子宫进入骨盆腔,进而脱出。因此,母猪在分娩的第三期(胎衣排出期)由于存在某些能刺激母猪发生强烈努责的因素,如产道及阴门的损伤、胎衣不下等,使母猪继续强烈努责,腹压增高,导致子宫内翻及脱出。

外力牵引 在分娩第三期,部分胎儿胎盘与母体胎盘分离后,脱落的部分垂悬于阴门之外,会牵引子宫使之内翻,特别是当脱出的胎衣内存有胎水或尿液时,会增加胎衣对子宫的牵拉力。此外,难产时产道干燥,子宫紧包胎儿,如果未经适当处理(如注入润滑剂)即强行拉出胎儿,子宫常随胎儿翻出。

子宫弛缓 子宫弛缓可延迟子宫颈闭合时间和子宫角体积缩小速度,更易受腹壁肌收缩和胎衣牵引的影响。母猪老龄、经产、营养不良(钙盐缺乏等)、运动不足及胎儿过大等均可造成子宫弛缓。

3.28.2 临诊症状

猪子宫脱常见于产后数小时内发生,先是一侧或两侧子宫角脱出,其后两侧子宫角和子宫体全部脱出。脱出子宫角像两条粗肠管悬挂于阴门外,颜色紫红,极易出血。时间稍长发生淤血、水肿、黏膜干裂,粘有粪土、垫草、泥沙等污物。脱出时间过长时黏膜坏死,继发腹膜炎、败血症,出现体温升高、呼吸加快等全身症状。

3.28.3 防制

治疗 对于子宫脱出的病猪,应尽早实施手术整复。子宫脱出的时间越长,整复越困难,所受外界刺激越严重,康复后不孕率也越高。猪子宫脱整复方法参考如下:

①保定与麻醉:前低后高站立保定,可将猪后躯抬高固定在长板凳上,有利于子宫向里送。可采用局部麻醉,使用普鲁卡因后海穴注射。

②导尿:有时因脱出的子宫压迫尿道口,造成膀胱内积尿,应该先进行导尿,减轻腹压,有利于子宫的还纳。

③清洗脱出的子宫:用0.1%高锰酸钾溶液冲洗脱出的子宫,除去异物、粪土和草屑,再用明矾水对脱出的子宫进行清洗收敛。

④整复:由助手用瓷盘将脱出的子宫托至阴门等高处,再由术者在猪不努责的时候分别将子宫角、子宫体和子宫颈送回。当脱出子宫整复后,术者将手伸入检查子宫角是否进入腹腔,恢复原来的位置,并且没有叠套现象,然后可以放入抗生素。若脱出的子宫已经很久,并且有大面积破裂或坏死时,可以实施子宫切除术。

⑤固定:脱出子宫整复后,防止再脱出来,可在阴门的上1/3至中1/3处做2~3个纽扣状缝合。3d后,见无努责,可考虑拆除缝线。

⑥护理：术后注意供给清洁的饮水和柔软易消化的饲料，少喂多餐；使用抗菌药物防止感染。

预防措施 对于妊娠期的母猪应加强饲养管理，给予优质全价饲料，切不可喂得过肥，给予适宜的运动量等；对于难产的母猪助产时不要牵拉过猛，以避免过度努责，防止子宫脱的发生；对于年老体弱的怀孕母猪，注意观察，及时发现并采取相应措施；为减少损失，对于发生过子宫脱的母猪应尽早淘汰。

3.29 猪生产瘫痪

生产瘫痪(Paralysis before and after birth)是母猪分娩前后突然发生的一种严重代谢性疾病。以四肢运动能力减弱或丧失、轻瘫为特征。生产瘫痪是母猪常见的产科疾病，多为散发。

3.29.1 病因

母猪在分娩期，大量血钙进入初乳，血中流失的钙不能迅速得到补充，致使血钙急剧下降；妊娠后期，钙摄入严重不足；分娩应激和肠道吸收钙量减少；饲料钙、磷比例不当或缺乏，维生素D缺乏，低镁日粮等可加速低血钙的发生。此外，饲养管理不当，产后护理不好，母猪年老体弱，运动缺乏等，也可发病。

3.29.2 临诊症状

产前瘫痪的母猪长期卧地，后肢起立困难，检查局部无任何病理变化，知觉、反射、食欲、呼吸、体温等均无明显变化。强行起立后步态不稳，并且后躯摇摆，不能起立。

母猪产后瘫痪见于产后数小时开始，多发期为产后2~5d。轻者站立困难，行走时后躯摇摆。泌乳量减少甚至停止，有时母猪伏卧，拒绝哺乳。随着病情加重，精神极度沉郁，食欲废绝，长期卧地昏睡，对一切反射减弱，便秘，体温正常或略有升高。

3.29.3 诊断

根据发病的时间主要在产前或产后，临诊上以四肢运动障碍、轻瘫等为特征，血钙浓度降低等可做出诊断。

3.29.4 防制

治疗

①钙剂疗法：静脉注射钙制剂是治疗本病的基本方法，一次静脉注射后半数病例症状会得到明显改善。常用的钙剂有10%葡萄糖酸钙注射液、10%氯化钙注射液等。如果血磷过低，可配合使用磷酸二氢钠。

②乳房送风疗法：可将18号输液针针头磨钝(做猪乳导管针)接上胶管，将套有输液针的胶管接上打气筒。用酒精棉球将母猪乳头分别消毒，然后将磨钝针头的输液针轻轻插入乳头管内，分别向乳头缓缓打气。待乳区皮肤紧张，皱纹消失，弹打乳房呈鼓音时停止打气。

③其他疗法：治疗本病时可适量补充磷、镁及肾上腺皮质激素等，同时配合使用高渗葡萄糖和2%～5%碳酸氢钠注射液。

预防措施　科学饲养，保持日粮钙磷比例适当，增加光照，适当增加运动，均有一定的预防作用。

3.30 湿疹

猪湿疹(Eczema of pigs)也称猪湿毒症，是猪只表皮和真皮上层发生的一种过敏性炎症反应。一般来说，猪只饲养管理不规范，长时间处于潮湿的环境中比较容易发生该病。病猪全身各处都可以出现湿疹，特别是胸壁、腹下、股部等处，会严重影响猪的正常生长繁殖，应做好该病的防治工作。

3.30.1 病因

湿疹是一种变态反应引起的，当猪遇到先天的、后天的诱因时，如某些药品、猪虱、饲料或粪便的附着、阳光直射皮肤、外伤、含刺激物的木屑等物质的刺激时，发生变态反应，则在体表呈现湿疹。该病通常在每年的5～8月发生。断奶猪、架子猪、育肥猪容易发生该病。

3.30.2 临诊症状

急性湿疹非常痒，猪不断地利用墙壁、料槽等摩擦体表，用后肢挠。病初耳根、耳内侧、颌下、腹部和会阴两侧等皮肤柔软部位皮肤出现红、肿，并分泌黏稠分泌物，病变很快波及全身。多数经过一段时间治疗可以治愈，但化脓感染时，形成脓疱，若不及时处置，可转为慢性湿疹。

慢性湿疹由于炎症波及深部，可引起表皮和真皮的增殖（皮肤增厚）和细胞浸润，此时病猪极痒，苔藓化脱毛，皮肤增厚，形成皱襞，影响生长发育。

3.30.3 诊断

根据猪场的饲养管理、发病季节、猪体表现的症状，诊断比较容易，但要注意是否有诱发因素或变态反应，同时注意与其他皮肤病的鉴别。

3.30.4 防制

治疗　可使用0.1%高锰酸钾、2%硼酸、1%～3%的水杨酸清洗局部，然后局部涂抹氧化锌软膏等。急性型猪湿疹可静脉注射氯化钙或葡萄糖酸钙，必要时使用激素类药物参与治疗。为避免发生细菌感染，可选择注射或者口服抗菌类药物。

预防措施　加强饲养管理。供给全价营养，保证猪的氨基酸、能量、矿物质、维生素和微量元素的供给；建设坐北朝南的正向猪舍，保证猪舍有足够的阳光，经常对猪进行刷拭或洗浴；高温季节要经常清扫猪圈，防止圈内漏雨，勤晒垫草；保持猪舍干燥，消灭寄生虫、蝇、蚊等，湿度大的还可撒一些石灰来除潮；经常检修圈栏，对出现破损的床、栏及时维修，防止划伤猪只的皮肤，以免病情加重。

第4章 技能实训

技能实训1　动物生物制品的使用和预防接种

【实训目标】　通过讲授与现场操作,掌握常用疫苗的稀释、接种方法及注意事项。

【设备材料】　煮沸消毒器、金属注射器(5mL、10mL、20mL等规格)、玻璃注射器(1mL、2mL、5mL等规格)、金属皮内注射器、镊子、毛剪、体温计、脸盆、出诊箱、注射针、气雾免疫器、毛巾、纱布、脱脂棉、搪瓷盘、工作服、登记卡、保定动物用具、5%碘酒、70%酒精、来苏儿或新洁尔灭等消毒剂、疫苗、免疫血清、牛、猪、犬、羊、家禽等实习动物。

【内容及方法】

1. 动物生物制品的使用

(1)生物制品的保存　生物制品厂必须设置冷库,防疫部门也应设置冷库或低温冷柜、冰箱、冷藏箱。一般生物制品怕热,特别是活苗,必须低温保藏。冷冻真空干燥的疫苗,多数要求放在-15℃下保存,温度越低,保存时间越长。如猪瘟兔化弱毒冻干苗,在-15℃可保存1年以上,在0~8℃只能保存6个月,若放在25℃左右,至多10d即失去效力。实践证明,一些冻干苗在27℃条件下保存1周后有20%不合格,保存2周后有60%不合格。需要说明的是,冻干苗的保存温度与冻干保护剂的性质有密切关系。一些国家的冻干苗可以在4~6℃保存,因为用的是耐热保护剂。多数活湿苗只能现制现用,在0~8℃下仅可短时期保存。灭活苗、血清、诊断液等保存在2~11℃,不能过热,也不能低于0℃。

工作中必须坚持按规定温度条件保存,不能任意放置,防止高温存放或温度忽高忽低损害疫苗的质量。

(2)生物制品的运送　不论使用何种运输工具运送生物制品都应注意防止高温、暴晒和冻融。运送时,药品要逐瓶包装,衬以厚纸或软草然后装箱。如果是活苗需要低温保存的,可先将药品装入盛有冰块的保温瓶或保温箱内运送,携带灭活铝胶苗或油乳苗时,冬季要防止冻结。在运送过程中,要避免高温和直射阳光。寒冷时要避免液体制品冻结,尤其要避免由于温度高低不定而引起的反复冻融。切忌把药品放入衣袋内,以免由于体温较高而降低药品的效力。大批量运输的生物制品应放在冷藏箱内，用冷藏车以最快速度运送生物制品。

(3) 生物制品使用前的检查　各种生物制品用前均需仔细检查，有下列情况之一者不得使用：

① 没有瓶签或瓶签模糊不清，没有经过合格检查者。

② 过期失效者。

③ 生物制品的质量与说明书不符者，如色泽、沉淀、制品内有异物、发霉和臭味者。

④ 瓶盖不紧或玻璃瓶破裂者。

⑤ 没有按规定方法保存者，如加氢氧化铝的菌苗经过冻结后，其免疫力可降低。

(4) 生物制品的稀释　各种疫苗使用的稀释液、稀释倍数和稀释方法都有明确规定，必须严格按生产厂家的使用说明书进行。稀释疫苗用的器械必须是无菌的，否则，不但影响疫苗效果，而且会造成人为的污染。

① 注射用疫苗的稀释：用70%酒精棉球擦拭消毒疫苗和稀释液的瓶盖，然后用带有针头的灭菌注射器吸取少量稀释液注入疫苗瓶中，充分振荡溶解后，再加入全量的稀释液。

② 饮水用疫苗的稀释：饮水免疫时，疫苗最好用蒸馏水或去离子水稀释，也可用洁净的深井水或泉水稀释，不能用自来水，因为自来水中的消毒剂会把疫苗中活的微生物杀死，使疫苗失效。稀释前先用酒精棉球消毒疫苗的瓶盖，然后用灭菌注射器吸取少量的蒸馏水注入疫苗瓶中，充分振荡溶解后，抽取溶解的疫苗放入干净的容器中，再用蒸馏水把疫苗瓶冲洗几次，使全部疫苗所含病毒（或细菌）都被冲洗下来。然后按一定剂量加入蒸馏水。

2. 预防接种方法

(1) 皮下注射法　皮下注射宜选择皮薄、被毛少、皮肤松弛、皮下血管少的部位。大家畜宜在颈侧中1/3部位，猪宜在耳根后或股内侧，犬、羊宜在股内侧，家禽宜在翼下或胸部。

注射部位消毒后，注射者右手持注射器，左手食指与拇指将皮肤提起呈三角形，沿三角形基部刺入皮下约注射针头的2/3，将左手放开后，再推动注射器活塞将疫苗徐徐注入。然后用酒精棉球按住注射部位，将针头拔出。

大部分疫苗及免疫血清均采用皮下注射法。凡引起全身性广泛损害的疾病（如猪瘟、仔猪副伤寒等），以此途径免疫效果好，此法优点是免疫确实，效果佳，吸收较快；缺点是用药量较大，副作用较皮内注射法稍大。

(2) 皮内注射法　皮内注射宜选择皮肤致密、皮毛少的部位。大家畜宜在颈侧、尾根、眼睑，猪宜在耳根后方或股内侧，羊宜在颈侧或股内侧，鸡宜在翼下或肉髯部位。

接种时，用左手将皮肤夹起一皱褶或以左手绷紧固定皮肤，右手持注射器，将针头在皱褶上或皮肤上斜着使针口几乎与皮面平行轻轻刺入皮内0.5cm左右，放松左手，左手在针头和针筒交接处固定针头，右手持注射器，徐徐注入药液。如针头确在皮内，则注射时感觉有较大的阻力，同时注射处形成一个圆丘，突出于皮肤表面。

皮内接种目前只适用于羊痘苗和某些诊断液等，皮内接种的优点是使用药液少，注射局部副作用小，产生的免疫力比相同剂量的皮下接种高；缺点是操作需要一定的技术与经验。

(3)肌肉接种法　肌肉注射，应选择肌肉丰满、血管少、远离神经的部位。大家畜宜在臀部或颈部，猪宜在耳后、臀部、颈部，羊宜在颈部，鸡宜在翅膀基部或胸部肌肉。

接种部位要严格消毒，大、中动物消毒方法是首先剪毛，再用2％～5％碘酊棉球螺旋式由内向外消毒接种部位，最后用75％的酒精棉球消毒。

肌肉注射方法有两种：一种方法是左手固定注射部位的皮肤，右手持注射器垂直刺入肌肉后，改用左手夹住注射器和针头尾部，右手回抽一下活塞，如无回血，即可慢慢注入药液；另一种方法是把注射器针头取下，以右手拇指、食指、中指紧持针尾，对准注射部位垂直刺入肌肉，然后接上注射器，注入药液。

根据畜禽大小和肥瘦程度掌握刺入深度，以免刺入太深(常见于小畜禽)刺伤骨骼、血管、神经，或因刺入太浅(常见于大猪)将疫苗注入皮下脂肪而不能吸收。注射的剂量应严格按照规定的剂量注入，同时避免药液外漏。此法优点是操作简便，吸收快；缺点是有些疫苗会损伤肌肉组织，如注射部位不当，可能引起跛行。常用此法的有猪瘟弱毒疫苗、猪链球菌疫苗、鸡新城疫Ⅰ系苗等。

(4)滴鼻点眼接种法　滴鼻与点眼是禽类有效的免疫途径，鼻腔黏膜下有丰富的淋巴样组织，能产生良好的局部免疫。点眼与滴鼻的免疫效果相同，比较方便、快速。据报道，眼部的哈德尔氏腺呈现局部应答效应，不受血清抗体的干扰，因而抗体产生迅速。

接种时按疫苗说明书注明的羽分和稀释方法，用蒸馏水或生理盐水进行稀释后，用干净无菌的吸管吸取疫苗，滴入鸡的鼻内或眼内。要求滴鼻或点眼后等疫苗吸入后再释放家禽。

(5)口服接种法　口服接种法有饮水法、饲喂法和口腔灌服法。根据口服免疫接种畜禽头(只)数计算所需疫苗数量和饲料、饮水数量，按规定将疫苗加入饲料和水中，让畜禽自由采食、饮水或用容器直接灌入动物口腔。

(6)气雾接种法　根据鸡只多少计算所需疫苗数量、稀释液数量，根据鸡只的日龄选择雾滴的大小。无菌稀释后用气雾发生器在鸡头上方约50cm喷雾。在鸡群周围形成一个良好的雾化区。通过口腔、呼吸道黏膜等部位以达到免疫作用。本法优点是省力、省工、省苗；缺点是容易激发潜在的慢性呼吸道病，这种激发作用与粒子大小成反相关，粒子越小，激发的危险性越大。所以有慢性呼吸道病潜在危险的鸡群，不应采用气雾免疫法。气雾接种时要求关闭风机，暗光下操作。

(7)刺种接种法　按疫苗说明书注明的稀释方法稀释疫苗，充分摇匀，然后用接种针或蘸水笔尖蘸取疫苗，刺种于鸡翅膀内侧无血管处皮下。要求每针均蘸取疫苗1次，刺种时最好选择同一侧翅膀，便于检查效果时操作简单。

3. 预防接种的注意事项

①工作人员需穿工作服及胶鞋，必要时戴口罩。工作前后均应洗手消毒，工作中不应吸烟和吃食物。

②接种时严格执行消毒及无菌操作。注射器、针头、镊子应高压或煮沸消毒。注射时最好每注射一头动物更换一个针头。在针头不足时可每吸液一次更换一个针头，但每注射

一头后,应用酒精棉球将针头拭净消毒后再用。注射部位皮肤用5%的碘酊消毒,皮内注射及皮肤刺种用70%酒精消毒,被毛较长的剪毛后再消毒。

③吸取疫苗时,先除去封口上的火漆或石蜡,用酒精棉球消毒瓶塞。瓶塞上固定一个消毒的针头专供吸取药液,吸液后不拔出,用酒精棉包好,以便再次吸取。给动物注射用过的针头不能吸液,以免污染疫苗。

④疫苗使用前,必须充分振荡,使其均匀混合后才能使用。需经稀释后才能使用的疫苗,应按说明书的要求进行稀释。已经打开瓶塞或稀释过的疫苗,必须当天用完,未用完的处理后弃去。

⑤针筒排气溢出的药液,应吸集于酒精棉球上,并将其收集于专用的瓶内。用过的酒精棉球、碘酊棉球和吸入注射器内未用完的药液都放入专用瓶内,集中烧毁。

⑥实训前,教师必须做好实训准备和安排,学生应事先预习。在实训中应注意安全。

技能实训2　病料的采取、包装和送检

【实训目标】　通过讲授、示范和实际操作,掌握病料的采集、保存和送检方法,具备临诊实际应用的能力。

【设备材料】　煮沸消毒器、外科刀、外科剪、镊子、试管、注射器、采血针头、平皿、广口瓶、包装容器、脱脂棉、载玻片、酒精灯、火柴、药品、保存液、来苏儿、新鲜动物尸体等。

【内容及方法】

1. 病料的采取

(1)淋巴结及内脏　将淋巴结、肺、肝、脾及肾等有病变的部位各采取1~2cm的小方块,分别置于灭菌试管或平皿中。

(2)血液　心血通常在右心房采取,先用烧红的铁片或刀片烙烫心肌表面。然后用灭菌的注射器自烙烫处扎入吸出血液,盛于灭菌试管;血清的采取,以无菌操作采取血液10mL,置于灭菌的试管中,待血液凝固析出血清后,以灭菌滴管吸出血清置于另一灭菌试管内。如供血清学反应时,可于每毫升血清中加入3%~5%石碳酸溶液1~2滴;全血的采取,以无菌操作采取全血10mL,立即放入盛有3.8%柠檬酸钠1mL的灭菌试管中,搓转混合片刻即可。

(3)脓汁及渗出液　用灭菌注射器或吸管抽取,置于灭菌试管中。若为开口化脓病灶或鼻腔等,可用无菌棉签浸蘸后放在试管中。

(4)乳汁　乳房和挤乳者的手用新洁尔灭等消毒,同时把乳房附近的毛刷湿,最初所挤的3~4股乳汁应弃去,然后再采集10mL左右的乳汁于灭菌试管中。若仅供镜检,则可于其中加入0.5%的福尔马林液。

(5)胆汁　采取方法同心血烧烙采取法。

(6)肠　用线扎紧一段肠道(5~10cm)两端,然后将两端切断,置于灭菌器皿中。也可用烧烙采取法采取肠管黏膜或其内容物。

(7)皮肤　取大小约10cm×10cm的皮肤一块,保存于30%甘油缓冲溶液中,或10%饱和盐水溶液,或10%福尔马林溶液中。

(8)胎儿、禽和小动物　将整个尸体包入不透水的塑料薄膜、油布或数层油纸中,装入箱内送检。

(9)脑、脊髓　可将脑、脊髓浸入50%甘油盐水中,或将整个头割下,浸过0.1%升汞溶液的纱布或油布中,装入木箱送检。

2. 病料的保存

病料采取后,如不能立即检验,或需要送往有关单位检验,应当加入适量的保存剂,使病料尽量保存在新鲜状态,以免病料送达实验室时已失去原来状态,影响正确诊断。病料保存剂因送检材料的不同也各异。

(1)病毒检验材料　一般用灭菌的50%甘油缓冲盐水或鸡蛋生理盐水。

(2)细菌检验材料　一般用灭菌的液体石蜡,或30%甘油缓冲盐水,或饱和氯化钠溶液。

(3)血清学检验材料　固体材料(小块肠、耳、脾、肝、肾及皮肤等),可用硼酸或食盐处理。液体材料(如血清等)可每毫升加入3%~5%石碳酸溶液1~2滴。

(4)病理组织材料　用10%福尔马林液或95%~100%酒精等。

3. 病料的送检

供显微镜检查用的脓汁、血液及黏液,可用载玻片制成抹片,组织块可制成触片,每份病料制片不少于2~4张。制成后的涂片自然干燥,彼此中间垫以火柴棍或纸片,重叠后用线缠住,用纸包好。每片应注明号码,并附加说明。装病料的容器详细标号,详细记录在案,并附有病料送检单,见表4-1。

表4-1　动物病料送检单

送检单位		地址		检验单位		材料收到日期	年　月　日
病畜种类		发病日期		检验人		结果通知日期	年　月　日
死亡时间	年　月　日　时	送检日期		检验名称	微生物学检查	血清学检查	病理组织学检查
取材时间	年　月　日　时	取材人					
疫病流行情况							
主要临诊症状							
主要剖检变化				检验结果			
曾经何种治疗							
病料序号名称		病料处理方法		诊断和处理意见			
送检目的							

病料包装容器要牢固,做到安全稳妥,对于危险材料、怕热或怕冻的材料要分别采取措施。一般病原学检验材料怕热,应放入有冰块的保温瓶或冷藏箱内送检,包装好的病料

要尽快运送，长途以空运为好。

【注意事项】

①采取微生物检验材料时，要严格按照无菌操作手续进行，并严防散布病原。

②要有秩序地进行工作，注意消毒，严防本身感染及造成他人感染。

③正确地保存和包装病料，正确填写送检单；通过对流行病学、临诊症状、剖检材料的综合分析，慎重提出送检目的。

④病料的采集前需做尸体检查，当怀疑是炭疽时，不可随意解剖，应先由末梢血管采血涂片镜检，检查是否有炭疽杆菌存在。操作时应特别注意，勿使血液污染他处。只有在确定不是炭疽时方可进行剖检，采取有病变的组织器官。

⑤采取病料的最佳时间是死亡后立即采取，最多不超过 6h，否则时间过长，由肠内侵入其他细菌，易使尸体腐败，影响病原体的检出。

⑥采取病料所用器械的消毒刀、剪、镊子、针头等可煮沸消毒 30min；玻璃器皿等可高压灭菌或干热灭菌，或于 0.5%～1%碳酸氢钠水中煮沸 30min；软木塞和橡皮塞于 0.5%石碳酸水溶液中煮沸 10～15min。

⑦载玻片在 1%～2%碳酸氢钠水中煮沸 10～15min。水洗后用清洁纱布擦干，将其保存于酒精与乙醚等份液中备用。一套器械与容器，只能采取或容装一种病料，不可用其再采其他病料或容纳其他脏器材料。

⑧采取病料应无菌操作，采取病料的种类，应根据不同的传染病，相应地采取该病常侵害的脏器或内容物。在无法估计是某种传染病时，应进行全面采取。

技能实训 3　巴氏杆菌的实验室诊断

【实训目标】 初步掌握巴氏杆菌病的微生物学诊断步骤和方法。

【设备材料】 显微镜、外科刀、剪刀、镊子、玻片、注射器、组织研磨器、消毒的平皿及试管、美蓝染色液、革兰染色液、瑞氏染色液、姬姆萨染色液、鲜血琼脂、普通肉汤培养基、糖微量发酵管、小鼠等。

【内容及方法】

一、微生物学检查

1. 病料采集

取病畜禽的组织（肺、肝、脾等）或体液、分泌物及局部病灶的渗出液。

2. 镜检

对原始病料涂片用瑞氏或碱性美蓝染色，同时进行革兰染色，镜检，应为革兰阴性，瑞氏染色两极浓染的短小杆菌或球杆菌，大小不一，用印度墨汁等染料染色，可见清晰的荚膜。

3. 培养

将病料同时接种于鲜血琼脂和麦康凯培养基，37℃培养 24h，观察细菌的生长情况、菌落特征、溶血性，检查折光下的荧光性，并染色镜检。

二、动物试验（致病力测定）

常用的实验动物有小鼠和家兔，若用家兔，需在接种病料或培养菌液前数天，每只兔用0.2%~0.5%煌绿液2~3滴，滴鼻，取滴鼻后18~24h未出现化脓性鼻炎者供试验用。

将病料用无菌生理盐水制成1:10悬液或用分离物制成生理盐水菌液，也可用4%血清肉汤培养液，皮下或腹腔接种小鼠或家兔2~4只，小鼠每只注射0.1~0.3mL，家兔为0.3~0.5mL，强毒株多杀性巴氏杆菌一般在接种后24~72h死亡，而牛出败病标本死亡时间延长至1周左右。实验动物死亡后立即剖检并取心血和实质脏器分离和涂片染色镜检，见大量两极浓染的细菌即可确诊。

技能实训4　布鲁氏菌病的检疫

【实训目标】　初步掌握布鲁氏菌病的血清学诊断方法。
【设备材料】
（1）器材　清洁灭菌小试管（试管口径为1cm）、试管架、0.5mL吸管、1mL吸管、10mL吸管、凝集板。
（2）诊断液　布鲁氏菌试管凝集抗原、虎红平板凝集抗原、布鲁氏菌水解素、标准阳性血清和阴性血清。
【内容及方法】

一、试管凝集反应

1. 试验材料

（1）抗原　由动物生物药品厂生产，我国所使用的抗原由国际标准血清标定制造，使用时做1:20稀释，对国际标准阳性血清的凝集价为1:1 000（50%凝集）。该抗原由0.5%石碳酸生理盐水悬浮布氏杆菌死菌体制备而成。

（2）试验用稀释液　灭菌的0.5%石碳酸生理盐水。

（3）试管　13mm×100mm规格试管。

（4）被检血清　牛、羊由颈静脉，猪于耳静脉或剪断尾端采血。局部剪毛消毒后，以无菌操作采取血液5~8mL，盛于灭菌试管中，并立即摆成斜面使之凝固（冬季置于温暖处，夏季置于阴凉处），凝固后即可送实验室，或等10~12h血清析出后，用毛细吸管吸取血清于灭菌的小瓶内。封存置冰箱中备用，并记录畜号。

2. 操作方法

（1）稀释血清　用0.5%石碳酸生理盐水稀释血清。

被检血清一般做4个稀释度：牛、马和骆驼做1:50，1:100，1:200，1:400稀释；猪、羊、犬做1:25，1:50，1:100，1:200稀释。可取5个试管，在第1管中加

2.3mL稀释液，第3～5管中各加0.5mL稀释液，加0.2mL血清于第1管中做1∶12.5稀释，混匀，从第1管中取0.5mL加到第2管，再从第1管中取0.5mL加到第3管中，混匀，依次做倍比稀释，从第5管中弃去0.5mL，从第2管起即为1∶25、1∶50、1∶100、1∶200稀释，第1管废弃不用。

阳性对照血清的稀释，从1∶25起，做2倍系列稀释，最高稀释度应超过其最终效价。阴性对照血清的稀释同被检血清(表4-2)。

表4-2 布氏杆菌试管凝聚实验

试管号	1	2	3	4	5	阳性对照	阴性对照	抗原对照
血清稀释倍数	1∶12.5	1∶25	1∶50	1∶100	1∶200	1∶25	1∶25	
0.5%石碳酸生理盐水(mL)	2.3	—	0.5	0.5	0.5	—	—	0.5
被检血清(mL)	0.2	0.5	0.5	0.5	0.5	0.5弃 0.5	0.5	—
抗原(1∶20)(mL)	—	0.5	0.5	0.5	0.5	0.5	0.5	0.5
判定								

(2)稀释抗原 用0.5%石碳酸生理盐水将抗原做1∶20稀释。

每个血清管(包括被检血清和阴、阳性对照血清)中各加0.5mL抗原，混匀，血清最终稀释度依次变为1∶50，1∶100，1∶200和1∶400。

建立抗原对照，在0.5mL抗原中加0.5mL稀释液。

将所有试管充分震荡后置37℃温箱中22～24h，然后判定并记录试验结果。

(3)结果判定 根据各试验管中上层液体的清亮度记录凝集程度：

"++++"：表示100%凝集，上清液完全清亮。

"+++"：表示75%凝集，上清液较清亮。

"++"：表示50%凝集，上清液呈乳白色混浊。

"+"：表示25%凝集，上层液体混浊。

"—"：表示不凝集，上层液体混浊，与阴性对照相同。

被检血清出现50%凝集时，血清的最高稀释度为该血清的效价。

牛、马和骆驼血清凝集价为1∶100以上，猪、羊和犬1∶50以上，判为阳性。牛、马和骆驼血清凝集价为1∶50，猪、羊和犬为1∶25者判为可疑。可疑反应的家畜经3～4周重检，牛、羊重检时仍为可疑，判为阳性。猪和马重检时仍为可疑，但该场中未出现阳性反应及无临诊症状的家畜，判为阴性。

二、虎红平板凝集反应

这种试验是快速玻片凝集反应，抗原是布鲁氏菌加虎红制成，它可与试管凝集及补体结合反应效果相比，且在犊牛菌苗接种后不久，以此抗原做试验呈现阴性反应，对区别菌苗接种与动物感染有帮助。

1. 操作方法

被检血清和布鲁氏菌虎红平板凝集抗原各0.03mL滴于玻璃板的方格内，每份血清各用一支火柴棒混合均匀。在室温(20℃)4～10min内记录反应结果。同时以阳性、阴性血清做对照。

2. 结果判定

在阳性血清及阴性血清试验结果正确的对照下，被检血清出现任何程度的凝集现象均判为阳性，完全不凝集的判为阴性。

三、变态反应

由于动物感染布鲁氏菌后变态反应出现较晚，不适用于早期的诊断。作为诊断试验其应用在国际上虽然不广泛，但其特异性高，用于流行病学调查非常有效。

本试验是用不同类型的抗原进行布鲁氏菌病诊断的方法之一。布鲁氏菌水解素即变态反应试验的一种抗原，这种抗原专供绵羊和山羊检查布鲁氏菌病之用。按《羊布鲁氏菌病变态反应技术操作规程及判定》进行。

1. 操作方法

使用细针头，将水解素注射于绵羊或山羊的尾褶襞部或肘关节无毛处的皮内，注射剂量 0.2mL。注射前应将注射部位用酒精棉消毒。如注射正确，在注射部形成绿豆大小的硬包。注射一只羊后，针头应用酒精棉消毒，然后再注射另一只。

2. 结果判定

注射后 24h 和 48h 各观察反应一次（肉眼观察和触诊检查）。若两次观察反应结果不符时，以反应最强的一次作为判定的依据。判定标准是：

阳性反应（＋）：注射部位有明显不同程度肿胀和发红（硬肿或水肿），不用触诊，凭肉眼即可察觉者。

疑似反应（±）：肿胀程度不明显，而触诊注射部位，常需与另一侧皱褶相比较才能察觉者。

阴性反应（－）：注射部位无任何变化。

阳性家畜，应立即移入阳性畜群进行隔离，可疑牲畜必须于注射后 30d 进行第二次复检，如仍为疑似反应，则按阳性牲畜处理，如为阴性反应则视为健畜。

技能实训 5　猪丹毒的实验室诊断

【实训目标】　通过猪丹毒病料的触片、染色、镜检，认识猪丹毒杆菌的形态特征，掌握猪丹毒的细菌学诊断方法。

【设备材料】　可疑为猪丹毒的病猪及病料（或以猪丹毒杆菌人工感染的实验动物尸体）、实验动物（小鼠、鸽子等）、普通琼脂、普通肉汤、血液琼脂、明胶高层等培养基、剪刀、镊子、手术刀、接种环、酒精灯、酒精棉球、消毒的平皿及试管、研钵、载玻片、显微镜、香柏油、美蓝染色液、瑞氏染色液及革兰染色液等。

【内容及方法】

1. 病料采取

（1）病猪　急性败血型病猪可以从耳静脉采血，亚急性型可以采取皮肤疹块的渗出液，慢性病例采取患病关节滑囊液。

(2) 尸体　病猪死亡后，应采取心血、脾、肝、淋巴结、肾等组织做病料。

如果以病料通过实验动物再做细菌学诊断，则应待实验动物死亡后，从尸体采取心血、脾、肝、肾等器官进行检查。

2. 涂片染色镜检

取病料涂片，干燥，用美蓝或瑞氏染色、镜检。病料中猪丹毒杆菌呈细小杆菌、散在、成对散布于细胞之间，有时在白细胞内成丛状排列。

3. 分离培养

取病猪的血液、脾、肝、淋巴结等分别接种于血液琼脂、普通琼脂、肉汤做分离培养。对死亡过久的尸体，可取骨髓做分离培养。接种后置37℃培养24h，在鲜血琼脂上可见针尖样细小的菌落，菌落周围可形成透明狭窄的溶血环；在普通琼脂培养基上生长贫瘠；肉汤中呈轻度浑浊，有少量灰白色黏稠沉淀。挑取菌落，经涂片染色镜检，为革兰阳性细小杆菌。再挑选典型菌落培养后，做明胶穿刺培养，3~4d后呈试管刷状生长，不液化明胶。这点与其他细菌（如李氏杆菌等）鉴别上有重要意义。也可在培养基中加入叠氮钠和结晶紫各万分之一，制成选择培养基，只有猪丹毒杆菌能在这种培养基上正常生长繁殖，其他杂菌受到抑制。

4. 动物接种

当被检病料中含菌量少，或已被污染，做细菌分离培养时有困难，可以进一步做动物接种试验。

取病料（心血、脾、肝、淋巴结、疹块）或纯培养物接种鸽或小鼠。先将病料磨碎，用灭菌生理盐水做1∶5或1∶10稀释，鸽胸肌注射0.5~1mL。小鼠皮下注射0.2mL。如为固体培养基上的菌落，则用灭菌生理盐水洗下，制成菌液进行接种。如果是猪丹毒，小鼠可在2~3d内，最多3~5d内患败血症死亡。死前出现精神委顿、眼结膜发炎、畏光、背拱、毛乱、停食。死后剖检脾肿大，肺和肝充血，肝有时可见小点坏死，并可从内脏分离出猪丹毒杆菌；鸽子一般在接种后3~4d内死亡，病鸽腿翅麻痹、精神委顿、头缩羽乱，不吃而死亡。其剖检变化与小鼠死亡相似。

【注意事项】

①严格地按照操作顺序进行，对用过的器材及其他一切物品，要放在指定地点，消毒后处理，以防病原体散播。

②严防本身感染或感染他人。

技能实训6　猪瘟的诊断

【实训目标】　掌握猪瘟的临诊诊断要点，学会猪瘟兔体交互免疫试验的诊断方法，基本掌握猪瘟荧光抗体诊断的操作技术并能正确进行结果判定，为今后从事动物临床工作打下基础。

【设备材料】 荧光显微镜、冰冻切片机、煮沸消毒锅、注射器(1mL、5~10mL)、肛门体温计、染色缸、灭菌乳钵、剪刀、镊子、注射针头、兔笼、0.01mol pH7.2 PBS液、伊文思蓝溶液、丙酮、青霉素、链霉素、生理盐水、猪瘟荧光抗体、猪瘟兔化弱毒苗、1.5kg 以上健康家兔、疑似猪瘟病料等。

【内容及方法】

1. 临诊诊断要点

猪瘟对各种年龄的猪，不分品种、性别都能感染发病。一年四季均能发病，春秋季节更多发生。一旦发生，多呈流行性，发病率和死亡率均高。临诊上主要表现体温升高，多呈稽留热。多见脓性结膜炎，先便秘后腹泻，皮肤和可视黏膜有出血点、出血斑，公猪包皮积白色浆状分泌物。小猪可见神经症状。病理剖检可见全身淋巴结，特别是内脏所属淋巴结呈周边出血，切面呈大理石样变。肾脏变性色淡呈"贫血肾"，表面及皮质部有小出血点。脾脏边缘有出血性梗死灶。扁桃体稍肿，有出血点或坏死灶。同时，咽喉、胆囊、膀胱及直肠黏膜出血。亚急性和慢性型病猪多在大肠黏膜，特别回盲口周围形成特征性轮层状溃疡——扣状肿。

2. 兔体交互免疫试验

(1)操作方法 选择体重 1.5kg 以上大小基本相等的健康家兔 4 只，分成 2 组，试验前连续测温 3d，每日 3 次，间隔 8h，体温正常者才可用。采可疑病猪的淋巴结及脾脏做成 1∶10 悬液(每毫升悬液加青霉素、链霉素各 1 000IU 处理)，给试验组家兔每只 5mL 肌注。如用血液须加抗凝剂，每只接种 2mL。对照组不注射。注射后对试验组和对照组兔测温，每 8h 测 1 次，连续 3d。7d 以后，用 1∶20 稀释的猪瘟兔化弱毒疫苗同时给试验组与对照组家兔耳静脉各注射 1mL，24h 后，每隔 6h 测温 1 次，连续测温 96h。

(2)判定标准 如试验组接种病料后无热反应，后来接种猪瘟兔化弱毒也不发生热反应，对照组有热反应，则诊断为猪瘟；如试验组接种病料后有定型热反应，后来接种猪瘟兔化弱毒不发生热反应，而对照组接种猪瘟兔化弱毒发生定型热反应，则表明病料中含有猪瘟兔化弱毒；如试验组接种病料后无热反应，后来接种猪瘟兔化弱毒发生热反应，或接种病料后有热反应，后来对接种猪瘟兔化弱毒又有热反应，而对照组接种猪瘟兔化弱毒后发生定型热反应，则不是猪瘟。

3. 荧光抗体诊断法

(1)扁桃体冰冻切片或组织压片的制备 采取活体或急性高温期病猪的扁桃体，按常规方法用冰冻切片机制成 $4\mu m$ 切片，吹干；制作压片时，首先切取病猪的扁桃体、淋巴结、脾或其他组织一小块，用滤纸吸去外面的液体，取干净载玻片一块，稍为烘热，用组织小块的切面触压玻片，略加转动，做成压印片，置室温干燥。滴加冷的纯丙酮数滴，于 4℃固定 15min，取出风干。

(2)染色 用 1/40 000 伊文思蓝溶液将荧光抗体做 8 倍稀释，将稀释的荧光抗体滴加到标本上，于 37℃恒温箱内感作 30~40min。再用 0.01mol pH7.2 PBS 漂洗 3 次，分别于 2min、5min、8min 更换 PBS，最后蒸馏水漂洗 2 次，风扇吹干，滴加缓冲甘油数滴，加盖玻片封片，用荧光显微镜检查。

（3）镜检　如细胞浆内有弥慢性、絮状或点状的亮黄绿色荧光，为猪瘟；如仅见暗绿色或灰蓝色，则不是。

技能实训7　动物疫情调查方案的制订

【实训目标】　通过实训，明确疫情调查的内容，了解传染病的流行规律；学会调查方法，并能进行疫情调查资料分析。

【设备材料】　动物疫情调查表；某乡村、某养殖场、某养殖专业户动物疫情资料；运送师生实训往返的交通工具；影像设备等。

【内容及方法】

1. 确定调查内容与项目

疫情的发生，往往与多种因素有关。所以在进行动物疫情调查时，应尽量将可能影响动物发病的各种因素考虑进来，在进行疫情一般性调查时，常包括如下内容：

（1）被调查地的基本情况　包括该地（场）的名称、地址、地理地形特点、气象资料（季节、大气、常年积温、雨量、各季节风向等）、饲养动物的种类、数量、用途、饲养方式。

（2）饲养场卫生情况　畜禽场及其邻近地区的卫生状况，饲料来源、品质、调配及其保藏方式，饲喂方法，放牧场地和水源卫生状况（自来水、井水或河水），周围及畜禽舍内昆虫、啮齿动物活动情况，粪便、污水处理方法，预防消毒及免疫程序执行情况，畜禽及其产品流通情况，病死畜禽的处理方法等。

（3）疫病发生与流行情况　最早病例发生时间，发病及死亡动物的种类、数量、性别、年龄，临诊主要表现，疫病经过的特征，采用的诊断方法与结果（含临诊诊断、病理剖检、实验室诊断），动物疫病的流行强度，所采取的防治措施及结果等。

（4）疫区既往发病情况　曾发生过何种疫病及发生时间，流行概况，所采取的措施，疫病间隙期限，是否呈周期性等。

2. 设计调查表

根据所调查地区或饲养场具体情况，确定调查项目，并依据所要调查的内容自行设计疫情调查表。

3. 调查方法

可采取直接询问和查阅资料等。表4-3为调查用表。

4. 资料分析

将调查资料进行统计分析，以明确该调查区域疫病流行的类型、特点、发生原因、疫病传播来源和途径等。并提出预防控制该疫病的具体措施和建议。

【训练报告】　根据调查结果，写一份疫情调查分析报告。

表 4-3　某养殖场畜禽发病情况调查表

调查日期：　　　年　　月　　日

村、场(户、舍)名称或编号

发病 基本情况	动物种类： 发病日期： 病程： 开始死亡日期：	存栏数量： 发病数： 死亡数：	日(年)龄 发病率： 死亡率：	致死率：

T:　　　　P:　　　　R:

典型症状描述：

剖检变化：

印象诊断或结论：

建议：

调查人签字：　　　　　　　　　被调查人签字：

技能实训 8　消毒药的配制和消毒方法

【实训目标】　学会喷雾器、火焰喷灯等消毒器械的使用方法；学会常用消毒液的配置方法；掌握畜舍、用具、地面和粪便的消毒方法。

【设备材料】　喷雾器、天平或台秤、盆、桶、缸、清扫及洗刷用具、高筒胶鞋、工作服、橡胶手套等。

【内容及方法】

一、消毒的器械及使用

1. 喷雾器

用于喷洒消毒液的器具称为喷雾器，按其原理来说，喷雾器与吸入或压力唧筒相似。喷雾器有两种，一种是手动喷雾器，一种是机动喷雾器。前者有背携式和手压式两种(图4-1的1～3)，常用于小量消毒；后者有背携式和担架式两种，如图4-1的4、5)，常用于大面积消毒。

欲装入喷雾器的消毒液，应先在一个木制或铁制的桶内充分溶解、过滤，以免有些固体消毒剂不清洁，或存有残渣以致堵塞喷雾器的喷嘴，而影响消毒工作的进行。喷雾器应经常注意维修保养，以延长使用期限。

2. 火焰喷灯

火焰喷灯是利用汽油或煤油做燃料的一种工业用喷灯(图4-2)，因喷出的火焰具有很高的温度，所以在兽医实践中常用以消毒各种被病原体污染了的金属制品，如管理家畜用的用具，金属的鼠笼、兔笼、捕鸡笼等。但在消毒时不要喷烧过久，以免将被消毒物品烧坏，在消毒时还应有一定的次序，以免发生遗漏。

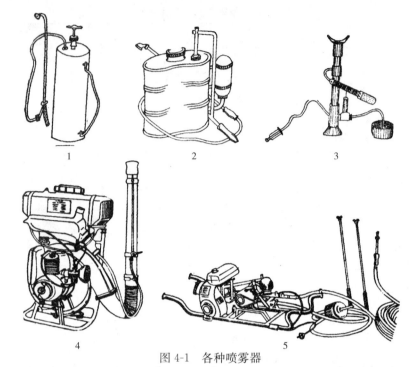

图 4-1　各种喷雾器

1. 背携式喷雾器之一　2. 背携式喷雾器之二　3. 手压式喷雾器　4. 背携式机动喷雾器　5. 担架式机动喷雾器

二、畜舍的消毒

图 4-2　火焰喷灯

畜舍的消毒分两个步骤进行，第一步先进行机械清扫，第二步是化学消毒液消毒。

机械清扫是搞好畜舍环境卫生最基本的一种方法。据试验，采用清扫方法，可以使鸡舍内的细菌数减少 21.5%，如果清扫后再用清水冲洗，则鸡舍内细菌数即可减少 54%～60%。清扫、冲洗后再用药物喷雾消毒，鸡舍内的细菌数即可减少 90%。

用化学消毒液消毒时，消毒液的用量一般是以畜舍内每平方米面积用 1L 药液。消毒的时候，先喷刷地面，然后墙壁，先由离门远处开始，喷完墙壁后再喷天花板，最后再开门窗通风，用清水刷洗饲槽，将消毒药味除去否则家畜闻到消毒药味不愿吃食。此外，在进行畜舍消毒时也应将附近场院以及病畜污染的地方和物品同时进行消毒。

1. 畜舍的预防消毒

畜舍预防消毒在一般情况下，每年可进行两次（春秋各一次）。在进行畜舍预防消毒的同时，凡是家畜停留过的处所都需进行消毒。在采取"全进全出"管理方法的机械化养畜场，应在全出后进行消毒。产房的消毒，在产仔前应进行一次，产仔高峰时进行多次，产仔结束后再进行一次。

畜舍预防消毒时常用的液体消毒剂有10%~20%的石灰乳和10%的漂白粉溶液,消毒方法如上。

畜舍预防消毒也可应用气体消毒。药品是福尔马林和高锰酸钾。方法是按照畜舍面积计算所需用的福尔马林与高锰酸钾量,其比例是:每立方米的空间,应用福尔马林25mL,水12.5mL,高锰酸钾25g(或以生石灰代替)。计算好用量以后将水与福尔马林混合。畜舍的室温不得低于正常的室温(15~18℃)。将畜舍内的管理用具、工作服等适当地打开,箱子和柜橱的门都开放,使气体能够通过其周围。再在畜舍内放置几个金属容器,然后把福尔马林与水的混合液倒入容器内,将牲畜迁出,畜舍门窗密闭。其后将高锰酸钾倒入,用木棒搅拌,经几秒钟即见有浅蓝色刺激眼鼻的气体蒸发出来,此时应迅速离开畜舍,将门关闭。经过12~24h方可将门窗打开通风。倘若急需使用畜舍,则需用氨蒸气来中和甲醛气。按畜舍每100m^3取500g氯化铵,1kg生石灰及750mL的水(加热到75℃)。将此混合液装于小桶内放入畜舍。或者用氨水来代替,即按每100m^3畜舍用25%氨水1 250mL。中和20~30min后,打开畜舍门窗通风20~30min,此后即可将家畜迁入。

2. 畜舍的临时消毒和终末消毒

发生各种传染病而进行临时消毒及终末消毒时,用来消毒的消毒药随疾病的种类不同而异(表4-4)。

在病畜舍、隔离舍的出入口处应放置浸有消毒液的麻袋片或草垫,如为病毒性疾病(猪瘟、口蹄疫等),则消毒液可用2%~4%氢氧化钠,而对其他的一些疾病则可浸以10%克辽林溶液。

三、地面土壤的消毒

病畜的排泄物(粪、尿)和分泌物(鼻汁、唾液、奶汁和阴道分泌物等)内常常含有病原微生物,可污染地面、土壤,因此应对地面、土壤进行消毒,以防传染病继续发生和蔓延。消毒土壤表面可用含2.5%有效氯的漂白粉溶液、4%福尔马林或10%氢氧化钠溶液。

停放过芽孢杆菌所致传染病(如炭疽、气肿疽等)病畜尸体的场所,或者是此种病畜倒毙的地方,应严格加以消毒处理,首先用含2.5%有效氯的漂白粉溶液喷洒地面,然后将表层土壤掘起30cm左右,撒上干漂白粉并与土混合,将此表土运出掩埋。在运输时应用不漏土的车以免沿途漏撒,如果无条件将表土运出,则应多加干漂白粉的用量(1m^2面积加漂白粉5kg),将漂白粉与土混合,加水湿润后原地压平。

其他传染病所污染的地面土壤消毒,如为水泥地,则用消毒液仔细刷洗,如为土地,则可将地面翻一下,深度约30cm,在翻地的同时撒上干漂白粉(用量为1m^2面积用0.5kg),然后以水湿润、压平。

如果放牧地区被某种病原体污染,一般利用自然力(如阳光,种植某些对病原微生物起有害作用的植物如黑麦、小麦、葱等)使土壤发生自净作用来消除病原微生物,但在牧场土壤自净之前,或是被接种疫苗的动物产生免疫之前,家畜不应再在这种地区放牧。如果污染的面积不大,则应使用化学药剂消毒。

表 4-4 某些传染病的常用消毒剂

传染病的名称	消毒剂的浓度(%)					
	漂白粉（含有效氯）	福尔马林	氢氧化钠热溶液	石灰混悬液	克辽林（臭药水）	草木灰水
炭疽	5	4	10	—	—	—
坏死杆菌病	—	1	5	—	2.5	—
结核病	5	3	3	20	5	—
布氏杆菌病	2.5	2	2	20	—	—
口蹄疫	2	1	2	20	—	20～30
钩端螺旋体病	3	2	2	—	—	—
狂犬病	5	4	10	—	—	—
沙门氏菌病	2～5	2	4	20	10	—
大肠杆菌病	3	—	4	20	—	—
猪瘟	2	2	2	10～20	5	20～30
猪丹毒	3	2	4	20	—	—
猪肺疫	2	2	2	10	—	—
猪传染性水疱病	2	3	3	—	3	—
猪链球菌病	—	—	2	10	3	30
牛肺疫	2	1	2	20	—	20～30
气肿疽	5	4	10	—	—	—
副结核病	5	3	2	20	—	—
牛瘟	2	3	4	20	—	20～30
羊痘	2	2	4	20	—	20～30
羊梭菌性疾病	5	5	10	—	—	—
山羊传染性胸膜肺炎	2	2	3	20	—	20～30
马传染性贫血	3	3	2	20	3～5	—
鼻疽	5	5	10	—	—	—
马流行性感冒	4	2	2	20	—	—
马腺疫	4	2	2	20	—	—
马胸疫	4	2	2	20	—	—
马脑炎	2～3	2	4	—	—	—
鸡新城疫	2	—	3	—	—	20～30
禽霍乱	2.5	5	2	20	5	—
鸡白痢	2.5	5	2	20	—	—
鸡伤寒	2.5	5	2	20	5	—
禽痘	2.5	—	3	—	—	20～30
鸭瘟	2	—	—	5	—	—

四、粪便的消毒

1. 焚烧法

此种方法是消灭一切病原微生物最有效的方法，故用于消毒最危险的传染病病畜的粪便(如炭疽、马脑脊髓炎、牛瘟等)。焚烧的方法是在地上挖一个壕，深75cm，宽5～

100cm，在距壕底 40～50cm 处加一层铁梁（要比较密些，否则粪便容易落下），在铁梁下面放置木材等燃料，在铁梁上放置欲消毒的粪便（图 4-3）。如果粪便太湿，可混合一些干草，以便迅速烧毁。此种方法的缺点是会损失有用的肥料，并且需要用很多燃料。故此法除非必要很少应用。

2. 化学药品消毒法

消毒粪便用的化学药品有含 2%～5% 有效氯的漂白粉溶液、20% 石灰乳。但是这种方法既麻烦，又难达到消毒的目的，故实践中不常用。

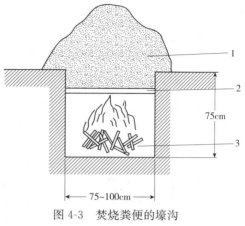

图 4-3 焚烧粪便的壕沟
1. 污染的粪便 2. 铁梁 3. 木柴

3. 掩埋法

将污染的粪便与漂白粉或新鲜的生石灰混合，然后深埋于地下，埋的深度应达 2m 左右，此种方法简单易行，在目前条件下实用。但病原微生物可经地下水散布以及损失肥料是其缺点。

4. 生物热消毒法

这是一种最常用的粪便消毒法。应用这种方法，能使非芽孢病原微生物污染的粪便变为无害，且不丧失肥料的应用价值。粪便的生物热消毒方法通常有两种，一是发酵池法，二是堆粪法。

（1）发酵池法　此法适用于饲养大量家畜的农牧场，多用于稀薄粪便（如牛、猪粪）的发酵。其设备为距农牧场 200～250m 以外无居民、河流、水井的地方挖筑两个或两个以上的发酵池（池的数量与大小决定于每天运出的粪便数量）。池可筑成方形或圆形，池的边缘与池底用砖砌后再抹以水泥，使不透水。如果土质干涸、地下水位低，可以不必用砖和水泥（图 4-4）。使用时先在池底倒一层干粪，然后将每天清除出的粪便垫草等倒入池内，直到快满时，在粪便表面铺一层干粪或杂草，上面盖一层泥土封好，如条件许可，可用木板盖上，以利于发酵和保持卫生。粪便经用上述方法处理后，经过 1～3 个月即可掏出做肥料用。在此期间，每天所积的粪便可倒入另外的发酵池，如此轮换使用。

（2）堆粪法　此法适用于干固粪便（如马、羊、鸡粪等）的处理。在距农牧场 100～200m 以外的地方设一堆粪场。堆粪的方法如下：在地面挖一浅沟，深约 20cm，宽约 1.5～2m，长度不限，随粪便多少而定（图 4-5）。先将非传染性的粪便或篙秆等堆至 25cm 厚，其上堆放欲消毒的粪便、垫草等，高达 1～1.5m，然后在粪堆外面再铺上 10cm 厚的非传染性的粪便或谷草，并覆盖 10cm 厚的沙子或土，如此堆放 3 周到 3 个月，即可用以肥田。

当粪便较稀时，应加些杂草，太干时倒入稀粪或加水，使其不稀不干，以促其迅速发酵。通常处理牛粪时，因牛粪比较稀不易发酵，可以掺马粪或干草，其比例为 4 份牛粪加 1 份马粪或干草。

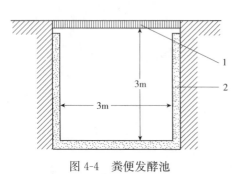
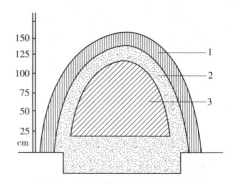

图 4-4　粪便发酵池　　　　　　图 4-5　粪便生物热消毒的堆粪法
1. 板盖　2. 池壁(水泥或用砖砌水泥抹缝)　　1. 土壤　2. 非传染性粪便或稻草　3. 传染性粪便

五、污水的消毒

兽医院、牧场、产房、隔离室、病厩以及农村屠宰家畜的地方，经常有病原体污染的污水排出，如果这种污水不经处理任意外流，很容易使疫病散布出去，而给邻近的农牧场和居民造成很大的威胁。因此，对污水的处理是很重要的。

污水的处理方法有沉淀法、过滤法、化学药品处理法等。比较实用的是化学药品处理法。方法是先将污水处理池的出水管用一木闸门关闭，将污水引入污水池后，加入化学药品(如漂白粉或生石灰)进行消毒，消毒药的用量视污水量而定(一般 1L 污水用 2～5g 漂白粉)。污水池的闸门平时可以打开，使污水直接流入渗井或下水道(图 4-6)。

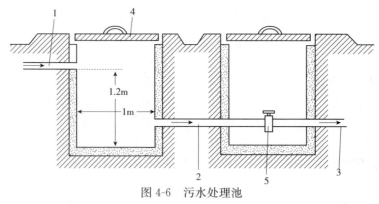

图 4-6　污水处理池
1. 污水进水管　2. 出水管　3. 入下水道或渗井　4. 木板盖　5. 闸门

六、皮革原料和羊毛的消毒

患炭疽、口蹄疫、猪瘟、猪丹毒、传染性贫血、传染性脑脊髓炎、布氏杆菌病、羊痘及坏死杆菌病的家畜皮毛均应消毒。在发生炭疽、鼻疽、流行性淋巴管炎、气肿疽以及牛瘟时，不应从尸体剥皮。在储存的原料中即使只发现一张炭疽患畜的皮，则整堆与它接触过的皮张均应加以消毒。

常用于皮毛消毒的药品和方法，是用福尔马林气体在密闭室中蒸熏。但此法可损坏皮毛品质，且穿透力低，较深层的物品难于达到消毒目的。目前广泛利用环氧乙烷（C_2H_4O）气体来进行消毒。此法对细菌、病毒、立克次氏体及霉菌均有良好的消毒作用，对皮毛等畜产品中的炭疽芽孢也有较好的消毒效果。消毒时必须在密闭的专用消毒室或密闭良好的容器（常用聚乙烯或聚氯乙烯薄膜制成的篷布）内进行（图4-7）。环氧乙烷的用量，如消毒病原体繁殖型，每立方米用300～400g，作用8h；如消毒芽孢和霉菌，每立方米用700～950g，作用24h。环氧乙烷的消毒效果与湿度、温度等因素有关，一般认为，相对湿度为30%～50%、温度在18℃以上、38～54℃以下，最为适宜。环氧乙烷是一种化学活性很强的烷基类化合物，其沸点为10.7℃，沸点以下的温度为易挥发的液体，遇明火易燃易爆，对人有中等毒性，应避免接触其液体和吸入气体。因此，使用环氧乙烷消毒装置时，应经过专门的培训，或在有经验的工作人员指导下进行。

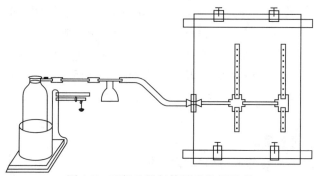

图4-7　环氧乙烷气体消毒装置示意

如皮张被炭疽菌污染，也可用酸渍法消毒，即在专用消毒池内用含盐酸2.5%（按重量折合）和食盐15%的溶液进行消毒。消毒时先将池内消毒液用热气管加温至35℃。皮张称重后堆放于事先铺在池边地面的麻袋上。皮重应是全池溶液的10%。向池内放皮张时应边放边压，最后连麻袋也放入池内一起消毒。此时池内温度应保持30℃，不可过高过低，并随时加以翻动，到20h将皮张大翻一次，滴定并补足池内溶液盐酸含量，使为2.5%，到40h消毒完毕。取出皮张，挂在特制的架上，待消毒液流净后，放入1.5%～2%氢氧化钠溶液中和1.5～2h，中和后用自来水冲洗10～15min，即可送往加工厂加工，如欲储存，则须加盐。

消毒过程中补足溶液中盐酸含量的方法：吸取池内溶液10mL，用0.1mol/L氢氧化钠（或氢氧化钾）滴定。设池内溶液量为2 000L，0.1mol/L氢氧化钠滴入量为50mL，应加工业盐酸的计算方法如下：

①消毒溶液内含盐酸百分比＝50×0.003 65÷10×100%＝1.825%（0.003 65为0.1mol/L盐酸中的重量）。

②溶液中不足盐酸量＝2 000×(2.5%－1.825%)＝13.5kg。

③应补足波美度18.3度工业盐酸（1L含盐酸0.328kg）＝13.5÷0.328＝41.2L。

七、消毒质量的检查

1. 房舍机械清除效果检查

在检查房舍机械清除的质量时，检查地板、墙壁以及房舍内所有设备的清洁程度。此外，检查挽具和管理用具的确实消毒程度以及检查所采取的消毒粪便的方法(是否进行生物热消毒、焚烧等)。

2. 消毒药剂选择正确性检查

了解消毒工作记录表、消毒药的种类、消毒药的浓度、温度及其用量。检查消毒药剂浓度时，可以从剩余未用完的消毒液中取样品进行化学检查(如测定含甲醛、活性氯的百分数)。

检查含氯制剂的消毒效果时，可应用碘淀粉法。即取玻瓶两个，第一个瓶盛3%碘化钾和2%淀粉糊的混合液(加等量的6%碘化钾和4%淀粉糊即成3%碘化钾和2%淀粉糊的混合液，淀粉糊最好用可溶性淀粉配制)。第二个瓶装上3%次亚硫酸盐。已装溶液的这些瓶上应有标签，并保存在暗处。

检查的方法如下：在火柴棒的一端卷上少量的棉花，将做成的这个棉球置入第一个瓶，沾上碘化钾和淀粉糊的混合液。如果用浸湿了的棉球接触消毒过的表面，就可以看到在被检对象的表面上(即在与棉球接触过的地方)以及在棉球上都呈现出一种特殊的蓝棕色，而着色的强度取决于游离氯的含量及被消毒表面的性质。在表面染上的颜色用另一个浸上次亚硫酸盐溶液的棉球擦其表面之后，则颜色即消失。此种检查可以在消毒之后的两昼夜内进行。

3. 消毒对象的细菌学检查

消毒以后由地板(在畜舍的家畜后脚停留的地方)、墙壁上、畜舍墙角以及饲槽上取样品，用小解剖刀在上述各部位划出大小为10cm×10cm的正方形数块，每个正方形都用灭菌的湿棉签(干棉签的质量为0.25～0.33g)擦拭1～2min，将棉签置入中和剂(30mL)中并沾上中和剂然后压出、沾上、压出，如此进行数次之后，再放入中和剂内5～10min，用镊子将棉签拧干，然后把它移入装有灭菌水(30mL)的罐内。

当以漂白粉作为消毒剂时，可应用30mL的次亚硫酸盐中和之；碱性溶液用0.01%乙酸30mL中和；福尔马林用氢氧化铵(1%～2%)作为中和剂。当以克辽林、来苏儿以及其他药剂消毒时，没有适当的中和剂，而是在灭菌的水中洗涤2次，时间为5～10min，依次地把棉签从一个罐内移入另一个罐内。

送到实验室的灭菌水里的样品在当天经仔细地把棉签拧干和将液体搅拌之后，将此洗液的杆品接种在远藤氏培养基上。为此，用灭菌的刻度吸管由小罐内吸取0.3mL的材料倾入琼脂平皿表面，并且用巴氏吸管做成的"刮"，在琼脂平皿表面涂布，然后仍用此"刮"涂布第二个琼脂平皿表面。接种了的平皿置入37℃温箱，24h后检查初步结果，48h后检查最后结果。如在远藤氏培养基上发现可疑菌落时，即用常规方法鉴别这些菌落。

在所取的样品中没有肠道杆菌培养物存在时，证明所进行的消毒质量是良好的，有肠道杆菌的生长，则说明消毒质量不良。

4. 粪便生物热消毒效果检查

常用下列两种方法检查：

(1)测温法　应用装在金属套管内的最高化学用温度计测定粪便的温度，依据在规定的时间内粪便的温度来决定消毒的效果。

(2)细菌学方法　利用细菌学方法测定粪便中的微生物数量及大肠杆菌菌价。方法是，将样品称重,与沙混合置研钵内研碎,然后加入100mL的灭菌水稀释。将液体与沉淀从研钵移入含有玻璃珠的小烧瓶内,振荡10min后用纱初过滤。将过滤液分别接种于普通琼脂平皿及远藤氏培养基上,置37℃温箱培养一昼夜,然后在琼脂平皿上计算微生物的数量,在远藤氏培养基上测定大肠杆菌价。

样品应当在粪便发热(如温度升高到60~70℃)时采取。因为粪便冷却后,渗入下部的微生物(如随雨水渗入的微生物),会重新散布到粪便内,而改变微生物的数量和成分。为了对照起见,还应测定欲消毒粪便在消毒前的微生物数和大肠杆菌价。

【训练报告】
1. 试述消毒的种类和意义。
2. 分别列举适用于杀灭芽孢菌、非芽孢菌和病毒的化学消毒药。
3. 粪便生物热消毒的原理为何?
4. 试拟定用漂白粉消毒畜舍后的消毒质量检查方案。

技能实训9　染疫动物尸体无害化处理方法

【实训目标】　掌握尸体的运送及处理办法。
【设备材料】　塑料袋、橡胶手套、铁锹、镐头、剖检刀具、运输用具等。
【内容及方法】
传染病病畜尸体是一种特殊的传播媒介,因此做到及时正确处理,对防制传染病和维护公共卫生都具有重大意义。

尸体的处理方法有多种,各具优缺点,在实际工作中应根据具体情况和条件加以选择。

一、尸体的运送

尸体运送前,所有参加人员均应穿戴工作服、口罩、风镜、胶鞋及手套。运送尸体应用特制的运尸车(此车内壁衬钉有铁皮,可以防止漏水)运送。装车前应将尸体各天然孔用蘸有消毒药液的湿纱布、棉花严密填塞,以免流出粪便、分泌物、血液等污染周围环境。在尸体躺过的地方应铲去表层土,连同尸体一起运走,并以消毒药液喷撒消毒。运送过尸体的用具、车辆应严加消毒,工作人员被污染的手套、衣物、胶鞋等也应进行消毒。

二、处理尸体的方法

1. 掩埋法

这种方法虽不够可靠,但比较简单,所以在实际工作中仍常应用。在进行尸体掩埋时,分为下面几个步骤:

(1)墓地的选择　选择远离住宅、农牧场、水源、草原及道路的僻静地方;土质宜干而多孔(沙土最好),这可加快尸体腐败分解;地势高,地下水位低,并避开山洪的冲刷;墓地应筑有2cm高的围墙,墙内挖一个4m深的围沟,设有大门,平时落锁。

(2)挖坑　坑长度和宽度以能容纳侧卧之尸体即可,从坑沿到尸体表面不得少于

1.5～2m。

(3) 掩埋　坑底铺以2～5cm厚的石灰，将尸体放入，使之侧卧，并将污染的土层、捆尸体的绳索一起抛入坑内，然后再铺2～5cm厚的石灰，填土夯实。

也可先在坑内放一层0.5m厚的垫草(干树枝、木柴或木屑等也可)，将其点燃，趁火旺时抛入尸体，待火熄灭时，填土夯实。

尸体掩埋后，上面应做0.5m高的坟丘。

2. 焚烧法

焚烧法是毁灭尸体最彻底的方法，但由于耗费较大，并损失畜产品，所以不常应用。焚烧应在焚尸坑或焚尸炉中进行。焚尸坑有以下几种：

(1) 十字坑　按十字形挖两条沟(其形式见图4-8)，沟长2.6m、宽0.6m、深0.5m。在两沟交叉处坑底堆放干草和木柴，沟沿横架数条粗湿木棍，将尸体放在架上，在尸体的周围及上面再放上木柴，然后在木柴上倒以煤油，并压以砖瓦或铁皮，从下面点火，直到把尸体烧成黑炭为止，并把它掩埋在坑内。

(2) 单坑　挖一长2.5m、宽1.5m、深0.7m的坑(图4-9)，将取出的土堵在坑沿两侧。坑内用木柴架满，坑沿横架数条粗湿木棍，将尸体放在架上，以后处理如上法。

(3) 双层坑　先挖一长、宽各2m、深0.75m的大沟，在沟的底部再挖一长2m、宽1m、深0.75m的小沟(图4-10)，在小沟沟底铺以干草和木柴，两端各留出18～20cm的空隙，以便吸入空气，在小沟沟沿横架数条粗湿木棍，将尸体放在架上，以后处理如上法。

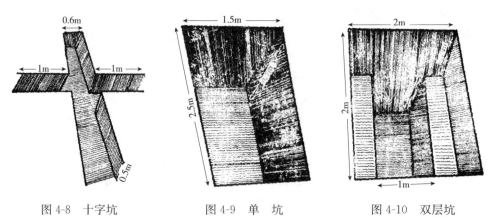

图4-8　十字坑　　　　图4-9　单　坑　　　　图4-10　双层坑

3. 化制法

尸体的化制法是处理尸体较好的一种方法，因为它不仅对尸体做到无害的处理，还保留了许多有价值的畜产品，如工业用油脂及骨、肉粉，但进行尸体化制时要求有一定设备条件，所以未能普遍应用。

尸体化制应在化制厂进行。修建化制厂的原则和要求是：所出产品保证无病原菌；化制厂人员在工作中没有传染危险，化制厂不致成为周围地区发生传染病的源泉，对尸体做到最合理的加工利用，化制厂应建筑在远离住宅、农牧场、水源、草原及道路的僻静地方，生产车间应为不透水的地面(水泥地或水磨石地最好)和墙壁(可在普通墙壁上涂以油漆),这样便于洗刷消毒。生产中的污水应进行无害处理,排水管应避免漏水。

化制尸体时,对烈性传染病,如鼻疽、炭疽、气肿疽、绵羊快疫等病畜尸体可用高压灭菌,对于普通传染病可先切成4~5kg的肉块,然后在水锅中煮沸2~3h。

在小城市及农牧区可建立设备简单的废物利用场,处理普通病畜尸体,应尽量做到合乎兽医卫生和公共卫生的要求。

4. 发酵法

尸体的发酵处理就是将尸体抛入专门的尸体坑内,利用生物热的方法将尸体发酵分解达到消毒的目的。这种专门的尸坑是贝卡里氏设计出来的,所以叫做贝卡里氏坑。这种方法最初用于城市垃圾坑处理使之转变为混合肥料,后来也用以处理尸体。

建筑贝卡里氏坑应选择远离住宅、农牧场、草原、水源及道路的僻静地方。

尸坑为圆井形,坑深9~10m,直径3m,坑壁及坑底用不透水材料作成(可用水泥或涂以防腐油的木料)。坑口高出地面约30cm,坑口有盖,盖上有小的活门,平时落锁,坑内有通气管。如果条件许可,坑上修一小屋更好。坑内尸体可以堆到距坑口1.5m处,经3~5个月后,尸体完全腐败分解,此时可以挖出作肥料。

如果土质干硬,地下水位又低,加之条件限制,可以不用任何材料,直接按上述尺寸挖一深坑即可,然而需在距坑口1m处用砖或石头向上砌一层坑缘,上盖木盖,坑口应高出地面30cm,以免雨水流入(图4-11)。

【训练报告】
1. 运送尸体时应注意哪些事项?
2. 常用的处理尸体方法共有几种?各述其优缺点。

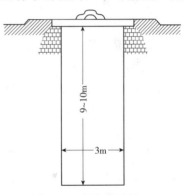

图4-11 贝卡里氏坑

技能实训10 仔猪大肠杆菌病的诊断方法

【实训目标】 熟悉仔猪大肠杆菌病的诊断方法。
【设备材料】 剔骨刀、橡胶手套、中试管、琼脂、培养皿、载玻片等。
【内容及方法】

一、临诊症状诊断

1. 仔猪黄痢

出生时体况正常,12h后突然有1~2头全身衰弱死亡,1~3d内其他猪相继腹泻,粪便呈黄色糨糊状。捕捉时,挣扎鸣叫,肛门冒出稀粪,并迅速消瘦,脱水,昏迷而死亡。

2. 仔猪白痢

10~30日龄哺乳仔猪易发生,仔猪突然发生腹泻,开始排糨糊样粪便,继而变成水样,随后出现乳白、灰白或黄白色下痢、气味腥臭。病猪体温和食欲无明显变化,病猪逐渐消瘦，拱背，皮毛粗糙不洁，发育迟缓。病程一般3~7d，绝大部分猪可康复。

3. 猪水肿病

断奶猪突然发病，表现精神沉郁，食欲下降至废绝。心跳加快，呼吸浅表，病猪四肢乏力，共济失调，静卧时，肌肉震颤，不时抽搐，四肢划动如游泳状。触摸敏感，发出呻吟声，后期转为麻痹死亡。整个病期体温不出现升高，同时在部分猪表现出特殊症状，眼睑、颈部、腹部皮下水肿，病程1~2d，个别可达7d以上，病死率约为90%。

二、病理剖检诊断

1. 仔猪黄痢

出生后3~4d内死亡的仔猪进行剖检，可见胃部膨胀，里面充满酸臭味的白、黄色凝块；黏膜水肿，胃底腺区黏膜呈红色、暗红色或褐红色；小肠各段浆膜不同程度充血和水肿，肠内充满黄色黏稠物和气体，黏膜充血、出血，其中以十二指肠病变最严重，肠壁变薄、松弛；肝稍肿，质脆，有小的凝固性坏死灶，切面结构模糊；肾色淡，皮质表面有小出血点；心脏扩张，心肌松软，色淡；肺显著水肿，切面流泡沫状液体。

2. 仔猪白痢

病死猪尸体外表苍白、消瘦。剖检可见结肠内容物为浆状、糊状或油膏状，呈乳白色或灰白色，黏腻，部分黏附到黏膜上，不易完全擦掉。肠黏膜有卡他性炎症变化，肠系膜淋巴结轻度肿胀。

3. 仔猪水肿病

主要病变呈水肿。胃大弯部和贲门部的黏膜层和肌层之间有一层胶冻样水肿，严重的厚2~3cm，水肿可波及胃底部和食道部；大肠系膜水肿，有些直肠周围也水肿；胃底和小肠黏膜弥漫性出血；淋巴结充血，水肿出血；心包和胸腔有较多的积液，暴露于空气后凝成胶冻状。

三、病原菌的分离鉴定

1. 仔猪黄痢和白痢病原菌的分离鉴定

（1）病料采集和处理　采取发病仔猪或新鲜尸体小肠前内容物，为了避免杂菌污染，最好无菌采取肠系膜淋巴结、肝、脾、肾等实质器官做病原分离的材料。如果送检可将病料放在灭菌的试管中，用冰瓶尽快送到实验室。划线接种于麦康凯琼脂平板、普通琼脂平板、血液琼脂平板上，于37℃培养24h。在普通营养琼脂上形成直径约2mm的圆形、光滑、隆起、湿润、半透明淡灰色的菌落；在麦康凯琼脂上菌落为红色；部分致病性菌株在血液琼脂平板上呈β-溶血。挑取可疑菌落进行涂片染色镜检，如为革兰染色阴性中等大小的杆菌，将其进行纯培养，接种生化管做生化鉴定。如果乳糖、葡萄糖产酸产气，β-半乳糖苷酶试验阳性，产生吲哚，MR阳性，VP阴性，不利用柠檬酸盐，不产生硫化氢，不分解尿素，具有运动性，在含有氰化钾的培养基上不生长，就可鉴定为埃希氏大肠杆菌。分离物有无致病性需做动物学试验或用因子血清做平板凝集试验。

（2）动物试验　可将分离的菌株接种于普通肉汤，取18h肉汤培养物0.5mL口服感染仔猪,如发生腹泻,并排特征性粪便,即可确诊。

(3)定型检查　对已经生化试验鉴定的大肠杆菌纯培养物,可用 K88、K99、987P、F41 及 O141 等因子血清,做活菌平板凝集试验定型检查。取 1 滴标准因子血清于平板上,用接种环取少许待鉴定培养物,与血清混合均匀,在室温下于 3min 内判定完毕。出现凝集团块者为阳性,同时设生理盐水对照以检查待检细菌有无自凝。也可将待检细菌的 18h 固体培养物用生理盐水洗下制成菌悬液,分成两份。一份经 121℃ 处理 2h,为热处理菌液,目的是破坏 K 抗原;另一份经福尔马林(最终含量为 0.5%)37℃ 处理 24h,为非热处理菌液,目的是保留 O 抗原。然后分别用上述方法做凝集试验检查。

带有 K88 抗原的菌株是仔猪黄白痢的重要病原,有 K88 抗血清可对分离菌株直接检测有无 K88 抗原,如无此血清,可利用大肠杆菌 K88 能低温凝集豚鼠红细胞并不能被甘露醇阻止的特性,进行间接推断检查。

(4)肠毒素检查　致病性大肠杆菌可产生两种肠毒素,其主要差异在对热的抵抗力上,耐热毒素(ST)能抵抗 100℃ 15min,而热敏感毒素(LT)在 60℃ 条件下 15min 失活。

常用的检查 LT 和 ST 的方法为回肠结扎试验以及乳鼠胃内接种试验,还有用 Y-1 肾上腺细胞或中国仓鼠卵细胞的组织培养法来检测 ST。

2. 仔猪水肿病病原菌的分离鉴定

可参照仔猪黄痢、白痢的方法进行,但在血清型的检测中使用与水肿病有关的因子血清如 O138：K81、O139：K85 及 O141：K85 等进行玻片凝集试验做血清型鉴定。

四、分子生物学检测

随着分子微生物生物学和分子化学的飞速发展,分子生物学技术在检测微生物中的应用越来越广,对病原微生物的鉴定已不再局限于对它的外部形态结构及生理特性等一般检验上,而是从分子生物学水平上研究生物大分子,特别是核酸结构及其组成部分。在此基础上建立的众多检测技术中,核酸探针和聚合酶链反应(polymerse chain reaction,PCR),以其敏感、特异、简便、快速的特点成为世人瞩目的生物技术革命的新产物,已逐步应用于微生物的检测。下面主要阐述一下 PCR 的原理及操作方法。

PCR 由美国 Centus 公司的 Ksry Mullis 发明,于 1985 年由 Saiki 等在 Science 杂志上首次报道,是近年来开发的体外快速扩增 DNA 技术。通过 PCR 可以简便、快速地从微量生物材料中以体外扩增的方式获得大量特定的核酸,并且有很高的灵敏度和特异性,可在动物检疫诊断中用于微量样品的检测,另外也可与血清学(如 ELISA)结合应用。

1. PCR 的基本原理和过程

PCR 技术是在模板 DNA、引物和 4 种脱氧核苷酸存在的条件下,依赖于耐高温的 DNA 聚合酶的酶促合成反应。PCR 以欲扩增的 DNA 作为模板,以和模板正常和负链末端互补的两种寡核苷酸作为引物,经过模板 DNA 变性、模板引物复性结合,并在 DNA 聚合酶作用下发生引物链延伸反应来合成新的模板 DNA。模板 DNA 变性、引物结合(退火)、引物延伸合成 DNA 构成一个 PCR 循环。每一个循环的 DNA 产物经变性又成为下一个循环的模板 DNA。这样,目的 DNA 数量将以 $2n$ 指数形式累积,在 2h 内可扩增 $30(n)$ 个循环,DNA 量高达原来的上百万倍。PCR 三步反应中,第一步变性反应在高温中进行,目的是通过加热使 DNA 双链解离形成单链；第二步反应又称为退火，在较低温度中进行，它使引物与模板上互补的序列形成杂交链而结合上模板；第三步为延伸反应，是在 4 种 dDNP 引物 Mg^{2+} 存在的条件下，由 DNA 聚合酶催化以引物为起点的 DNA 链延伸反应。通过高温变性、低温退火、中温延伸 3 个温度的循环，模板上介于两个引物之间的片段不断得到扩增。对扩增产物可以通过凝胶电泳、Southern 杂交或 DNA 序列分析进行检测。

2. PCR 反应条件和反应系统的组成

反应条件：PCR 反应通过 3 种温度的交替循环来进行，一般 94℃变性 30s，55℃退火 30s，70～72℃延伸 30～60s，依此条件进行 30 次左右的循环。

PCR 反应系统的组成：标准的 PCR 反应体系一般选用 50～100μL 体积，其中含有：50mmol/L Tris-HCl，1.6mmol/L $MgCl_2$，明胶或牛血清蛋白（BSA），2 种引物各 0.25μmol/L，模板 DNA0.1μg；TaqDNA 聚合酶 2.5IU。

PCR 基本操作：一个典型的 PCR 反应可按以下步骤进行：将下列成分依序加入 0.5mL 灭菌离心管中并混匀；灭菌双蒸水 30μL，10×扩增缓冲液 10μL，4 种 dDTP 混合物，每种浓度为 1.25mmol/L 16μL，引物 2.5μL（100pmoL），模板 DNA 2μL，加灭菌双蒸水至终体积 100μL；置 94℃加热 5min；将 0.5μL TapDNA 聚合酶（5IU/μL）加入反应混合液中；将 100μL 轻矿物油加入混合液表面，以防水分蒸发；按所设定的反应条件进行循环反应（在 PCR 仪上进行）；反应终止后，取样品进行凝胶电泳，Southern 杂交或 DNA 序列分析以鉴定是否得到特异的扩增产物。

技能实训 11　口蹄疫扑灭措施的实施

【实训目标】　以口蹄疫为例，通过防制实践或演习，掌握扑灭家畜传染病的一般措施。

【内容及方法】

1. 疫情报告

迅速报告疫情，进行早期诊断，及时采取防疫措施，是消灭口蹄疫的关键问题之一。农牧场防疫员和兽医发现疑似口蹄疫病畜后，应即逐级向县防疫指挥部报告，同时对病畜进行隔离、消毒。县指挥部接到疫情报告后，应速派兽医进行诊断，当确定为口蹄疫时，要立即划定疫点、疫区加以封锁，并采取具体防疫措施，在 24h 内报告省指挥部。同时向邻近的农牧场和其他有关单位通报疫情，以便采取联防措施。

2. 划定疫点、疫区、可疑区、受威胁区和非疫区

疫点：为疫区内饲养和放牧病畜的舍、场。在农区划定疫点的范围包括病畜的棚圈、运动场、连同饲养员室和其他与之接近的场所。在牧区划定疫点的范围包括足够的草场和饮水地点。

疫区：为口蹄疫正在流行的地区，即病畜所在的农牧场或自然村。疫区即封锁区。

可疑区：为病畜在发病前半个月和发病后所污染的地点和曾与病畜接触过的牛、羊和猪等偶蹄牲畜的饲养点。

受威胁区：为疫区周围 10～20km 范围内的地区，包括邻近疫区的集市，较大的居民点及城镇。各地可根据疫区的山川、河流、交通路线、社会经济活动关系等具体情况，缩小或扩大受威胁区的范围。

非疫区：为受威胁区以外的地区。

3. 封锁

当疫情确定后，由县指挥部发布封锁令，封锁疫区和可疑区。执行封锁时，应遵循"早、快、严、小"的原则，即早期封锁，行动要果断迅速，封锁严密，范围不宜过大。

疫点要封死。疫点周围若无墙篱，应用树枝或秸秆严密地围起来，附近的道路均应切断，禁止人、畜、车辆通行。不准人、畜进出疫点。

疫区要封死。疫区内的各种家畜及其产品和饲料、饲草，一律不准运出。人出疫区时，必须经过严格消毒。可疑区也要当作疫区严格封锁，经封锁 15d 后，如无病畜发生，则可解除封锁，若发现病畜，则划为疫点和疫区。

在通往疫区的道路上要设置标示牌，指明牲畜和车辆的绕行路线封锁区的交通要道路口，应设置检查消毒站，派人昼夜轮流站岗放哨。

在封锁期内，停止商业、外贸部门在疫区内收购牲畜及畜产品原料（包括皮张、毛、骨、肉、角、奶等）和转运活动，停止物资交流与牲畜集市以及在疫区内放映电影、演戏与其他集会活动，禁止牲畜的倒换，禁止将牛、羊、猪等偶蹄类家畜运出或运进疫区。只准许没有和病畜接触过的马、驴、骡等单蹄类牲畜和马车、架子车等在必要时作为运输工具出入疫区，但每次出疫区前，要做好车辆及畜蹄与体表消毒汽车可以作为运输工具扎入疫区，但每次出疫区前，要做好车辆消毒。病畜接触过的饲草、饲料不能运出疫区，在封锁期内，这些草料只能喂给不感染口蹄疫的马、骡，在疫区内上学的非疫区学生。在疫病流行期间，尽量安插在非疫区学校上学，以减少放毒的危险。疫区内的狗要拴住，家禽须养在院内不许外出。

受威胁区和非疫区的饲养、使役和放牧人员，以及各种牲畜不准进入疫区，发生口蹄疫的县、市，牲畜和畜产品（不包括蛋）一律不准运出。新的封锁疫点如仅有个别病畜发病，且病情较重者，经请示县指挥部同意后，尽早予以宰杀，尸体要深埋或焚烧，然后进行彻底消毒，免贻后患。

4. 隔离

病牛一经发现应立即在原牛舍隔离，同圈未发病的牛应视为可疑病牛，经消毒后及早迁圈隔离饲养，每天要进行检查，并进行疫苗注射。若同圈牛群内多数牛发病，少数牛未病，则对少数未发病牛，可在原牛圈内进行疫苗注射。

病羊、病猪也应严格隔离，必要时经报请指挥部同意，予以急宰，但体内、体外的废弃物应彻底消毒处理，以免散毒。在疫病流行期间，私养猪只不得放出，其他家畜、家禽不能与病畜接触。

所有病畜和可疑病畜的饲养，应当固定专圈、专人，饲养人员不得外出，衣物及生活用品，须经严格消毒后，方准带出，病畜接触过的饲草、饲料，不准喂给对口蹄疫易感的健康牲畜；病畜的用具也不准给健康牲畜使用或接触，取消井旁的共同水槽，分开喂饮，以避免无病的牛、羊和猪有直接或间接的接触机会。

在防疫隔离期间，要特别注意保护吃奶畜、贵重种畜以及役用牲畜免受传染。对病牛新生的幼犊应马上隔离并喂以其他健康牛的奶。如没有健康牛的奶时，只能在头 3d 喂给初乳，以后再喂以煮沸消毒过的母奶，并由兽医人员给注射免疫血清或痊愈血清或血液。

调入地区的农业部门和商业部门对于从疫区调来或途中经过疫区的家畜及其产品，应检查《运输检疫证明》和《消毒证明》；如有必要，可对家畜及其产品进行检疫和检验，发现疫情立即捕杀，销毁。

5. 消毒

消毒对本病的防制有极为重要的作用。疫点内病畜尚未痊愈时，应每二、三天消毒 1 次，当病畜痊愈后，每周消毒 1 次。疫区内当疫点封死后，立即彻底大消毒 2~3 次。到解除封锁前，疫点、疫区均应再彻底全面大消毒 1 次。

常用的消毒剂是氢氧化钠和福尔马林。草木灰汁和碱可以就地取材，消毒效果也好。消毒液在冰冻的温度时，可以加入食盐 5%~10%。皮毛消毒可用福尔马林或环乙烷气体消毒。

6. 交通检疫

发生口蹄疫县的家畜及其产品（不包括蛋）一律不许外调，铁路部门不得承运。疫区内的非疫点的家畜可以收购。收购后必须就地屠宰，就地供应，不得外调（蛋类外调时须在包装外表进行喷雾消毒）。

非疫区的县、市，可调出冻肉和活畜，但商业部门应做好收购、屠宰时的检疫工作，调出时必须携带县级农业部门的非疫区证明。活畜运到火车站后须经发运站的铁路兽医检疫站（没有铁路兽医检疫站的，经当地农业部门检疫站）进行检疫，并出具检疫证明，铁路部门方可承运。如当地无火车站的，必须用汽车运到火车站，汽车运行途中不得经过疫区，也不得在疫区装火车。为了做好口蹄疫流行期的活畜运输和商品调运工作，各有关农业部门和商业部门共同商定铁路沿线的发货站，由农业部门派人常住车站，做到随到随检，不影响调运。火车运输活畜及其产品途中经过疫区时，尽可能不停车，或缩短停车时间。停车时，人、畜不得下车，也不得上饮水和草料。在运转途中如发生口蹄疫，应立即停运，就地扑杀。

7. 疫苗注射

（1）疫苗注射的范围　疫点内若刚开始有病畜出现，应立即隔离饲养，对同群未病的牲畜，用弱毒苗（牛、羊）或灭毒苗（猪）进行紧急接种，在疫苗安全的情况下，可对疫区、可疑区、受威胁区内的易感牲畜进行预防注射。疫苗注射前，必须弄清当地或附近流行的口蹄疫病毒的毒型，用同型病毒所制的疫苗进行注射。

（2）弱毒疫苗应用及注意事项　弱毒疫苗应保存于 2~6℃ 阴暗处。冬季运输和使用时应注意防止冻结，避免日光直接照射。在疫区注射前应将各批疫苗事先注射一批牲畜 10~20 头，隔离观察 7~10d，若疫苗确实安全，再扩大进行预防注射。注射后，牲畜应控制 14d，不得随意移动，以便观察，也不得和猪同圈接触。

注射时，保定牛不能抓鼻中隔，因若有潜伏期的牛有形成人工感染的危险。注射部位要用碘酊严密消毒。注射剂量要准确，否则要补注。若因不慎将疫苗漏于注射场地，应立即用 2% 氢氧化钠消毒。

注射完毕后要对注射场地用药液消毒，器械应煮沸，防疫员应使用消毒液洗手。注射部位、剂量及其他有关事宜，应按照说明书或瓶签规定进行。

注射后，如有多数牛只发生严重反应时，则应严格封锁隔离，加强护理治疗。

8. 治疗和护理

要依靠群众，土洋结合，选择货源充足、疗效显著、价格低廉的药物和群众易于掌握的办法，进行对症治疗或全身疗法。护理是加速恢复的关键，对于后期病畜、幼畜或种畜患病尤为重要。要精心护理与积极治疗相结合，促使病畜早日痊愈。

9. 解除封锁

(1) 疫点解除封锁的条件　疫点的病畜由兽医、防疫人员依照下列标准逐头检查，并详细记录，如每头都符合下列标准，经报请县指挥部后，即可进行解除封锁前的大消毒：

口腔内、舌面、上下唇、齿龈的发病部位，全面覆盖新生上皮组织，并无溃疡的组织残存。蹄部、蹄壳愈合没有裂缝。蹄趾间、蹄叉、蹄冠、蹄踵等病变部位痊愈并覆盖新生的上皮组织，且表面干燥。乳房病变部位痂皮脱落。

解除封锁前进行一次大消毒。每个疫点在最后一头病畜痊愈或死亡后 14d 内，未再发生口蹄疫病畜，疫区内所有易感牲畜都经过预防免疫并进行过大消毒，可报请县指挥部派人（必须有兽医）进行总的检查验收。如认为合格，由县指挥部宣布解除封锁。疫点解除封锁后，对疫点的痊愈牲畜仍应进行必要的限制，应做出标记，以便识别，在解除封锁后的两个月内，不能运到无口蹄疫地区。两个月后经体表消毒和修剪四蹄后，才能到无口蹄疫地区，以防散布病毒。

(2) 疫区解除封锁的条件　疫区内的各疫点，都已解除封锁，由县指挥部派人（必须有兽医）检查验收认为符合上述条件，由县指挥部宣布解除封锁，并报省、市指挥部备案。

疫区县全县宣布解除封锁要经过省指挥部批准，并报中央主管部备案。

技能实训 12　猪气喘病的诊断与治疗

【实训目标】　掌握猪气喘病的诊断和治疗方法。

【设备材料】　X 光机、甲醇、磷酸盐缓冲液、姬姆萨染液、水解乳蛋白磷酸缓冲液等。

【内容及方法】

一、猪气喘病的诊断方法

猪气喘病的诊断方法有两种，一是根据临诊诊断和病理学诊断，二是实验室诊断。

(一) 临诊诊断和病理学诊断

1. 临诊诊断

本病在临诊上主要表现咳嗽、呼吸增数和喘气。按病程经过，可分为急性、慢性和隐性。以慢性和隐性最为常见。

急性突然发病，精神不振，呼吸次数增加，呼吸困难，呼吸音数米外可闻，犬坐姿势。咳嗽次数少而低沉，体温正常，采食减少或不吃，病程约一周左右，以怀孕母猪、哺乳母猪和小猪发病较多，小猪病死率较高。

慢性病猪长期咳嗽，多发生在清晨、晚间、运动后或进食后。咳嗽时病猪站立不动，颈伸直，头下垂，严重者呈连续的痉挛性咳嗽。随着病程发展出现喘气，呼吸时呈腹式呼吸，病期较长的小猪，生长发育停滞，成为僵猪。病程最长可达半年以上。

隐性在老疫区和患猪在良好的饲养管理条件下，以隐性为主。仅有轻度咳嗽或无可见症状，往往在屠宰和X线检查时才发现病灶。

2. 病理学诊断

猪气喘病剖检时特征性病变见肺的心叶、尖叶、中间叶和膈叶前下缘出现淡红色或灰红色肺尖实变区，界限分明。随着病程发展病变部颜色与胰腺相似，有"胰变"之称。肺门和纵膈淋巴结肿大，其他脏器无病变。

X线检查对本病的检疫有重要价值，特别是隐性感染猪和未出现症状时早期诊断。检查时如猪在肺野的内侧区及心膈角区呈现不规则的云絮状渗出性阴影，边缘模糊，肺野外围区无明显变化，则可定为感染。

(二) 实验室诊断

1. 病肺触片检查

取病猪的肺尖病灶与健康肺组织交界处的切面，用玻片制成触片，干燥后，用甲醇固定2~5min，用pH7.2的磷酸盐缓冲液稀释20倍的姬姆萨染色3h，冲洗，干燥后立即用丙酮浸洗一次后镜检。可见到深紫色球状、杆状、轮状、两极形、伞状等多形态微生物。一般于细支气管上皮细胞绒毛部位较易找到。

2. 病原体分离培养

支原体在人工培养基分离较困难，对营养要求较苛刻。目前国内常用的有江苏Ⅱ号培养基：Eagle液50%，1.7%水解乳蛋白磷酸缓冲液29%、酵母浸出液1%，醋酸铊0.125g/L，0.002%酚红和每毫升青霉素1 000单位。用灭菌的6号玻璃滤器过滤后，分装备用。健康猪血清经灭能后，经细菌滤器过滤后，按20%比例混合入培养基，校正pH 7.4~7.6。

分离方法：取特征病变肺的边缘，与肺炎连结处的肺组织剪下1~2块芝麻粒大小，用Hank's液洗一次后即浸泡于培养基中，培养48h，当培养基pH值发生明显变化，并呈现均等浑浊时，应将上述培养物以1:5接种量继续传4~5代后，再以1:10接种量继代，通常传6~7代后，即可直接涂片染色镜检(染色方法同1)。

3. 猪气喘病微量间接血凝试验

本法用于猪气喘病的群体检测和个体诊断。

(1)材料准备

①抗原：冻干的10%抗原敏化红细胞，用时用1/15mol/L pH7.2的PBS稀释成2%。

②标准阳性血清，阴性猪血清，用时先用PBS稀释成2.5倍。健康兔血清。

③10%戊二醛化红细胞：用时经轻度低速离心，取红细胞沉淀，用PBS稀释成2%悬液。

④被检血清的处理：被检血清先经56℃ 30min灭菌，每0.2mL被检血清加0.1mL 2%戊二醛红细胞，37℃吸收30min。经低速离心或自然沉淀后，上清液即为2.5倍稀释

血清，供检验用。

⑤V型72孔微量滴定板、微量振荡器、微量移液器，载量为0.025mL的微量稀释棒1~2套(每套12支)。

⑥稀释液：含1%健康兔血清的1/15mol/L pH7.2的PBS。

1/15mol/L，pH7.2 PBS配制：Na_2HPO_4 17.19g，KH_2PO_4 2.54g，NaCl 8.5g，蒸馏水加至1 000mL。

(2)操作方法

①被检血清、阳性对照血清、阴性对照血清、抗原对照。各占一横排孔。用微量移液器每孔加0.025mL稀释液。

②血清稀释：微量稀释棒先在稀释液中预湿，经滤纸吸干，再小心蘸取被检血清，放在第1孔中。可以同时稀释11份血清。以双手合掌迅速移动11根稀释棒约60次，然后将11根稀释棒小心平移至第2孔，搓转入第1孔，再移至第3孔(被检血清可以只测到第3孔即稀释到1：20)。对照血清必须稀释到第6孔。

③2%抗原敏化红细胞，经摇匀后用微量移液器滴加到各孔，每孔0.025mL。

④抗原对照为0.025mL稀释液加0.025mL 2%抗原敏化红细胞，只做2孔。

加样完毕，于微量振荡器振荡15~30s，置室温1~2h，判定。

(3)结果判定

①凝集强度的判定：

＋＋＋＋，红细胞全部凝集，均匀分布于孔底周围。

＋＋＋，红细胞在孔底周围形成厚层凝集，边缘卷曲后呈锯齿状。

＋＋，红细胞在孔底周围形成薄层均匀凝集，孔底有一红细胞沉下的小点。

＋，红细胞不完全沉于孔底，周围有少量凝集。

±，红细胞沉于孔底，但周围不光滑或中心有空白。

一，红细胞呈点状沉于孔底，周边光滑。

②判定标准：以呈现＋＋血凝反应的最高稀释度作为血清的效价终点。

阳性血清应是≥1：40(＋＋)，阴性对照血清应是＜1：5，抗原对照无自凝现象。

被检血清效价≥1：10(＋＋)判为阳性。

被检血清效价＜1：5判为阴性。

被检血清效价1：10~1：5之间为可疑。阴性与可疑的猪必须重检一次(第一次采血后第四周再采血检验一次)，若两次检验结果均为阴性，则判为无猪气喘病；若两次结果均为可疑，则判为阳性。

二、猪气喘病的治疗

本病的治疗应以改善饲料管理为基础，配合药物治疗才能得到较好的效果。下面介绍几种药物的治疗方法。

1. 泰乐菌素(Tylosinum)

对革兰阳性菌和一些阴性菌有抗菌作用，对支原体特别有效，高剂量对猪支原体肺炎有治疗效果，也可以做猪的饲料添加剂有预防功效。制剂有酒石酸泰乐菌素水溶剂，每

1L饮水中加0.2g，给猪连饮2~5d；泰乐菌素预混剂，每吨饲料（以磷酸泰乐菌素计算）仔猪20~100g，生长期幼猪20~40g，肥猪10~20g。

2. 泰妙菌素(Tiamulin)

对革兰阳性菌、支原体和螺旋体均有抑菌作用。猪预防量0.004%（连用3d），治疗量0.008%（连饮10d）。

3. 壮观霉素(Spectinomycin)

对革兰阳性和阴性菌及支原体均有抗菌作用。制剂有盐酸壮观霉素注射液，猪气喘病的治疗按每千克体重25mg一次肌肉注射，每日1次，连用4d。

4. 土霉素碱油剂与兽用卡那霉素交替使用

先用卡那霉素按每千克体重4万单位，每日肌肉注射1次，连用2~3d。以后连续用土霉素碱油剂治疗，按猪的体重5~10kg，用1~2mL；20~40kg体重用3~5mL；50~100kg体重用5~8mL，行深部肌肉分点注射，每隔3d注射1次，5次为一个疗程，重症者连续治疗2~3个疗程，可得到较好疗效。

技能实训13　黄曲霉毒素中毒的实验室诊断

【实训目标】　初步掌握猪配合饲料中黄曲霉毒素B_1检测卡的检测方法。

【设备材料】　猪配合饲料、黄曲霉毒素B_1检测卡等。

【内容及方法】

一、样本前处理

1. 配液（样本提取液）

70%甲醇，即甲醇：去离子水＝7：3。

2. 样本前处理步骤

①称取2g猪配合饲料粉碎样本于离心管中，加入样本提取液2mL。振荡5min，室温4 000r/min，离心5min。

②取0.1mL上清，加入0.4mL去离子水，混匀备用。

二、实验步骤

①撕开检测卡铝箔包装袋，取出检测卡，放于平整、洁净的台面上。

②用配套吸管吸取已准备好的样本液体，缓慢、逐滴地（应避免泡沫产生）滴加2~3滴（约60μL）到加样孔(S)内。

③室温下放置8~10min判断结果。

④结果判断：

阴性：在检测窗内，检测线(T)及对照线(C)同时出现色带。

阳性：在检测窗内，只有对照线(C)出现一条紫红色线。

失效：在检测窗内，对照线(C)不出现紫红色线。

技能实训 14　亚硝酸盐中毒实验室诊断

【实训目标】　掌握亚硝酸盐实验室检验方法。

【设备材料】　白瓷凹窝反应板、联苯胺、冰醋酸、棕色滴管瓶、小烧杯、电子天平等。

【内容及方法】

1. 原理

亚硝酸盐在酸性溶液中,将联苯胺重氮化合成醌式化合物,呈现棕红色。

2. 操作

①用电子天平称取联苯胺 0.1g,置于小烧杯中,加入 10mL 冰醋酸,搅拌溶解,再加入蒸馏水定容至 100mL,即为联苯胺冰醋酸液,储存于棕色瓶中备用。

②取被检物(呕吐物或胃内容物的水洗液体)1 滴,置于白瓷凹窝反应板的凹窝中,加联苯胺冰醋酸液 1 滴,呈现棕红色为阳性。

技能实训 15　食盐中毒实验室诊断

【实训目标】　掌握食盐实验室检验方法。

【设备材料】　硝酸银、蒸馏水、小试管、吸管、小烧杯、电子天平等。

【内容及方法】

1. 原理

氯化钠中的氯离子与硝酸银中的银离子结合,生成不溶性的氯化银白色沉淀。

2. 操作

①用电子天平称取硝酸银 1.75g,置于小烧杯中,加入 100mL 蒸馏水,充分混合,即成硝酸银溶液,待用。

②取蒸馏水 1mL,置于小试管中,用吸管提取疑似食盐中毒猪只的眼结膜囊内液少许,放入小试管中,然后加入配制好的硝酸银溶液 1~2 滴,如果猪只是食盐中毒,小试管中即呈现白色浑浊,中毒越严重,浑浊程度增大。

技能实训 16　有机磷中毒实验室诊断

【实训目标】　掌握有机磷实验室检验方法。

【设备材料】　亚硝酰铁氰化钠、10%氢氧化钠、蒸馏水、小试管、吸管、小烧杯、电子天平等。

【内容及方法】

1. 原理

有机磷农药在碱性溶液中水解成硫化物,与亚硝酰铁氰化钠作用生成紫红色的络合物。

2. 操作

取被检液 2mL 于小试管中，自然挥发干；加蒸馏水 1mL；再加 10% 氢氧化钠 0.5mL；在沸水浴上加热 10min，取出放凉；沿试管壁加入 1% 亚硝酰铁氰化钠溶液 2 滴；如果在溶液界面显紫红色，即为阳性。

技能实训 17　寄生虫病流行病学调查与临诊检查

【实训目标】　掌握流行病学资料的调查、搜集和分析的方法；掌握临诊检查和寄生虫学实验室材料的采取，为确立诊断奠定基础。

【设备材料】

(1) 表格　流行病学调查表、临诊检查记录表(由学生自己设计)。

(2) 器材　听诊器、体温计、试管、镊子、外科刀、粪盒(塑料袋)、纱布等。

【内容及方法】

老师讲解流行病学调查、临诊检查、病料采集的方法和要求，学生可以按照下列程序模拟训练，在实地调查。

1. 流行病学调查

① 拟定调查提纲。

② 设计流行病学调查表、临诊检查记录表。

③ 按照调查提纲，采取询问、查阅各种记录资料和实地考察等方式进行，尽可能全面收集相关资料。

④ 对于获得的资料，应进行数据统计和情况分析，提炼出规律性的资料。

2. 临诊检查与病料采集

(1) 检查范围　以群体为单位进行检查。动物群体较小时，应逐头检查；数量较多时，可以随机检查。

(2) 检查程序和方法

① 群体观察：从中发现异常或病态动物。

② 一般检查：营养状况，体表有无肿瘤、脱毛、出血、皮肤异常变化和淋巴结肿胀，有无体表寄生虫，如有则收集虫体并计数。如怀疑是螨病时应该刮皮屑备检。

③ 系统检查：按临诊诊断的方法进行。查体温、脉搏、呼吸数；检查呼吸、循环、消化、泌尿、神经等系统，收集病状。根据怀疑寄生虫的种类，可以采取粪、尿、血样及制血片备检。

④ 病状分析：将收集的病状分类，统计各种病状比例，提出可疑寄生虫病的范围。

【训练报告】　写出流行病学调查及临诊检查报告，并提出进一步确诊的建议。

技能实训 18　吸虫及其中间宿主形态的观察

【实训目标】　通过对胰阔盘吸虫或华支睾吸虫的详细观察，能描述吸虫构造的共同特征，并绘制出形态构造图；通过对比的方法，能指出主要吸虫的形态构造特征；认识主要吸虫的中间宿主。

【设备材料】

（1）形态构造图　吸虫构造模式图；肝片吸虫、华支睾吸虫、歧腔吸虫、阔盘吸虫、同盘吸虫以及其他主要吸虫的形态构造图；中间宿主形态图。

（2）标本　上述吸虫以及其他主要吸虫的浸渍标本和染色标本，两种标本编成对应一致的号码；各种吸虫中间宿主的标本，如椎实螺、扁卷螺、陆地蜗牛等；严重感染肝片吸虫的动物肝脏，以及其他吸虫的病理标本。

（3）仪器和器材　多媒体投影仪、显示投影仪、显微镜、实体显微镜、放大镜、毛笔、培养皿、尺子。

【内容及方法】

①老师用投影仪带领学生观察胰阔盘吸虫或华支睾吸虫的图片和染色标本，描述形态和内部器官的形状和位置；再观察其他吸虫，说明各种吸虫的形态构造特点。

②学生分组实验。首先用毛笔挑出胰阔盘吸虫或华支睾吸虫的浸渍标本（注意不要用镊子夹取虫体，以免破坏内部结构），置于培养皿中，在放大镜下观察其一般形态，用尺测量大小。然后取染色标本在显微镜下观察，注意观察口、腹吸盘的位置和大小；口、卵黄腺和子宫的形态和位置；生殖孔的位置等。

③取各种吸虫的浸渍标本和制片标本，按上述方法观察，并找出形态构造上的特征。

④取各种中间宿主，在培养皿中观察其形态特征，测量其大小。

⑤观察病理标本，认识主要病理变化。

【训练报告】

1. 绘制胰阔盘吸虫或华支睾吸虫形态构造图，并标出各个器官名称。

2. 将各种标号标本所见特征填入主要吸虫鉴别表（表4-5），做出鉴定，并绘制该吸虫最具特征部分的简图。

表 4-5　主要吸虫鉴别表

标本号码	形态	大小	吸盘大小	肠管形态	睾丸形状位置	卵巢形态位置	卵黄腺位置	子宫形状位置	生殖孔位置	其他特征	鉴定结果

技能实训 19　绦虫及其中间宿主形态观察

【实训目标】　通过对曲子宫绦虫或莫尼茨绦虫的详细观察，能描述绦虫结构的共同特征，并绘制出形态构造图；通过对比的方法，能指出主要绦虫的形态构造特点；认识裸头科绦虫的中间宿主。

【设备材料】

（1）形态构造图　绦虫构造模式图；莫尼茨绦虫、曲子宫绦虫、无卵黄腺绦虫、复孔绦虫、中殖孔绦虫、节片戴文绦虫、赖利绦虫、矛形剑带绦虫、冠状双盔绦虫的形态构造图；中间宿主（甲螨）的形态构造图。

（2）标本　上述绦虫的浸渍标本、头节和体节的染色标本，两种标本编号一致；甲螨的浸渍标本和制片标本。

（3）仪器和器材　多媒体投影仪、显示投影仪、显微镜、实体显微镜、放大镜、毛笔、培养皿、尺子等。

【内容及方法】

①教师带领学生用投影仪观察曲子宫绦虫或莫尼茨绦虫的浸渍绦虫的头节、成熟节片和孕节片的图片和染色标本；然后再用同样的方法观察其他绦虫，明确指出各种形态构造特点。

②学生分组观察。首先挑取曲子宫绦虫或莫尼茨绦虫的浸渍标本，置于瓷盘中观察其一般形态，用尺测量虫体全长及最宽处、测量成熟节片的长度及宽度。然后用同样的方法观察其他绦虫的浸渍标本。

③取曲子宫绦虫或莫尼茨绦虫的节片、成熟节片、孕卵节片的染色标本，在显微镜或实体显微镜下，观察节片的构造，成熟节片的睾丸分布、卵巢形状、卵黄腺及节间腺的位置、生殖孔的开口，孕节片内子宫的形态和位置。然后观察其他绦虫。观察时注意成熟节片内生殖器官的组数、生殖孔开口位置和睾丸的位置；孕卵节片内子宫形态和位置等。

④取甲螨标本，在显微镜下观察。

【训练报告】

1. 绘出曲子宫绦虫或莫尼茨绦虫的头节及成熟节片的形态构造图，并标出各器官名称。
2. 将各种观察的编号标本所见特征填入表4-6中，并做出鉴定结果。

表4-6　主要绦虫鉴别表

编号	大小		头节		成熟节片						孕卵节片	鉴定结果
	大	小	大小	吸盘附属物	生殖孔位置	生殖器组数	卵黄腺有无	节间腺有无	睾丸位置			

技能实训20　线虫的解剖及形态观察

【实训目标】　通过猪蛔虫的解剖，了解线虫的一般解剖构造特点。

【设备材料】

（1）形态构造图　蛔虫构造模式图；猪蛔虫、牛弓首蛔虫、犬弓首蛔虫、鸡蛔虫形态构造图。

（2）标本　上述蛔虫的浸渍标本及猪蛔虫解剖标本。

（3）仪器和器材　多媒体投影仪、显示投影仪、显微镜、实体显微镜、放大镜、毛笔、培养皿、尺子、蜡盘、解剖针、大头针、尖头镊子、刀片和乳酸-石碳酸。

【内容及方法】

教师示范猪蛔虫的解剖，利用蛔虫的解剖标本带领学生共同观察线虫的一般解剖构造,并明确指出各种常见蛔虫的基本特点。然后学生分组独立进行猪蛔虫的解剖。最后分别将各种蛔虫的浸渍标本置于培养皿中观察其一般形态,用尺测量大小。然后在实体显微镜或放大镜下详细观察。

解剖猪蛔虫时,使虫体背侧向上。置于蜡盘内,加水少许,再用大头针将虫体的两端固定。然后用解剖针沿背线剥开。体壁剖开以后,用大头针固定剥离的边缘,用解剖针细心的分离其内部器官。

切取蛔虫的唇部时,可以将虫体的前部放置载玻片上,用刀片沿与虫体垂直的方向,自唇基部稍后方切下,放在载玻片上,滴加乳酸-石碳酸或甘油1~2滴,加盖玻片,放于显微镜下或实体显微镜下观察。

【训练报告】 绘出雌、雄猪蛔虫解剖简图,标出各器官名称。

技能实训 21 蠕虫病的粪便检查法

【实训目标】 掌握粪便采集的方法;掌握粪便检查操作技术。

【设备材料】
(1)仪器和器材 粗天平、粪便盒(或塑料袋)、粪筛、4.03×10^5 孔$/m^2$ 尼龙筛、玻璃棒、镊子、塑料杯、100mL 烧杯、离心管、漏斗、离心机、平口试管、试管架、青霉素瓶、带胶乳头移液管、载玻片、盖玻片、污物桶、纱布等。
(2)粪检材料 动物粪便。
(3)药品 饱和盐水。

【内容及方法】
粪便的采集、保存与寄送办法:被检粪便应该是新鲜而未被污染,最好从直肠采集。大动物按照直肠检查的方法采集。小动物可将食指套在塑料指套,伸入直肠钩取粪便。采取自然排出的粪便,要采取粪堆上部未被污染的部分。将采取的粪便装入清洁的容器中。采集的粪便最好一次性使用,如无条件时每次都要清洗,相互不能有污染。采取的粪便应尽快检查,否则,应放在冷暗处或冰箱中保存。当地不能检查而需要送出时,或保存较长时间时,可将粪便浸入加温至50~60℃的5%~10%的福尔马林液中,使粪便中的虫卵失去生活能力,起固定作用,又不改变形态,还可以预防微生物繁殖。

此项实践技能训练分以下3次完成。

一、虫体及虫卵简易检查法

1. 虫体肉眼检查

该法多用于绦虫病的诊断,也可用于某些胃肠道寄生虫病的驱虫诊断,即用药物驱虫之后检查随粪便排出体外的虫体。

为了发现大型虫体和较大绦虫节片,先检查粪便的表面,然后将粪便仔细捣碎,认真进行观察。

为了发现较小的虫体或节片,将粪便置于较大的容器中,加入5~10倍的水(或生理盐水),彻底搅拌后静置10min,然后倾去上面粪液,再重新加入清水搅拌,如此反复数次，直至上层液体透明为止。最后倾去上层透明液，将少量沉淀物放在黑色浅盘中检查，必要时可用放大镜或实体显微镜检查，发现的虫体和节片用针或毛笔取出，以便进行鉴定。

2. 尼龙筛淘洗法

该法操作迅速、简便，适用于较大虫卵（如片形吸虫卵）的检查。需要特制的尼龙网兜，其制法是将 $4.03×10^5$ 孔/m^2 尼龙筛绢剪成直径 30cm 的圆片，沿圆周用尼龙线将其缝在 8 号粗的铁丝弯成带柄的圆圈（直径 10cm）上即可。其操作方法如下：取 5~10g 粪便置于烧杯中，加 10 倍量水后用金属筛（$6.2×10^5$ 孔/m^2）滤入另一烧杯中，将粪液全部倒入尼龙筛网依次浸入盛水的器皿内。并反复用光滑的圆头玻璃棒轻轻搅拌网内的粪渣，直至粪渣中杂质全部洗净为止。最后用少量清水清洗筛壁四周与玻璃棒，使粪渣集中于网底，用吸管吸取粪渣，滴于载玻片上，加盖玻片镜检。

二、沉淀检查法

用普通清水处理被检粪便，使虫卵沉淀集中，便于检查。本法适用于检查各种虫卵，而比重较大的虫卵，如吸虫卵、棘头虫卵等尤宜采用此法。本法根据需要和条件又可分为自然沉淀法和离心沉淀法。

1. 自然沉淀法

取粪便 5~10g，放在干净的烧杯内，加水搅拌，充分混匀成悬浮液，然后用 40 目铜丝筛过滤至另一干净量杯中，滤液静止 10~15min 后，将上清液倒掉，再加水沉淀，再静止 10~15min，倒掉上清液，如此反复多次，直至上清液澄清为止，把上清液倒掉，取沉渣做成涂片镜检。

2. 离心沉淀法

取粪便 1~2g，放在干净的小烧杯中，约加 10 倍量的水，充分混匀成悬浮液，再用 40 目钢丝筛过滤至另一干净的离心管中，放入离心机内，也可以用上法处理过的滤液倒入离心管中，放入离心机内，以 1 500r/min 的速度离心 2~3min，此时，因虫卵比重大，经离心后沉于管底，然后倒去上清液，取沉渣进行镜检。

三、漂浮检查法

本法基本原理是采用比重比虫卵大的溶液，使虫卵浮集于液体的表面，形成一层虫卵液膜，然后蘸取此液膜，进行镜检。最常用的就是饱和盐水漂浮法。

方法：先配制饱和盐水溶液，配制时先将水煮开，然后加入食盐搅拌，使之溶解，边搅拌边加食盐，直加至食盐不再溶解而生成沉淀为止（1 000mL 沸水中约加食盐 380g），再以双层纱布或棉花过滤至另一干净的容器内，待凉后即可使用（溶液凉后如出现食盐结晶，则说明该溶液是饱和的，合乎要求，其比重为 1.18，此溶液应保存于温度不低于 13℃ 的情况下，才能保持较高的比重）。

取粪便 5~10g，置于 100~200mL 的烧杯中，先加入少量饱和盐水，把粪便调匀，然后加入约为粪便 12 倍量的饱和盐水，并搅拌均匀，用纱布或 40 目的铜丝筛过滤于另一干净的烧杯内，滤液静置 30~40min，此时比饱和盐水比重轻的虫卵，大多浮于液体表面，再用铂耳或直径 0.5~1cm 的铁丝圈蘸取此液膜,并抖落在载玻片上,进行镜检,或者将此滤液直接倒入试管内,补加饱和盐水使试管充满,盖上载玻片(盖玻片应与液面完全接触,不能留有气泡),静置 30~40min,取下盖玻片,贴在载玻片上进行镜检,可以收到同样效果。

本法检出率高,在实际工作中广泛应用,可以检查大多数的线虫卵和绦虫卵,为了提高漂浮效果,可用其他饱和溶液代替饱和盐水。如在检查比重较大的后圆线虫时,可先将猪粪便按沉淀法操作,取得沉渣后,在沉渣中加入饱和硫酸镁溶液,进行漂浮,收集虫卵。

技能实训 22　蠕虫卵的形态观察

【实训目标】　识别主要吸虫、绦虫、线虫和棘头虫卵,并指出主要形态构造特点。

【设备材料】

(1)形态构造图　牛、羊常见蠕虫卵形态图;猪常见蠕虫卵形态图;肉食动物常见蠕虫卵形态图;禽常见蠕虫卵形态图;粪便中易与蠕虫卵混淆的物质图。

(2)标本　含有牛、羊、猪、犬、鸡等常见吸虫、线虫、绦虫和棘头虫的浸渍标本或标本片。

(3)仪器和器材　显微镜、显微投影仪、载玻片、盖玻片、玻璃棒、纱布、污物桶等。

【内容及方法】

①老师带领学生用投影仪观察所备标本,指出蠕虫卵鉴别要领。

②学生分组观察。用玻璃棒蘸取所备虫卵浸渍标本于载玻片上,加上盖玻片后镜检;也可以直接用已备好的虫卵标本片观察。观察时注意先用低倍镜找到虫卵,然后再转换高倍镜详细观察其形态构造。尤其要注意用玻璃棒蘸取一种虫卵标本后,一定要冲洗干净,用纱布擦拭后再蘸取另外一种标本,以免混淆虫卵。

【训练报告】　将观察的各种虫卵的特征,填入表 4-7,并绘制简图。

表 4-7　主要虫卵鉴别表

虫名	大小	形态	颜色	卵壳特征	卵内容物

【参考资料】

鉴别虫卵主要依据虫卵的大小、形状、颜色、卵壳和内容物的典型特征来加以鉴别。因此,首先应了解各纲虫卵的基本特征,其次应注意区分那些易于虫卵混淆的物质。

1. 各纲蠕虫的基本特征

吸虫卵:多为卵圆形。卵壳数层,多数吸虫卵一端有小盖,被一个明显的沟围绕着,有的吸虫卵还有结节、小刺、丝等突出物。卵内含有卵黄细胞所围绕的卵细胞或发育成形的毛蚴。

线虫卵：多为椭圆形。卵壳多为4层，完整的包围虫卵，但有的一端有缺口，被另一个增长的卵膜封盖着。卵壳光滑，或有结节、凹陷等。卵内含有未分割的胚细胞，或分割着多数细胞，或为一个虫卵。

绦虫卵：假叶目虫卵椭圆形，有卵盖，内含卵细胞及卵黄细胞。圆叶目虫卵形状不一，卵壳的厚度和构造也不同，内含一个具有3对胚钩的六钩蚴，六钩蚴被覆两层膜，内层膜紧贴六钩蚴，外层膜与内层膜有一定距离，有的虫卵六钩蚴被包围在梨形器里，有的几个虫卵被包在卵带中。

棘头虫卵：多为椭圆形。卵壳3层，内层薄，中间层厚，多数有压痕，外层变化较大，并有蜂窝状构造。内含长圆形棘头蚴，其一端有3对胚钩。

2. 易于虫卵混淆的物质

气泡：圆形无色、大小不一，折光性强，内部无胚胎结构。

花粉颗粒：无卵壳构造，表面常呈网状，内部无胚胎结构。

植物细胞：有的为螺旋形，有的为小型双层环状物。有的为铺石状上皮，均有明显的细胞壁。

豆类淀粉粒：形状不一。外被粗糙的植物纤维，颇似绦虫卵。可滴加卢戈尔氏碘液（碘液配方为碘 0.1，碘化钾 2.0，水 100.0）染色加以区分，未消化前显蓝色，经过消化后呈红色。

霉孢子：折光性强，内部无明显的胚胎结构。

技能实训 23　螨病的实验室诊断

【实训目标】　掌握用于螨病诊断的皮肤病料的采集方法，明确采取病料的注意事项；掌握检查螨病的主要方法；进一步掌握疥螨和痒螨的形态特征。

【设备材料】

（1）形态构造图　疥螨和痒螨的形态构造图。

（2）器材　显微镜、实体显微镜、手持放大镜、平皿、试管、试管夹、手术刀、镊子、载玻片、盖玻片、温度计、带胶乳头移液管、离心机、污物缸、纱布、5%氢氧化钠溶液、60%硫代硫酸钠、煤油。

（3）动物或皮肤病料　患螨病的动物（猪、牛、羊、马或兔）或含螨病料。

【内容及方法】

教师讲述皮肤刮取物的采集方法和注意事项，学生按操作要求进行病料采集，同时进行患病动物的临诊检查，观察皮肤变化及全身状态。病料采集后，教师概述病料的各种检查方法并简要示教，然后学生分组进行检查操作。如利用从动物采取病料，用哪种方法进行均可；如用保存的含螨病料，只能进行皮屑溶解法和漂浮法的操作。

1. 病料的采集

在螨的检查中，病料采集的正确与否是检查螨准确性的关键。其采集部位在动物健康皮肤和病变皮肤的交界处。采集时剪去该部位的被毛，用经过火焰消毒的外科刀，使刀刃和皮肤垂直用力刮取病料，一直刮到微微出血为止。刮取的病料置于消毒的小瓶或带塞的试管中。刮取病料处用碘酒消毒。

2. 检查方法

(1)加热检查法　将病料置于培养皿中，在酒精灯上加热至37~40℃后，将玻璃皿放于黑色衬景上，用扩大镜检查，或将玻璃皿置于低倍镜下，或实体显微镜下检查，发现移动的虫体即可确诊。

(2)温水检查法　将病料浸于盛有45~60℃温水的玻璃皿中，或将病料浸于温水后放在37~40℃的恒温箱内15~20min。然后置于显微镜或实体显微镜下观察，若看见虫体从痂皮中爬出，浮于水面或沉于皿底可确诊。

(3)煤油浸泡法　将病料置于载玻片上，滴数滴煤油，加盖另一块载玻片，用手搓动两片，使皮屑粉碎，然后置于显微镜或实体显微镜下检查。由于煤油的作用，皮屑透明，螨体特别明显。

(4)皮屑溶解法　将病料浸入盛有5%~10%氢氧化钠溶液的试管中，经过1~2min痂皮软化溶解，弃去上层液后，用吸管吸取沉淀物，滴于载玻片上加盖玻片检查。为加速皮屑溶解，可将病料浸入10%氢氧化钠溶液的试管中，在酒精灯上加热煮沸数分钟，痂皮全部溶解后将其倒入离心管中，用离心机分离1~2min后倒去上层液，吸取沉淀制片检查。

(5)漂浮法　在上法的基础上，在沉淀物中加入60%硫代硫酸钠溶液，然后进行离心分离，最后用金属圈蘸取液面薄膜，抖落于载玻片上，加盖玻片镜检。

【训练报告】　根据训练结果，写出一份关于螨病的诊断和防治报告。

技能实训24　球虫病的实验室诊断

【实训目标】　掌握粪便涂片法和漂浮法的生前诊断球虫病技术；进一步认识猪及其他动物的球虫卵囊。

【设备材料】

(1)形态构造图　鸡、兔、牛、羊、猪球虫形态图。

(2)器材　显微镜、粪盒、粪筛、玻璃棒、铁丝圈、镊子、塑料杯、漏斗、载玻片、盖玻片、培养皿、试管、移液管、污物桶、大手术刀、剪刀、解剖刀、剥皮刀、肠剪子等。

(3)药品　饱和盐水、50%甘油水溶液。

(4)检查材料　球虫病动物(畜种根据各地情况确定)粪便材料。

【内容及方法】

教师概述粪便涂片法和漂浮法后，学生分组进行粪样涂片法和漂浮法的操作。

1. 涂片法

在载玻片上滴1滴50%甘油水溶液（或生理盐水、普通水），取少量粪便与甘油水溶液混合，然后除去粪便中的粗渣，加上盖玻片，先用低倍镜检查，发现卵囊后，换取高倍镜检查。

2. 漂浮法

详见蠕虫病的粪便检查。

【**训练报告**】 根据检查结果写出一份球虫病的诊断报告。

参考文献

陈溥言. 2006. 兽医传染病学[M]. 5版. 北京：中国农业出版社.
杜宗沛. 2012. 动物疫病[M]. 北京：中国农业科学技术出版社.
杜宗沛. 2016. 动物传染病[M]. 2版. 北京：中国林业出版社.
何昭阳. 2007. 动物传染学导读[M]. 北京：中国农业出版社.
李清艳. 2008. 动物传染病学[M]. 北京：中国农业科技出版社.
王天有. 2005. 猪传染病现代诊断与防治技术[M]. 北京：中国农业科学技术出版社.
张宏伟. 2009. 动物疫病[M]. 2版. 北京：中国农业出版社.